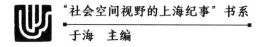

"社会空间视野的上海纪事"书系

于海　主编

U0324550

上海老城厢百年

A CENTURY OF OLD SHANGHAI

CHINESE CITY

1843—1947

黄中浩　著

同济大学 出版社

TONGJI UNIVERSITY PRESS

内 容 提 要

老城厢地区在自元朝设县的六百多年里一直是上海的中心，直至租界的出现打乱了它原有的发展步伐。本书从历史资料入手，整理出老城厢有记载的建筑物在不同时期的位置，并绘制关键历史节点的城市地图，展现城市在六百年里的变化，然后着重分析了从1843—1947年这百年的发展历程。作为唯一毗邻庞大租界的中国城区，老城厢的百年发展历程与国运国力紧密相连。本书将城市演变过程置于整体历史时空背景下，考虑政治、经济、社会与文化方面的因素，展现老城厢由东方城市宇宙观塑造的街道空间、建成物形态与地籍信息，及其在学习西方城市管理制度，拥抱资本主义空间模式的过程中，呈现出的物理空间与社会空间的独特发展轨迹。

图书在版编目（CIP）数据

上海老城厢百年：1843—1947 / 黄中浩著 . – 上
海：同济大学出版社，2020.12
（社会空间视野的上海纪事书系 / 于海主编）
ISBN 978-7-5608-9574-1

Ⅰ . ①上… Ⅱ . ①黄… Ⅲ . ①民居 – 城市管理 – 上海
– 1843-1947 Ⅳ . ① TU984.251

中国版本图书馆 CIP 数据核字（2020）第 217382 号

上海老城厢百年：1843—1947

黄中浩　著

出 品 人　华春荣

责任编辑　江　岱　　助理编辑　姜　黎　　责任校对　徐春莲　　封面设计　钱如潺

出版发行　同济大学出版社 www.tongjipress.com.cn

　　　　　（地址：上海市四平路 1239 号　邮编：200092　电话：021–65985622）

经　　销　全国各地新华书店

印　　刷　上海安枫印务有限公司

开　　本　710mm×980mm　1/16

印　　张　21.5

字　　数　430 000

版　　次　2020 年 12 月第 1 版　　2020 年 12 月第 1 次印刷

书　　号　ISBN 978-7-5608-9574-1

定　　价　92.00 元

"社会空间视野的上海纪事"书系

总序

于海

  上海研究是国际显学，但从来是上海历史研究一枝独秀，从 20 世纪 50 年代以来，高品质的佳作不断面世，不乏后来被尊为经典的作品。题材广泛，无所不包，如族群（《上海苏北人》）、政治（《上海罢工》）、经济（《中国资产阶级的黄金时代》）、色情业（《上海妓女》《危险的愉悦》）、租界（《清末上海租界社会》）等。上海以港兴市，在第一次鸦片战争后迅速崛起为中国最繁荣的通商口岸，历史的地理品性格外凸显，透过五花八门的历史主题，我们不难发现一条空间化的叙事逻辑。日本作家村松梢风以小说《魔都》一书成名，"魔都"也成为上海人自我认同的城市名号。上海何以被称为"魔都"？在笔者看来，因为上海的"魔性"。魔性来自哪里？来自因租界而形成的两个不同性质的空间共存于上海的局面，"这'两个不同性质的空间'（即租界和县城）相互渗透、相互冲突的结果，使上海成为一座举世无双的'兼容'的都市，由此而产生了种种奇特的现象"[1]。一本 20 世纪 30 年代用英文出版的上海旅游指南上赫然写道："上海是一个充满了美妙的矛盾与奇异反差的国际大都会。她俗艳，然而美丽；虚荣，但又高雅。上海是一幅宽广壮阔、斑驳陆离的画卷，中国与外国的礼仪和道德相互碰撞，东西方的最好与最坏在这里交融。"[2]但有时说奇特、奇异还远远不够分量，当时名义上上海还是清王朝的辖地，"但实际上它已经成为一个特殊的'国际社会'；中、英、法三方都无法在此实行全面的管理，这也使得上海的政治束缚较少，专制、钳制较弱，大大有利于贸易和经济的自由发展"[3]。上海城市空间的中心与边缘的权力格局，正是在租界与华界的历史划分中形成的，并一直延续至今。把上海发展的地理基因讲得最为直白的是美国学者墨菲，笔者已在著述中多次引用，这里不妨再做一次文抄公：

  上海的经济领导地位在地理上的逻辑，很可能会证明比任何政治论据更加强大有力，更加令人信服。大城市不会偶然地出现，它们不会为一时的狂想所毁灭。地理上的事实曾经创立了上海。[4]

地理学家明白，"针尖上不会发生什么"，地理的事实创立了上海，也创造了上海的族群。韩起澜关于"苏北人不是在苏北的人，而是在上海才成为苏北人"的断言，清楚地表明族群的形成不只是一个社会的叙事，更应是一个社会地理的叙事。

以上从海外上海学的历史文本引出的话题，指向的正是本丛书标榜的"社会空间视野的上海纪事"。"上海纪事"既是纪事本末，更是当代叙事，本丛书立志以上海研究的历史经典为范，聚焦今日上海，创出当代的都市"竹枝词"。"社会空间视野"是理论、是方法，这一为马克思主义地理学所创并强调的观点，可由法国学者列斐伏尔的一段话来表述：

生产的各种社会关系具有一种社会存在，但唯有它们的存在具有空间性才会如此；它们将自己投射于空间，它们在生产空间的同时将自己铭刻于空间。否则，它们就会永远处于"纯粹的"抽象，也就是说，始终处于表象的领域，从而也就始终处于意识形态。[5]

社会关系的空间性存在，可视为"社会空间视野"（social spatial perspective, SSP）的要义；而空间实在的社会性塑造，也是 SSP 的题中应有之义。这两句合起来，构成我们对本丛书主题之方法论的理解。本丛书或将延续经年，但无论前景如何，我们的主题必须体现上海研究的社会空间取向，以下丛书的选题说明本丛书的学术旨趣。

例一是上海工人新村纪事。在原有八十平方公里建成区的外缘兴起的工人住区，既是当代上海的一个空间事件，也是社会主义上海的一个社会事件；工人新村的居民不是通过市场走入新村的，而是在模范员工的竞争中由代表国家意志的单位选拔出来，成为新村居民的。一场体现新社会政治和道德标准的社会分层，与表征国家主人翁身份的空间地位，通过工人新村结合起来。在上海人的记忆中，第一个工人新村——上海曹杨一村，就是优越住宅和优越社会地位合一的同义词。历经六十年变迁，今日的劳模二代，仍然住在曾经荣耀的父母留给他们的新村里；昔日的模范住宅已经破落，因为新村作为具有"红色基因"的文物，需要整体保护，从而失去通过城市更新带来住房改善的机会。他们可称为此轮社会变迁的"落伍者"。除了研究者外，甚至没有人听闻"劳模二代"的说法，他们这一代人，完全没有了与其父母匹配的社会地位和声望。通过工人新村的纪事本末，我们不难一窥六十年来社会分层的消息。

例二是上海商街主题。提到商业，稍稍熟悉上海历史的，马上会在脑际跳出"以港兴市"四个字，这分明说，地理和商业是上海繁盛的两大因素。上文提到的墨菲，除了说地理逻辑比任何政治论据更强大，还说商业的重要性更甚于工业[6]；但墨菲所言的商业，全在埠际和国际贸易，并无坊间的零售商业，现代上海兴起于通商，若不谈社区商业，说商业为上海发展动力就不全面。上海开埠时人口约 20 万，100 年后约 500 万。学界公认，人口规模为上海崛起的关键，但若没有城市零售商业的跟进，数百万的移民无法安顿，日益扩张的城区亦无法玩转。玩转外滩的，或是中外银行的大亨和交易所的高手，但让上海这座中国最大移民城市运转起来的却是密布在其大街小巷的零售店铺和生活在弄堂里的普通上海人；移民、商铺、商居混合的街坊格局，这是百多年前移民落脚上海的故事，不也是今日移民落脚上海的故事？如果套用列斐伏尔空间三重性概念：第一，商街是一个结构化的空间（structured space），这是指商业和居住在空间构造上的内在勾连，是商居一体的社会空间，其商铺的创设本就源自社区生活的日常需要，而商铺的创业者多半也是社区的居民。这样，商街并非一列浅浅的、单纯的商业店面，而是商居交织的网络并发生稠密互动的社会空间。第二，商街是一个家居的空间（lived space），家居性不仅让商业获得持续的购买需求，也为"居改非"提供了新增商铺所需的空间资源，关键是上海的社区商业原本就是起源于住区。正是由于起源于生活的空间，所以不仅昔日能有兼具就业和居住的经济型的里弄开店，而且也使今日的商铺创业成为移民落户上海的方便途径。最后，商街是一个想象的空间（imaged space），社区商街不仅具有物理的（商居混合）和社会的（生活世界）的维度，同样也具有想象的和象征的维度。例如，无论是对业主还是对消费者或游客，田子坊都是一个充满文化意涵和象征价值的景观地，而非单纯的商街，因为对业主来说，他们清楚他们的生意一半卖的是东西，一半卖的是空间，确切地说是被想象的空间；而对上海本地天性恋旧的中年以上的人士来说，田子坊就是安顿他们少年、青年记忆和弄堂情结的地方。

以上只是依据社会空间理论对本丛书的部分选题所做的简略分析，它无意取代城市研究的其他理论和方法，但我们愿意重温列斐伏尔的告诫，"低估、忽视或贬抑空间，也就等于高估了文本、书写文字和书写系统（无论是可读的系统还是可视的系统），赋予它们以理解的垄断权"[7]。必须强调的是，列氏说的空间，从来是勾连空间的社会性和社会的空间性的辩证论说。以列氏话语分析产业空间，能看到的绝非只是空间中的产业形态，更要关心空间的权力关系和互动格局。而如此这般的（产业）空间本身，也并非产业或机器的容器，社会空间视野的分析，恰恰是把重点从空间中的生产，转向空间本身的生产。以上海田子坊为例，空间的生产不只是创造了一个文创产业，更是生产出一组象征空间和空间叙事，不同的精英合力参与了这场空间语言的改写：艺术精英创造了一个田子坊的空间传奇，并以"田子坊"之名将一件俗事变成一个圣物；学术精英的话语则为田子坊建构一个意义丰富的叙事，正当性叙事——历史街区保护的正当性、文化产业发展的先进性。把田子坊只说成一个文创园区，是把它的意义狭隘了，确切地说，是把它的社会空间的多重面向丢失了。

我们的议论是从声誉卓著的上海历史学研究开始的，从时间的叙事，我们看到了空间的逻辑。但本丛书并非只是空间文本，"纪事"的标题已经显示我们的抱负，既是空间的，也是历史的。丛书的主题，已选的和待选的，无论是工人新村、商街、创意园区，还是娱乐空间、滨江岸线、里弄世界等，都力求以历史（纪事）为经，以场所（社会空间）为纬，以历史意识和空间敏感，来书写当代上海的春秋，美国学者苏贾下面的话，代表了丛书对"社会空间视野的上海纪事"的认知和定位：

存在的生活世界不仅创造性地处于历史的构建，而且还创造性地处于对人文地理的构筑，对社会空间的生产，对地理景观永无休止的构形和再构形：社会存在在一种显然是历史和地理的语境化中被积极地安置于空间和时间。[8]

---

1. 转引自熊月之、周武主编：《海外上海学》，上海古籍出版社，2004，第 317 页。

2. *All About Shanghai and Environs: The 1934–35 Standard Guide Book* (Shanghai: The University Press, 1935), p.43. 译文引自刘香成、凯伦·史密斯编著《上海 1842—2010：一座伟大城市的肖像》，金燕等译，世界图书出版公司，2010，前勒口。

3. 唐振常：《近代上海繁华录》，商务印书馆国际有限公司，1993，第 111 页。

4. 罗兹·墨菲：《上海：现代中国的钥匙》，上海社会科学院历史研究所编译，上海人民出版社，1986，第 249 页。

5. 转引自爱德华·W. 苏贾：《后现代地理学：重申批判社会理论中的空间》，王文斌译，商务印书馆，2004，第 194 页。

6. Rhoads Murphey: *Shanghai: Key to Modern China*, Harvard University Press, 1953, p.203.

7. 转引自包亚明主编：《现代性与空间的生产》，上海教育出版社，2003，第 93 页。

8. 苏贾：《后现代地理学》，第 16 页。

序

　　老城厢是上海开埠之前的上海县城，因此在空间格局上顺延着江南地区传统城市的共同特征。但老城厢又因上海的开埠而最先受到西方现代城市的濡染，在一个传统的江南城市躯壳里逐渐成长出一些现代城市的元素。拆城墙、填河浜，救火会、洋学堂，老城厢与租界是如此临近，"华洋分居"无法阻挡城墙外英法租界射入的流光。稍晚，为安置城内内乱难民，城外租界打破禁忌而实现"华洋杂居"，租界不再是洋人的专属居留地。应大量华人涌入租界而成片涌现的半洋式石库门里弄，随着时局稳定又反流进城进而成为老城厢居住形式的主流。这种现代资本主导下的现代房地产开发模式冲击着老城厢的原有空间结构，改变着原有的居住模式。但原有城市传统空间结构是如此强大，原有土地占有机制是如此强大，较之于城外租界里的房地产开发，老城厢内的开发更为碎片化，更为精细，更为尊重（也许应该说更为不得不尊重）原有的空间尺度和空间肌理。这应该就是上海老城厢最重要的空间文化价值之所在。

　　黄中浩博士对上海老城厢深耕多年而得其正果，于三年前完成了他以上海老城厢为研究对象的博士论文。之后他又用了两年多时间继续修磨提升，减少了论文的冗赘，使全文更为干练清晰，保持了其博士论文的学术性，又大大增强了可读性。今天本书得以正式出版，作为黄中浩博士的导师，我为此感到高兴和骄傲。

　　今天的上海老城厢面临着从来没有过的危机与挑战。一方面，老城厢特有的城市肌理与空间特征及其文化价值越来越多地突显出来；另一方面，老城厢内的建筑状况和生活状态又逼迫它必须得到更新改造。更严重的是，强大的房地产资本正利用某些领导的善良和无知，对如此中心城区的地块始终虎视眈眈，欲对其以旧城改造、改善生活品质之名彻底铲平而后快。不得不承认，保护历史文化遗产和改善城市生活品质是一个难题，尤其对上海老城厢这样的对象更是难上加难。但这绝不是一个解不开的死结。国内外有大量的成功先例。只要我们真正认识到它的历史文化价值，放弃在更新改造中榨取油水的妄想，在保留、保护的前提下进行更新改造不是没有可能。

　　希望黄中浩博士的书能帮助我们更加深刻地认识上海老城厢的价值，并因此成为保护它的一员，为它的续存而呐喊。我想这也就是本书最大的价值。上海老城厢在开埠前已经存在了几百年，在上海开埠百年之间并没有与日新月异的时代隔绝，新事物从未间断，但在百年演变过程中却成功地延续了几百年来的空间结构肌理，保留了大量的历史建筑遗存。衷心希望在接下来的历史演变过程中，它的空间结构肌理和历史建筑遗存还能继续存留下去。

伍江

同济大学建筑与城市规划学院教授

法国建筑科学院院士

亚洲建筑师协会副主席

2021年2月

目 录

导 言

上海城市之根

多部上海古代史的著作中对老城厢有个贴切的称呼："上海城市之根"。吴淞江的淤塞导致上游青龙镇的衰落，新的商业集市逐渐在后来成为老城厢的地区兴盛起来。上海在元代设县之前政治级别为镇治，具体上海镇是何时设置并没有确凿的证据，众多的记载倾向于宋代末期。宋元之际的唐时措所记："昔有市舶，有榷场，有酒库，有军隘，官署儒塾、佛仙宫馆、屯廛贾肆鳞次而栉比，实华亭东北一巨镇也。"[1] 元代市舶司的建立承认并巩固了这片区域在经济上的重要地位，县衙的设立则赋予其名正言顺的政治地位。自元代设县到1927年上海特别市成立，以上海道署与县衙为主的政治机构一直位于老城厢内，在635年的历史长河中，上海县的发展与壮大、破坏与凋零、封闭与开放、保守与激进都在老城厢范围内不断上演。

名称的时代性变迁

"城厢"一词较常出现在中国城市历史地图的标题中，"城"与"厢"分别代表不同的地理范围。对于拥有城墙的城市来说，"城"即是代表城墙内的区域。上海县的城墙自1553年嘉靖年间因倭寇作乱而筑起，至1914年城墙被完全拆除，在所有的历史地图中，椭圆形的城墙都作为上海县的代表醒目地存在着，并被标以"城内"或者"上海县城"，是老上海县最核心的区域。即便在1914年城墙被拆除后，这个区域边界仍然在人们心中有强烈的指代效用。例如，1936年的

---

1. 引自唐时措《县志记》，载明弘治《上海志》卷五《建设志·公署》。

有轨电车线路图，椭圆形的区域内依然标注为"城内"。"厢"字在《康熙字典》中的释义是"廊也"或者"正寝之东西室"。在传统民居中正房两边都称厢房，所以"厢"一般有附属的意味，"城厢"中的"厢"就是指的城市范围的附属区域，是城外人口密集并有一定商业活动的区域。对于上海老城厢而言，"厢"的范围则随着城市的发展而不断变化，最初只有东门外的十六铺一带，随着城市发展的饱和，新建建筑逐渐出现在南门外与西门外的区域，这里的住户增多，市面也越发热闹，逐渐形成城外新兴的繁华地段。

从词义上来讲，"城厢"一词可覆盖所有的建成区，但是1843年上海开埠之后城市发生剧变，"城"被拆除，"厢"由于人口的涌入与城市的发展而急速扩大，已经远超过"城"的面积。"城厢"已经无法满足时代要求，"南市"与"沪南"开始频繁出现在历史记载中，并逐渐成为官方用词。

"南市"这一名称是在1900年明确出现的。在同治五年（1866年）以前，南市并不是一个具体的行政区划，这点可从县志的记述中推论出。《同治上海县志》对上海各区域的记载如下："县之西，旧载镇市凡六，今增者一。法华镇、徐家汇市、虹桥市、北新泾市、杠栅桥市、华漕市、诸翟镇。县之南，旧载镇市凡十四今增者二，龙华镇、漕河泾镇、张家塘市、梅家弄市、朱家行市、长桥市、华泾市、曹家行市、塘湾市、颛桥市、北桥镇、马桥镇、闵行镇、吴会镇、荷巷桥市、语儿泾桥市"，并没有"南市"地名的记载。1867年的上海历史地图上，在城墙内标注"CHINESE CITY"，城外区域的标注是"OPEN COUNTRY"。直到1900年的地图 *A Map of The Foreign Settlements at Shanghai* 上明确出现"NANTAO"——南市。

（1）县城之南。这是大多数地图和文字记录对南市的定位。在《1925年上海最新全埠地图》《1927年法租界及城内图》、1933年由法国人绘制的地图、《1936年有轨电车线路图》《1938年新上海地图》、1940年日军在战时对上海做的详细测绘图，这些地图上南市所标的位置，都是指城内以南的华界区域；

（2）租界之南。这个是对应北市的说法。《上海近代经济史》和《上海近代百货商业史》都认为，在开埠之前就有"南北市"之说，"北市"指的是在苏州河新闸一带形成的新市场。后来开埠后，租界内商业迅速崛起，人们将"北市"之名冠之其上。由于租界建在老城厢之北，上海老城厢的商人把租界内位于老城厢北面的一个商贸市场叫作"北海"或"北市"。于是，位于北市之南的老城厢也被叫作"南市"。在民国许多文字记载中，都将法租界以南的华界区域称为"南市"。如《上海研究资料》的记载："第一次公共租界有轨电车通车于1908年3月5日；第一次法租界有轨电车通车于1908年2月；第一次南市有轨电车通车于1913年8月11日"[1]。上海成立自治政府时期，南市和闸北分别从原来的市政单位改组为南市市政厅和闸北市政厅。《南市区志》里也是包括城内区域，说明南市逐渐成为一个有明确地理范围的行政划分区域。

"沪南"则在政府机构的行政命名经常出现，例如《上海市政机关变迁史略》记述："1918年，地方人士屡次请求恢复自治，政府均延迟未准。沪南、闸北分治问题，总算接受地方人士的请求，而将沪南、闸北两局分别改称为沪南工巡捐局、沪北工巡捐局，仍恢复其各自独立的状态"[2]。上海土地局将包括城内区域的苏州河以南的华界分为十一图，并在1933年进行地籍测绘，印发文件的名称为《上海市土地局沪南区地籍图册》。

逐渐减弱的存在感

从"城厢"到"南市"和"沪南"，区域名称的更改从侧面也反映出上海县自开埠后的被动局面。租界的光环迅速盖过老城厢，并在百年中保持着绝对领先的地位。它一跃成为上海的代名词，是吸引全国外来人口的决定性力量，也是上海文化输出的主要载体。直至今日，城市建设的差距都显而易见，老城厢的街道两侧充斥着凌乱、毫无规律甚至有些奇异的建筑，为已经习惯现代城市面貌的人们带来强烈的陌生感。街道形态蜿蜒曲折，从人头攒动的城隍庙步入街巷深处，会遇到大量没有信号灯的丁字路口与宽度不足一米的狭窄小巷，街道空间还停留在机动车尚未通行的年代。

---

1. 上海通社，《上海研究资料》，中华书局发行所，民国二十五年五月发行，第17页。
2. 上海通社，《上海研究资料》，中华书局发行所，民国二十五年五月发行，第81页。

大众传媒所塑造的上海是"十里洋场""东方巴黎""梧桐树下的老房子"，这些西人缔造的美好景象为大众所津津乐道，成为城市自豪的标签，而老城厢地区除了豫园、城隍庙等极具中国建筑特色的区域，绝大多数真实的城市面貌被有意或无意地淡化，老城厢地区在租界辉煌的成就下显得黯淡无光，逐渐消失在主流文化与舆论导向中。

在城市史研究领域呈现同样的情况。白吉尔在对法租界的研究中提到："法租界不应该成为公共租界研究的小弟弟"，而对于老城厢地区的研究比法租界更为匮乏与单一，大多数成果都侧重在历史故事与传说的拼贴，最有代表性的是薛理勇所著的"老上海"系列。[1]张忠民的《上海：从开发走向开放（1368—1842）》重点论述上海县在明清时期的经济支柱，揭示了上海在明清时期的城市变迁背后的经济推力。而许国兴、祖建平主编的《老城厢——上海城市之根》介绍老城厢各个重要建筑的历史演变，许多内容与上海地方志办公室的内容十分接近，基本是一本史料汇总。

在老城厢的记录中，大多数文献都会提及道路的特殊形态，但是专门研究老城厢道路与河流的文献几乎没有。《老上海浦塘泾浜》已经相对全面地谈及老城厢区域河浜，但其内容也只是提到肇嘉浜与薛家浜，并且对河浜变为道路的过程也只是一笔带过，更何况其他文献。吴俊范的博士论文《从水乡到都市：近代上海城市道路系统演变与环境（1843—1949）》深刻揭示了整个上海河浜退化的过程与原因，文章提出的整体河浜体系的退化过程与成因对理解老城厢内发生的同类现象尤为重要，可惜其研究内容对老城厢区域的河流依然涉及极少。

城市的面貌绝大多数是由住宅决定的，因此对上海城市空间的研究离不开对里弄住宅的论述。关于里弄住宅的重要学术研究为：王绍周主编的《里弄建筑》、沈华的《上海里弄民居》、罗小未与伍江主编的《上海弄堂》、朱晓明与祝东海的《勃艮第之城——上海老弄堂生活空间的历史图景》、李彦伯的《上海里弄街区的价值》。前四本侧重于里弄的布局、类型、建筑风格的历史沿革，附

---

1. 此套书籍共 11 本，与老城厢有关的分别是《老上海城厢掌故》《老上海会馆公所》《老上海邑庙城隍》《老上海浦塘泾浜》四本，书中所述多由县志史料与民间传说而来，而民间传说也有助于从特别的角度来理解现象。

有部分里弄的图纸与照片并进行详细讲解，后一本侧重于里弄街区在社会价值方面的意义与保护思路。这些论著具备共同的特点：研究内容全部集中于租界地区的里弄，极少涉猎老城厢。《旧上海的房地产经营》记载社会各界对老上海房地产经营情况的介绍，有专家学者对上海房地产业的研究与评价，也有房地产商对亲身经历的地产业市场操作手段的详细讲解，但是通篇没有提到一处老城厢里弄住宅的情况，全部以租界的里弄为研究对象。

前人的研究

针对前人研究内容较为匮乏的情况，要展开老城厢的研究，所参考的资料来源主要分为四个途径：

（1）各类地方志与历史地图，此类资料为研究工作的核心基础信息，在附录中有详细的介绍。

（2）从对上海整体城市研究与租界研究的资料中挑选涉及老城厢的部分。熊月之主编的《上海通史》，15卷本的浩瀚内容事无巨细地记载上海城市的整体发展，其中第2卷《上海通史·古代》详细记录开埠之前的城市发展，其他卷本中也有对老城厢政治、经济、社会三方面的论述。张仲礼主编的《近代上海城市研究（1840—1949年）》对南市的交通发展状况做了简单地介绍。伍江的《上海百年建筑史》在开篇对上海县城的总体发展做出简单地归纳，通过开埠前的建筑形式来分析上海地方文化的灵活性与兼容性，这对理解社会文化与物质空间的对应关系提供极具启发性的视角。

有关海外学者的研究，罗兹·墨菲的《上海——现代中国的钥匙》将上海置于全国性的角度来剖析，但重点在于租界的发展，几乎没有关于老城厢的内容；梅朋、傅立德的《上海法租界史》详细记述1848—1900年法租界的历史，此段时期法租界还未进行西扩，其范围基本上都与老城厢毗邻，大部分事件都与老城厢相关，尤其书中详细记录两次战乱时中国官民的表现，是弥足珍贵的历史资料；白吉尔的《上海史：走向现代之路》在前四章中都有关于老城厢的内容，深度挖掘其中发生的历史事件的含义，对租界与老城厢的关系做出了精彩的论述。

除此之外，在关于上海整体的综合类论著中较少出现其他的史料与启发性的观点，许多书籍只是以上文献的缩减版。

（3）研究中国传统城市，尤其是县治的资料。施坚雅的《中华帝国晚期的城市》收录的多篇文章都具有鲜明的主题与扎实的内容，其中《中国城市的宇宙论》《城治的形态与结构研究》《中国社会的城乡》《衙门与城市行政管理》《学宫与城隍》《城市的社会管理》这六篇文章在县治与城乡层面的管理与空间问题上做出了精彩的论述。林达·约翰逊主编的《帝国晚期的江南城市》根据主题汇编众多精彩的文章，其中《上海：从市镇到港口城市（1683—1840）》，详述上海在清朝的经济社会变化。阿尔弗雷迪·申茨的《幻方——中国古代的城市》从中国城市的宇宙观出发，以极度翔实的资料论述中国古代城市的发展规律，第五章《中国城镇的结构》对中国县衙布局的经典描述与上海县的情况基本吻合。

需要警惕的是，在《中国古代地方城市形态方法研究新探》中，中国学者成一农对某些论著的参考方法与研究结论表示怀疑，例如对施坚雅利用城墙长度来为城镇进行分类的方法提出异议，这些质疑提醒笔者在引用材料前需要对其结论进行逻辑性的甄别。

（4）研究老城厢社会变迁的资料。19世纪末在国家层面发生社会组织结构的变化，为此一些学者从社会学角度进行研究，其中也涉及城市空间的局部变化描述，更重要的是，此类文献对于了解物理空间变化背后的深层社会原因具有极大的价值。

郭绪印的《老上海的同乡团体》详细记录上海同乡团体的演变历史，顾德曼的《家乡、城市和国家——上海的地缘网络与认同，1853—1937》对上海同乡团体在近代史的发展过程与深层内涵进行极富洞察力的总结，深刻揭示同乡团体从地缘认同到等级制分化，再到实用性转变的历史规律。周松青的《上海地方自治研究（1905—1927）》与《整合主义的挑战：上海地方自治研究（1927—1949）》是关于地方自治运动的论著，尤其是前一本中整理地方自治运动中的市政成就，并分析社会现象所蕴含的思想转变。梁元生的《上海道台研究：转变中之联系人物（1843—1890）》则将视角放在具体的官员身上，根据翔实的史料论述不同时期上海道台在外交事件中的角色，提出不同性格与能力的道台对华界与租界关系的影响。

城市现代化的内在机理

政治、经济与社会是影响城市空间演变的三个主要因素，这三方面在老城厢的表现依次为：对政治边界的敏感、对振兴商业的渴求、有限空间与剧增人口的矛盾。

1. 对政治边界的敏感

租界地区几乎一直处于快速发展的阶段，而且并没有试图介入老城厢的城市发展之中，从空间角度深入到华界区域的似乎只有传教士。华人对租界的态度经历过"鄙夷—羡慕—警惕"三个阶段，直接决定地方官员在政治边界处所采用的不同策略。

"鄙夷"的态度发生在初期，虽然英人作为战胜国来到上海，但是华人是将西人当作新奇的玩意在观赏，英领事巴富尔及随行甚至被房东售票参观。这时的华洋关系是相互独立的，甚至是隔离的，只有在太平军东进时期因为共同的利益而联合时才有所连通。

"羡慕"的态度很快就随着租界快速而精美的城市建设成果传播过来而产生，城市几百年的商业属性将灵活性与包容性刻入市民的骨子里，在租界发达的城市建设与商业活动的吸引下，老城厢开始在边界主动创造连接，但是羡慕与警惕的心态是并存的，这种纠结与矛盾的状态直接反映在城市空间策略上，其结果就是以增辟城门作为折中策略，在增辟的三座城门中还有两座直接连通法租界。

"警惕"是从英人开始设立租界起就持续存在，并在租界进行越界筑路之后得到强化。1914年法租界大面积西扩，大幅加大与南市区的交界面积，对此老城厢地区迅速作出反应。时任上海镇守使在民国三年（1914年）十二月二十二日的书信中提到："此次推广租界后，法人复拟开辟马路十三条，以兴市面。浜南一带，道路崎岖，荒塚累累，不得不急谋修整，以示抵制而保主权。因于斜桥至徐家汇及土山湾等处，拟筑支干路线十五条，并建筑桥梁十一座"[1]。这些为"保主权"而建设的道路，与原来城南地区完全沿着主河浜形态修筑不同，在历史地图上呈现宽阔而笔直的形态，清晰地反映出当时道路建设的急迫。

2. 对振兴商业的渴求

中国传统城市官员的考核内容在于维稳与收税，商人的地位又较低，发展当地经济很少被地方官员重视。上海县长期被惩罚性地征收高额赋税证明政策的推行并不以经济发展为导向。上海地方官员对于振兴市面的渴求是从租界兴起后才被频繁提起的，尤其在地方自治运动开始之后，熟谙租界城市管理与经济手段的商绅阶层开始掌权，民族自尊心驱动提升老城厢经济的紧迫感，夹杂着对个人财富的追求，使得振兴市面的策略显示出民族主义与资本主义共同作用的效果。

老城厢地区的城市格局按照利于资本流通的原则进行重新组织。作为权力中心的县衙主动要求搬迁，将地块让位给道路，以使南北通畅，振兴市面；承载民众精神寄托的庙宇被划拨给传授劳动技能的现代学堂，为社会新型的制造业储备劳动力；为了形成促进资本流通的东西向通衢，民众自愿或被迫进行翻造，城市最宽阔的道路由强化政治轴线的南北向，变为利于商业的东西向。

对于振兴商业的渴求还改变了整体城市开发的方向。直至1900年，新建的政府机构与民间团体还主要分布在城市南部，但是与租界经济体进行连通的强烈愿望，促使城市北部区域进行开发。北部区域的开发以九亩地区域为代表，老城厢中最规整的路网在这里被规划并铺设，里弄住宅也在道路两侧大片地进行开发，短时间内突然繁盛的商业甚至引发火灾。原来人头攒动的城隍庙地区也出现"小世界"游艺场，这是老城厢地区极为少数的商业开发行为。

在民族主义情感与资本主义要求的共同作用下，振兴商业成为政治正确的事情，来自民间的质疑与不满被压制下去，改变城市格局的工程在短时间内迅速被推进，似乎渴望在最短的时间内弥补与租界的差距。

---

1. 《沪南工巡捐局遵饬筹款建筑斜徐路等工程案》，卷宗号：Q205-1-22，上海档案馆藏。

3. 有限的空间与剧增的人口

在开埠之后，老城厢迎来两次人口增长的时期，第一次是太平军东进引起的东南难民潮，第二次是城市性质发生变化而前来谋生的劳动人口。租界地区一直作为安全岛吸纳来自全国各地的难民，老城厢因为与之毗邻，大量的难民与劳动人口同时也会直接或间接转移到这里，而老城厢的城市范围相对固定，这造成人口密度的持续增加，并进而影响城市空间的演变方向。

发生在19世纪60年代的东南难民潮是剧烈的，在短时期内大量难民涌入城内外，虽然城外也有难民的聚集地，例如南京回族人聚集在草鞋湾一带，大部分人还是在城内生存。大量特殊性质的人口增加直接产生众多亟待解决的社会问题，善堂作为基本的社会福利系统在这段时期纷纷设立，同乡团体也接纳大量前来投奔的同乡难民，在解决复杂的社会问题中，民间团体的领导者逐渐接管市政，并成为后期地方自治运动的主力。东南难民潮的特点是人员素质较高，虽然较高社会阶层的人群主要居住在租界，但是仍有大量身怀技艺的难民定居在老城厢，直接表现就是同业会馆的大量增设。关于行业的多样性对城市经济的促进作用，简·雅各布斯曾经论证过："涌进的新事物越多，地方经济扩张的速度就越快"[1]。因此老城厢的经济与此次难民潮形成良性的循环，所积累的资本也在下一段历史时期发挥重要的作用。

中国民族工业在第一次世界大战前后迎来黄金期，得益于江南制造局所奠定的坚实基础，加之1895年后外商资本在上海设立工厂所培养的人才与引入的设备，制造业很快吸引全国的劳工在上海谋生，老城厢地区在用工潮中迎来第二次人口增长期。这次的人口增加是平缓且持续的，他们衍生出强劲的消费需求，直接促使老城厢在20世纪20年代开始向生活服务型转化，老城厢有限的空间促使大量的机构开始缩小功能规模，切分地块进行住宅开发。同时商场、剧院、戏院、游艺场、体育场、动物园、展示馆等新型娱乐消费型场所出现，形成对西方城市功能的引进。

---

1. [美] 简·雅各布斯著，项婷婷译，《城市经济》，中信出版社，2007 年，第 125 页。

空间的复杂性内涵

城市是复杂而精妙的人造物，物质空间的变化永远都是社会事件最终传导出的表象。老城厢的城市空间演变过程也根据重要的社会事件分为数个关键节点。起点为元代上海设县，城市结构以县衙为中心逐渐成形。第二个节点是1843年上海开埠，虽然英租界此时仍是外国人居留地，但是老城厢的城市发展不再单纯依据内部的力量，而受到租界带来的逐渐强大的外部影响。第三个节点是1895年甲午战争的条款允许西人设厂，上海从这时由纯商业城市转变为工商业城市，上海县也在同年成立第一个正式的市政机构，虽然在之后十年内建树有限，但这确是上海县现代市政建设的起点。第四个节点本书选取的是1914年，异于许多研究选取的1911年上海光复，因为1914年发生两件重要的事情：其一是上海城墙被拆除完工，这是三百多年来上海县最剧烈的空间转变，此后再无城厢之分；其二是上海地方自治运动结束，标志着老城厢城市现代化过程中最重要的推动力退出历史舞台。第五个节点是1927年上海特别市成立，新政府选择江湾五角场地区作为行政中心，此举对于老城厢来说犹如釜底抽薪，政治资源与资本资源同时抽离，从此进入缓慢且独具特色的进程之中。终点选择1947年，出于收集史料工作的特殊性，最后一版精细的老城厢地图大约绘制于1947年，收录于最后一版《上海市行号路图录》，即后来出版的《老上海百业指南——道路、机构、厂商、住宅分布图》，1947年自然成为本书研究的终点。笔者以《老上海百业南——道路、机构、厂商、住宅分布图》中的地图为资料进行拼合，得到具备极其详尽历史信息的城市图纸（见附录图A-8）。对于拼合的地图，重点使用的是老城厢的部分，因此将老城厢部分的拼合地图简称为《1947年城厢百业图》。

租界作为近代中国在社会剧变中的特殊产物，无论从社会学角度还是城市形态学角度，都有很高的研究价值。费成康的《中国租界史》完成于1991年，通过对不同城市的租界情况的比较、不同国家所设租界之间的比较，全方位地展示中国所有租界城市之间的异同。在对全国层面的租界情况进行研究后，上海老城厢本身的特殊性与研究价值便凸显出来。

租界对于老城厢来说是把双刃剑，虽然它的成就掩盖了老城厢的光芒，但同时也赋予其相当程度的全国性意义，毗邻租界的上海老城厢地区直接受到西方城市建设方式与管理手段的影响，它的历史进程不再单纯只是中国城市在近代改革浪潮中的自发演变，而是受到极其复杂的多方面影响。在纷杂的影响因素中，两股力量的相互交织最为核心：中国传统城市的内在发展规律与租界施加的西方城市建设影响。城市作为极其庞大复杂的精密人造物，本身具有强大的发展惯性，瞬间发生的历史事件在城市空间的反馈需要一段时间，因此这两种力量在老城厢的博弈长期而复杂，1947年之前，再也没有哪个中国城市如老城厢这般长期陷入华洋力量博弈的两难境地。

这种长期复杂的变化在城市空间角度体现在三个层面，如同康泽恩学派的奠基之作《城镇平面格局分析：诺森伯兰郡安尼克案例研究》将城市形态分为三个层面：城镇平面格局（Town Plan）、建筑肌理（Building Fabric）、土地利用（Land Utilization）。老城厢地区城市空间的演变也表现为三个层面：第一是街道空间，这与河浜的变化相辅相成。1910年之前的街道研究主要在于道路体系逐渐加密与水网体系逐渐退化的线性分析。而对于街道空间形态的研究，在1910年出现较为精确的大比例地图后才成为可能，这时也恰逢地方自治运动开始大举推进市政建设，得以留下相对丰富的资料记录。第二是建成物的分布情况，直接反映城市社会变迁的具体情况，是理解城市空间演变的重要因素。本书附录详细讲述利用大比例精确地图与各类历史资料进行综合分析判断，给出对不同历史时期的建筑物的定位方法与过程。第三是土地产权的分割与归属。土地产权的分隔与归属，这是老城厢所留存的历史资料中最稀少的。《清代上海房地产契档案汇编》中收录大量土地房屋交易的契约，但对具体的地块范围描述得十分粗略，都是以当时的建成环境做简单描述，例如"西至河界"，并且没有附图，只能通过其描述来分析土地产权的转移方式。而1933年的《上海市土地局沪南区地籍图》对于老城厢地籍进行详细的描绘与产权人的记录，虽然仅凭一年的地籍图无法进行土地产权的演变分析，但结合历史事件与其他历史地图，能够根据地块产权人信息读取社会空间变化背后深层次的地权变化的动因与结果。

列斐伏尔对空间的演变有精彩的评论：当今社会一个最鲜明的特点就是，像食物这样曾经稀少的东西变得丰富，而像空间这种曾经丰富的东西却变得稀少。整个空间都成为人类了解、认识、规划和实践的对象，人们不断占据空间、规划空间、生产空间。而且，为了让空间充分地发挥其价值，空间被人为地稀有化、片段化和碎片化。此过程就是老城厢在几百年的发展中最真实的写照。

除此以外，对于同时期的其他城市来说，上海对西方城市建设经验的吸收与转化成为现有的参考对象。20世纪上半叶，中国的重要城市都推行以拆除城墙、拓宽道路为主的城市现代化改造运动，从时间顺序与执行过程来看，这些行为都肇始于上海。可以说，老城厢对租界城市管理方法的学习与对城市面貌的追求，深刻影响其他城市在追求现代化道路中的具体操作方法。

这些重要节点与持续发生的社会变化对城市空间发挥长期的作用，无论缓慢还是剧烈，社会关系与深层文化的变化都逐渐通过物质空间的变化表现出来，而物质空间的变化又进一步对生存其中的社会组织与人群产生影响，为新型生活与活动方式的发生提供条件。物质空间与社会组织的变化互相交织，在六百年的历史时空舞台上，共同上演老城厢地区社会空间起伏的波澜。

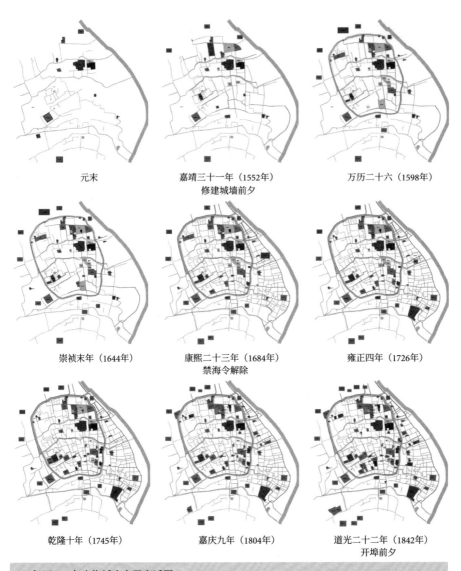

元末

嘉靖三十一年（1552年）
修建城墙前夕

万历二十六（1598年）

崇祯末年（1644年）

康熙二十三年（1684年）
禁海令解除

雍正四年（1726年）

乾隆十年（1745年）

嘉庆九年（1804年）

道光二十二年（1842年）
开埠前夕

1292年至1842年上海城市布局变迁图

来源：作者自绘。

说明：历版的上海县志或其他地方志等书籍，所记述的都是重要的公共建筑物，私人住宅仅限于
大户人家，基本没有对普通民居的记载。在历版的历史地图中也呈现出这个特点，地图上有住宅
区的名称最早还是在《1910年实测上海城厢租界全图》，对于早期的城市发展，只能将普通民居
作为城市变迁的底图，对于居住区域的推断仅限于道路的密集程度。本书所分析的城市空间变迁
主要是针对这些公共建筑，根据它们在城市历史中的变迁来揭示城市的发展规律。

第一章　正统与自由的博弈

（1292—1843）

　　以江边集市为原点的上海，城市结构天然依据市场经济的需求而塑造；但是城市的管理者处于频繁调任的政治体制中，各个城市在耳濡目染中形成对正统形态的直觉。开埠前的几百年间，上海县所呈现的状态一直在正统的城市结构与活跃的经济需求中左右摇摆。

一、商业城市的自由结构

1. 设县初期的布局

元至元十四年（1277年），上海镇设立市舶司；至元二十七年（1290年），松江知府仆散翰文以华亭县地大户多、民物繁庶难理为由，提议另置上海县[1]，因赋粮之征收是那个时代立县升级的重要依据。自元代设县至王朝结束只有76年，并未修志。明代初期战乱刚刚平定，更不会对一座县城有即时的记录。因此对元代建筑的整理，只能依据明清时期的县志，《同治上海县志》的记录是较为详尽的（表1-1）。

表1-1 元末（1368年）之前出现的建筑名录

名录	内容
县署	元至元二十九年，宋榷场故址。大德二年，市舶司并于四明，乃移县于司署
县学	旧在县署东，初为镇学。元至元三十一年，与华亭分县后，知县周汝楫改为县学
社稷坛	县西南，徐家浜
神祇坛	县东北，天后宫
广福寺	晋代，天福年间建。县署西北
积善寺	宋代，绍兴年间建。县署西北
小普陀禅寺	宋代建。在小南门外
丹凤楼	宋代，初在古顺济庙内。元末楼毁
西郊野趣轩	元代，在黄家阙，黄铭居之，人呼为西郊先生
素园	在县治西，本元至大间学署旧址，后构为园，后改清源书院

资料来源：《同治上海县志》《上海县续志》。

元末时城市整体结构还处于较为混沌的状态，见本书第24页9图中元末地图，只有县治与学宫构成城市初步的中心，这一中心在漫长的历史中长期存在。城郊有两处祭坛：社稷坛在县西南的徐家浜旁边，神祇坛在县东北的天后

---

1. 熊月之主编，《上海通史 · 第 2 卷 古代》，上海人民出版社，1999 年，第 76 页。

宫中。有几处庙宇散落在县署的各个方向，城北为侯家浜北侧的积善寺与方浜北侧的广福寺，城东南方向在陆家浜河畔有小普陀禅寺。这些寺庙都是沿河分布，一是利用水景营造景观，二是便于信徒经水路前去祈福。城市此时的主要祭祀神是天后，这是保佑出海的人能够平安归来的神祇，至今在东南沿海一带，天后仍是祭祀活动中重要的祭拜对象，对天后的重视说明此时航运贸易对于上海的重要性。

在《帝国晚期的江南城市》中林达·约翰逊（Linda Cooke Johnson）曾针对一幅元代的上海地图进行描述："一个毫无规划、没有城墙，但有着一些重要的衙署和元代的海军军营的城镇。这时的上海有27座石桥与一座城隍庙，还有一座用来祭祀传统意义上海神的天后宫。"[1]这个描述有时间上的错误，在元代上海还没有城隍庙，也许描述的是《弘治上海县志》的附图。城隍庙是明代朱元璋开始在全国推行的，元代县城最重要的建筑为县衙与学宫，它们也是经过几次的搬迁才确定下来最终的位置。

县署在1947年之前历经三次搬迁，第一次搬迁发生在元代。最初县治设在前上海镇守衙内，永乐大典记载为"松江总场"所在地，《嘉靖上海县志》称作"宋榷场故址"。因为是前朝留下来的老衙门，整体比较简陋，上海县官只能权宜地驻治下来。1298年上海市舶司奉政府的命令归并入宁波市舶司，司署的房屋空起来。本就对办公环境不满意的县官决定将县署搬到市舶司的空房，由夏县官具文呈请江浙行省和松江府长官。1299年（元大德三年）此呈文请求被批准，开始第一次搬迁[2]。搬迁之后，县署经历过一次自然破坏，《同治上海县志》所述"飓风成灾"，因为市舶司署年久失修较为衰败。在飓风中发生严重的倒塌。于是县官达鲁花赤，倡议县官乡绅共同捐资改建，在次年上半年，将闲置房屋重新修葺并添建，上海县署从此拥有代表自身威严的正式办公场所，以处理日渐繁多的县内事务。

与县署类似，文庙在这段时期也经历过多次搬迁。文庙的前身是早期的镇学，

1. [美] 林达·约翰逊主编，《帝国晚期的江南城市》，成一农译，上海人民出版社，2005年，第199页。
2. 上海通社，《上海研究资料》，中华书局发行所，民国二十五年五月发行，第53页。

13世纪中叶，镇人唐时措购买韩姓的房屋，改建梓潼祠，置孔圣遗像于祠中，并请镇监董楷建筑古修堂作为诸生肄业的地方，成为镇学。据康熙松江府的记载及沪城备考的附图，镇学的地址大概在方浜长生桥的东北处，即后来的天宫坊街的西边。在上海设县后，镇学自然升为县学。两年后，知县周思楫偕同教论执事等在县署东边的地块上营建县学。当时正逢征税繁忙的时候，因此在短期内未能完工，第二年浙西廉访朱思诚按巡州县，正好来到上海，于是委托乡贵万户长费拱辰将此建筑完工。此时文庙前有正殿，旁有讲堂，还购买邻近地块建造斋舍。1302年又添筑殿轩，增设大门和学门，重新至圣先师像，再绘先贤像于两庑。知县又为筑垣一百三十尺，前通泮水，架桥其上，从此文庙的规模具备[1]。1310年文庙第一进行搬迁，吴彦升按巡上海，看到文庙的规制觉得过于狭小简陋，计划加以扩新，同时邑绅两浙都收买民田五百多亩捐入学宫，并捐巨资备修建学宫的费用，于是新学宫开始建设，在县署的西侧相度得官地十五亩，其位置大概在后来的淘沙场一带[1]。新学宫只存在了四年，县丞王珪又将其迁回县署东侧的原址，具体迁回的原因已不可考，不过在迁回以后，文庙的体制较之前更加宏大。庙内有天光云影池，池中有芹洲，洲上有止庵，更有杏坛、盟鸥渚等景致，文庙已经不仅是邑城学子肄修之地，同时可作胜游的场所。

县署和学宫，前者作为官员的办公场所，后者作为官员的选拔渠道，都服务于地方统治阶层，对于民众来说重要的祠祀场所在明朝才出现。

2. 优越商业条件的缔造

虽然地处江南水网之中，上海却不是"富庶的鱼米之乡"，冲积平原土地中较大的碱含量与上海较高的地势十分不适合进行稻米种植，直至黄道婆从海南引入棉纺织技术形成完善的产业链，才为上海指明利润丰厚的发展之路。在这之前，上海能够在早期由镇设县，全凭航运贸易在全国范围内具备较强的竞争力，这是地理优势与人工共同努力的结果。

---

1. 上海通社，《上海研究资料》，中华书局发行所，民国二十五年五月发行，第181页。

　　1）优越的地理条件

　　与同样位于东部海岸线上众多的港口城市相比，上海的行政级别一直较低，在不远的南方即有重要的港口城市宁波府，早期的开埠城市中广州、福州也都设有府衙。但是上海以县治级别却在英国人眼中与宁波府、广州府等相提并论，仰赖其在海岸线的特殊位置。

　　上海位于中国东部海岸线的南北中点，是"北洋"与"南洋"的地理分界点。黄河与淮河入海携带的大量泥沙导致北洋各港口以滩地为主，较浅的海水只能停靠吃水浅的沙船；以山地与丘陵为主的南洋各港口水深浪急，只能停靠大型船只。位于中点的上海就成为南北洋货物的转运地，货物的集聚自然就形成繁荣的市场。无论在行政级别还是航运历史上，隶属于松江府的上海县都无法与宁波府相比，但是依靠重要的地理位置，上海县在距离宁波府仅有154.5公里的地方成功地发展起航运贸易。

　　其次，上海具备广阔的腹地，可以作为劳动力的供给与商品的消费市场。吉本在《罗马帝国衰亡史》一书中认为，"一座大城市的最重要、最天然的基础，就是附近农村地带要人口稠密、劳动力充沛，这就为粮食给养、工业制造和对外贸易提供物质资源"。上海的腹地有两类：一是西侧物产富饶的太湖流域地区，能够提供充足的农作物与充沛的劳动力；二是通过北侧的长江入海口，连通占全国一半人口的长江流域提供的庞大的消费市场。腹地提供的劳动力与消费市场能够完成从生产加工到商品消费的整个商业链条，从而获得远超于单纯转运贸易的巨大收益。

　　山东半岛的青岛港、烟台港与威海港是上海以北天然良好的港口城市：岩石的丘陵地质条件、良好的吃水深度、优异的内部海湾提供安全平稳的海面环境。但是山东半岛中部缺少可以通航的大河川，高耸的丘陵山脉切断与西部广大腹地的联系。失去这部分重要劳动力与自然资源的补充，单凭优良的海港条件无法助力它们在中国沿海贸易城市中占据重要的席位[1]。在《南京条约》里英国人要求

---

1. [美]罗兹·墨菲著，《上海——现代中国的钥匙》，上海社会科学院历史研究所编译，上海人民出版社，1986年，第63页。

的开埠城市中，并没有出现北方港口城市，这固然有北方港口城市与北京过近的距离导致清政府不安的因素，更重要的原因还在于这些港口城市严重缺乏腹地人口，这与英国人需要的庞大消费市场大相径庭。

即便是历史悠久的宁波港，也受到腹地不足的发展局限。在1259年，宁波沿海就有8000多艘船只，集市贸易十分兴盛，城市官员甚至专门为此在城外设置新城郊行政区。但是宁波地区具有天然的劣势，在农田开垦上，各地水位并不相同，农民不得不在灌溉工程上花费大量的劳动；在水路上，宁波与杭州及大运河之间的沿线转驳费和运输费都比较昂贵，这几点导致宁波的腹地范围较小，无法为外国制品提供一个足够广阔的市场。开埠之后，宁波港的地位迅速被上海夺去，作为新区域经济中心而依附上海[1]。

上海身处江南水网之中，在陆上交通工具没有发生革命性变化的历史时期中，船运是最为经济的长途运输方式。据亚当·斯密的测算，6~8人通过水运在同样的时间内就可将由100人驾驭400匹马的50辆大四轮马车所运载的相同数量的货物从伦敦运送到爱丁堡往返一次[2]。因此上海地处的江南水网系统提供廉价的运输网络，水网系统将江南诸多城市与乡村联结成一个经济共同体，便于对抗来自全国各个城市的竞争。

2）不懈的人工努力

通过研究中国城市地位上升下降的情况，可得知重要河道的摆动可左右城市的命运。扬州在汉朝时期得益于长江和淮水间运河的通航，但是后来黄河的南摆削弱它能够发展成江南地区中心的机会；苏州依靠明代永乐时期江南运河的重新开通而获得超过杭州的地位[3]。上海的城市发展史也是一部与河道摇摆相抗衡的过程，一段与河道淤塞奋斗的历程，并在与两个重要港口城市的竞争中取得胜利。

首先是青龙镇，在宋代是一座声名远扬的巡检司[4]，它作为东南滨海名镇

---

1. [美] 施坚雅著，《中华帝国晚期的城市》，叶光庭等译，中华书局，2000年，第482页。

2. [美] 亚当·斯密著，《国富论》，陈虹译，中国文联出版社，2016年，第13页。

3. [美] 林达·约翰逊主编，《帝国晚期的江南城市》，成一农译，上海人民出版社，2005年，第4页。

4. 其他三个巡检司是金山、戚崇、杜浦。

时，北临吴淞江，东濒大海，处于内航海运的优越位置。宋代陈林在《隆平寺经藏记》中记述："青龙镇瞰松江上，据沪渎之口，岛夷、闽粤、交广之途所自出，风樯浪舶，朝夕上下，富商巨贾、豪宗右姓之所会。"《嘉庆青浦县志》内有记载，镇的境内"纵则有浦，横则有塘，又有门、堰、泾、沥而棋布之"。优越的条件促使青龙镇繁荣发展，甚至吸引来自日本、新罗等国的海外贸易。为管理海外贸易，北宋政和三年（1113年）政府在这里设置市舶司，有专任监官来管理征税事宜。其次是刘家港，地处太仓，明朝洪武年间在码头兴建大量运仓以贮存国家粮食。《太仓府志》有云："永乐贮米数百万石，浙江等处秋粮皆赴焉，故天下之仓，此为最盛。"这里还是典型的鱼米之乡，富饶之地，并且是南京最近的临海港口，与朝廷的联系极为紧密。这些优越的条件，使刘家港成为商贾云集的繁盛大港，郑和七次下西洋都是以此作为起锚地。以国家之力组织的远洋航行耗费巨大，对港口的要求极高，由此可知刘家港当时在中国海港的翘楚地位。

　　这两个著名港口城市与上海县具备相似的自然地理条件——优越的海港位置和广阔的江南腹地，却在历史上相继湮没，主要是因为长江上游冲击下来的大量泥沙所致。今日上海青浦以东的大片土地，包括中心城区与东部的浦东地区，在一二千年前为汪洋一片[1]，可见河流对河岸经年累月的侵蚀作用所积累起来的泥沙量之大。青龙镇与刘家港都是因为河流通潮导致泥沙淤积，河道日益缩小变狭，渐渐失去航运能力，以港口贸易兴起的市场自然不可避免地衰落下去，航运的船舶自然选择停靠在下游形成新兴的繁华集市，此消彼长，最终市舶提举司从青龙镇搬迁到上海镇。

　　上海镇也面临与青龙镇相似的自然条件。明代初期，吴淞江下游淤塞严重，黄浦江也因为沙洲日积而水流不畅。如果遵循同样的历史轨迹，上海县将在一二百年后失去通航能力，像青龙镇与刘家港一样湮没在历史中。扭转长江口附近海港城市命运的，是官府对河道进行的多次巨大疏浚工程。其中最重要的，是明代夏原吉主持的"江浦合流"，永乐元年（1403年）户部尚书夏原吉在经过数月实地考察与集思广益后，决定放弃吴淞江下游故道，疏浚范家浜[2]，形成一条

---

1. 熊月之，周武主编，《上海——一座现代化都市的编年史》，上海书店出版社，2009年，第1页。
2. 今陆家嘴以北，复兴岛以南的河段。

以"黄浦—范家浜—南仓浦"组成的"新黄浦"，新的河道水量较之前大涨，形成宽约数十丈的宽阔江面，极大提升上海港的航运能力。

明清两朝，上海县继续对河浜进行定期的疏浚，尤其进入清朝后期，上海县商业逐渐兴盛、人口日益增多，城中的河浜还承载清理生活垃圾的负担，阻塞情况更加严重，疏浚工作也日益频繁。在沪南工巡捐局关于填埋肇嘉浜的书信讨论中，提到"肇嘉浜绵长三十余里，四年前曾大浚一次。嗣于民国二年间，前上海县知事令行前市政厅勘估续浚，旋因需费甚巨，未及举办"[1]。这封讨论书信是在民国四年二月五日书写，信中提到宣统二年肇嘉浜曾经进行过大浚，只是经过短短四年，在民国二年经勘查时就已经需要再次疏浚，因为花费太高没有进行，到民国四年重新讨论时，肇嘉浜已经严重淤塞，疏浚工程必须开展。河道淤塞如此频繁，侧面说明上海在几百年中航运贸易的持续繁盛，是通过巨大的努力才得以实现，并给鸦片战争爆发前来考察的英国人留下深刻印象，于是上海就成为战后条约中被指定要求开埠的口岸之一。

二、城市结构的正统化修正

凯文·林奇在《城市形态》一书中将城市分成三种模式：晶体模式、机器模式与有机体模式。其中晶体模式是与完善的宇宙模式理论相对应的，他认为中国人发展出完善的宇宙理论，这个理论通过对神话的描绘来解释城市的由来，解释城市是如何运作的以及为何为出现错误，因此，也告诉人们城市到底应该是什么样子的：如何选址、改善和修正[2]。上海的城市格局的形成并不是按照这个顺序，建筑物初始的地址并没有依据神秘理论所指导的定位法则，而城市功能的布局更多侧重于后两者："改善和修正"。

1. 祠祀系统
明朝的建立标志汉族又夺回国家政权，汉族文化的影响与明朝帝王对城市的

---

1. 《沪南工巡捐局奉镇道署饬浚肇嘉浜案》，卷宗号：Q205-1-53，上海档案馆藏。
2. [美] 凯文·林奇 著，《城市形态》，林庆怡，陈朝晖，邓华译，华夏出版社，2001 年，第 53-70 页。

图1-1　1552年城市空间布局　　　　　　　　图1-2　1553年城墙修筑的范围

说明：城墙建设前后的城市格局比较。

认识，促使上海的城市结构发生重大的调整。以城墙建立为分界点，可以将上海
在明朝的城市发展过程分为两个阶段。城墙前阶段：洪武元年（1368年）至嘉靖
三十一年（1552年）（图1-1）。城墙后阶段：嘉靖三十二年（1553年）至崇祯
十七年（1644年）（图1-2）。

　　从两张图的对比中可以看到城墙在原有城市格局中作为界定的情况。

　　明朝帝王对城市布局制定出一套新的秩序，重新确立祠祀系统并允许城市建
设城墙[1]，在新的统治思想的控制下，上海县出现重要的变化：城内是城隍庙的
设立，城郊是重置各个祭坛的位置以及增设厉坛（表1-2）。

　　明代以前，是否建立城隍庙由地方政府来决定，但是洪武年间中央政府规
定所有县级及以上的城市都要设立城隍庙[2]。《同治上海县志》中记载："城隍
庙，初奉神于淡井庙。明洪武二年，诏封天下州县城隍庙神为显佑伯"[3]。上
海县的城隍庙最初比较狭小，永乐年间上海知县以霍光行祠改建，"一庙二城
隍"，前殿仍祀霍光，后殿是城隍神秦裕伯和三班六房皂隶，最后一进为寝宫，
是城隍神的居所，东厢为城隍娘娘，西厢为城隍父母，整体建筑初备规模。中国

---

1. 元朝因为以骑兵为主，在攻打中原遇到的最大障碍是各个城市的城墙，在夺取政权后，为了加强军事震慑，
　拆除全国所有县级以上城市的城墙。
2. 薛理勇，《老上海邑庙城隍》，上海书店出版社，2014年，第16页。
3. 《同治上海县志》，卷十《祠祀》，第18页。

建筑的大小和形式具有严格的等级制度，绝对不得僭越。《明史·礼志三·城隍庙》里有记载，城隍庙的建筑等级"高广视官署厅堂"，可知城隍庙与县衙是一个等级。

厉坛是祭祀战死沙场战士的祭坛，自汉代以来已经消失很久，洪武年间由朱元璋重新恢复，以安置与他一起征战南北而客死他乡的沙场战士，也许与他带兵夺取江山之前曾作为寺庙僧人的经历有关。厉坛与城内的城隍庙属于同一个祭祀系统，城隍最初的职能就是在每年的清明、中元，十月朔到厉坛去抚恤阵亡的将士。

表1-2　明朝洪武年间的祭坛建筑明细

	类别	时间	变化类型	变化内容
社稷坛	祭坛	洪武二年	移建	移置县西北
神祇坛	祭坛	洪武二年	移建	移建县南，大南门外城河西岸
东海神坛	祭坛	洪武十六年	创建	在天后宫门设坛
厉坛	祭坛	洪武三年	创建	在县北

资料来源：《同治上海县志》《上海县续志》。

社稷坛与神祇坛在洪武年间移建，关于祭坛设置的意义，清代的巡道应宝时在《移建社稷坛碑记》中写道："国家明礼，肇祀百神，咸秩定制，地祇之外，别祀社稷，各府州县，咸建社稷坛。守土之官，有民人必有社稷，春祈秋报，所以邀嘉贶而迓祥和。"[1] 可见祭祀是国家确立并弘扬礼制的根本途径，有人民就有社稷，所有行政单位都需要设置社稷坛。上海县的社稷坛最初在县城西南的徐家浜附近，在洪武二年移建到县城的西北方向，周泾的西面，方浜的北面。

神祇坛在历史地图中并未出现。《同治上海县志》对神祇坛是这样记述的："嘉靖二年，知县郑洛书重修碑记云：'山川坛，昔者圮官无斋所，神如野宿。正德十五年冬，洛书为宰。明年春，顾瞻芜陋。心大弗宁，遂以毕祭之日，筑坛以栖神，作室以斋官……'"这样情况就十分清楚，神祇坛是由山川坛改建

1.《同治上海县志》，卷十《祠祀》，第2页。

而成，因为山川坛宫殿坍塌，祭祀的官员认为神明无居所只能"野宿"，这是对神明的不敬，于是将其修缮改作神祇坛，不知为何在后期的地图中仍旧标记为山川坛。

上述三个祭坛在中国大部分城市都有设立，而县城东北方向有一座较为特殊的祭坛——东海神坛，设置在天后宫旁。天后宫本来就是远航的船员祈求平安之处。东海神坛也是由于上海县濒临东海，为祭祀与上海民生经济息息相关的海神而设立。城郊这四座祭坛分布在县治的东南西北四个方位，与县治北侧的城隍庙一起构成"中心—环绕"的放射性祭祀网络（图1-3）。

图1-3　1552年城市祠祀建筑的空间结构图
说明：祠祀建筑形成放射状结构。

2. 城墙的"二次规划"

上海城市空间在历史上的第一次剧变发生在嘉靖三十二年，环绕县城的城墙建立。城墙对于中国的城市来说不只是物理上的界限，还是政治统治合法化的象征，以政治地位或军事地位而诞生的城市，城墙是在城市建设中最先完成的工程，之后再建设城内的宫殿与房屋。而上海的次序正好相反。在城墙修筑前，上海县已经建立较为完备的传统城市结构：中心区域是以县治、文庙与城隍共同组成政治与文化的中心，城郊是以各个祭坛组成系统的城市祠祀系统。相较于大部分中国府县城市，唯一缺少的元素就是城墙。

1）设立城墙

上海在设县后的260年里，一直都没有建设城墙，主要有两个原因：①设县之时处于元朝政府统治下，蒙古骑兵在征服宋朝的战争中多次攻城，深知城墙对于蒙古骑兵巨大的防御能力。元朝建立后，为了强化国家的统治，绝大多数城市的城墙被拆除，并禁止筑城，便于骑兵军队进行镇压叛乱。②明朝建立后许多城池修建城墙，但上海不在其中，士绅顾从礼曾做过解释，上海进行贸易和居住的商人"半是海洋贸易之辈，武艺素所通习。海寇不敢轻犯，虽未设城，自无他患"[1]。因此对防御性的城墙并没有迫切的需求。至于顾从礼的另外一个解释"事出草创，库藏钱粮未多"，这只是城墙修筑的难点，无法构成放弃修筑城墙的原因。

对自身防御力量的过分自信最终付出代价。嘉靖三十二年（1553年），倭寇一年内来犯多次：四月十九日，洗劫县市；五月十二日，杀知县，焚县署，火烧县城；五月二十七日，袭击县城西境；六月二十七日，杀镇军指挥，焚掠县市。县内"武艺素有通习"的"海洋贸易之辈"无法抵御倭寇的进犯，短期内对县城的多次洗劫造成巨大的人身与财产损失，《乾隆上海县志》有记载，士绅顾从礼代表上海的官员百姓向朝廷进书：开城筑垣，以为经久可守之计。在得到朝廷批准后，上海县官民共同奋力修筑城墙，只用三个月便修筑规模较大的城墙："城周围凡九里，高二丈四尺，旧六新一，凡大小七。……堞三千六百有奇，箭台二十所，濠环抱城外，长一千五百余丈，广可三丈"[1]。图

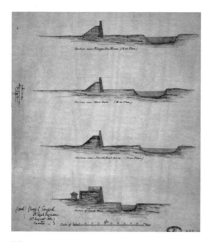

图1-4　1861 City, Settlement and Environs of Shanghai
来源：http://www.virtualshanghai.net。

图1-5　老北门的平面形态
来源：截取自1882 Plan de la concession française à Shanghai。

1.《同治上海县志》，卷二《建置》，第1页。

图1-6　城墙楼台

来源：http://www.virtualshanghai.net。

说明：城墙上具有局部放大的突出体量。

图1-7　城楼照片

来源：http://www.virtualshanghai.net。

1-4是1861年外国人对城墙测绘的剖面图，东北门与西门附近的城墙与城壕之间有较为宽阔的空地，城壕也较为宽阔；而南面城墙与城壕距离较小，城壕也很窄，只有20英尺。

北城门承担最重要的防御工作，因为倭寇的船只趁黄浦江涨潮由海上而来，最易从北侧进攻。1882年的法租界地图上，清晰地画出北门城墙的形状（图1-5），半圆形的城墙拥有最大的攻击范围。并且在城墙上修筑城台（图1-6），战争结束后的十几年中，城台上陆续修筑四座楼阁：①丹凤楼，邑人秦嘉揖改建楼于东城万军台，其下为雷祖殿；②观音阁，建在制胜台上；③真武庙，建在北城振武台上；④关帝庙，建在西门北城箭台上。城墙上的楼阁自然是全城的制高点，以军事为目的建造的楼阁被赋予神圣性，还兼具景致的功能。"旧沪上八景"为海天旭日、黄浦秋涛、龙华晚钟、吴淞烟雨、石梁夜月、野渡蒹葭、凤楼远眺和江皋霁雪。其中"凤楼远眺"是东北角的丹凤楼，"江皋霁雪"指的是西北角的关帝庙（大境阁）（图1-7）。

城墙将县城的边界明确下来，出现"城""厢"之分，原来绵延一体的城市空间被贴上不同的标签。对事物的标签化是灭绝行为的开始，这次的"灭绝行为"发生在对城外十六铺地区记录的抹除上，在清代中叶绘制的上海地图上，整个城市被描绘为一个被河道与城墙围绕的正圆形区域，十六铺的密集路网全然不见踪影（图1-8）。

虽然历经倭寇的破坏，城内的中心区域依然由县衙、学宫、城隍庙共同组成，并由道路系统继续强化。在《嘉靖上海县志》中记载的街道有7条：新衙巷、新路巷、薛衖、观澜亭巷、宋家弯（湾）、姚家衖、卜家衖，这些道路都位于县署周围，以仪式性的方式对县北的中心区进行空间上的强化（表1-3）。

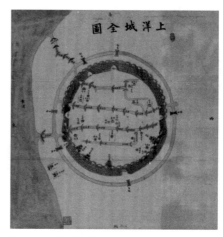

图1-8　上洋城全图
来源：http://www.virtualshanghai.net。
说明：此图为清中叶纸本彩绘，地图上将城墙画成正圆形。

表1-3　道路名称对照表

嘉靖时期道路	同治时期路名	嘉靖时期道路	同治时期路名
新衙巷	县东西大街	宋家湾	曲尺湾
新路巷	虹桥大街	姚家巷	姚家衖
薛巷	薛衖	卜家衖	废，无考
观澜亭巷	废，无考		

　　县署南侧是一处开放场地，场地的两侧为县东、县西两条大街，县东大街连接东边的学宫。场地向南延伸为县前大街，跨过肇嘉浜上的县桥直达大南门，形成县内距离最长、形态最规整的道路，将县衙的威仪彰显到城内城外的所有角落。县署东西两侧分别为较宽的三牌楼街与四牌楼街，三牌楼街向北连接城隍庙，四牌楼街东侧即是学宫，这三条道路在相当长的历史时期内都是城市南北向的主轴。南侧的肇嘉浜贯穿城市东西，并通过城墙西边唯一的水门连接上级政府机构——松江府。道路与河流组成县署周围核心交通网络，与新建的威严建筑群共同完成对政治中心的塑造。完全消除了《弘治上海县志》中记述的知县对市舶

司旧屋的不满——"县所以理民事，治所以耸民瞻，非若舶之仅储商货而已。守舶之旧而不思改观以雄井邑，又将以舶目我县"（图1-9）。

　　需要说明的是，三牌楼街与四牌楼街从名字上看似乎是同时修筑，但实际上两者的名称和形成过程没有任何的关联。①三牌楼街得名于三座牌坊，刘玙为父亲的深明大义之举，而从其经历中提炼名字建立应奎坊，刘琛建立清显坊，再加上刘玙所立的昼锦坊，这样总共有三座牌楼并列在街道上，并称刘氏三坊，道路由此得名。②四牌楼街的命名与文庙有关，因在文庙的旁边，在道路上建有四座牌坊：宣教坊、崇礼坊、泽民坊与集议坊，由此被称作四牌楼街。在《老上海地标建筑》一书中，提到四牌楼街原是文庙内的甬道，因为小刀会起义导致旧学宫搬迁，学宫内原来的甬道就作为城市道路，因为甬道上的牌坊被称作四牌楼衔，这个说法无法解释为何《嘉靖上海县志》的附图上已清楚地标出四牌楼衔的名称。

　　城墙建立之后，上海县迎来第一次建设的高峰，最显著的变化是大量宅邸园林沿县衙南北轴线出现。宅邸园林的出现需要政治与经济条件同时稳定，城墙的建立为县城提供安全而稳定的社会环境，在经济方面的发展是依靠上海在明朝发达的棉纺织业。

　　宋元之际，乌泥泾人黄道婆从今天的海南岛地区带回先进的棉纺织技术，加上松江地区棉花种植广泛，上海在明朝成为江南最大的棉织业中心。财富的积累可以为当地提供优质的教育条件，促使上海产生更多经过科举考试升为高官的官员。他们在职时或退任之后，倾向于在家乡置办大规模的府邸，一般都由生活起居房间、家祠和配备的园林组成。《同治上海县志》对陆深宅的描述为"极宏敞"，可窥见深宅大院的普遍

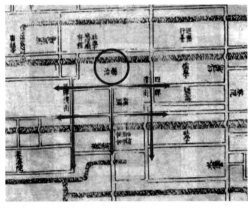

图1-9　县署南侧主要的道路示意
来源：作者自绘。
说明：底图为《嘉靖上海县志》附图。

规模。在明末清初时期的园林还是私园性质，住所、园林、书房融为一体，并且一般都会沿河布置以便于引水营造景致。例如露香园内就布置所有的生活起居与书房、青莲座等建筑。因此无论以"宅"还是以"园"命名，都是大户人家的居所。在《同治上海县志》中，"第宅园林"作为章节的标题也印证这一点。

这段时期的府邸园林集中出现在县前大街两侧，深宅大院的主人一般都是中央任职之后回乡退养的官员。例如陆深为明朝进士，官历四川布政使，至翰林院学士，进詹事。《同治上海县志》记载陆深宅"在长生桥南，极宏敞，东有高阁日邻簧，因在学宫后"[1]。位于赵家宅衖的赵灼宅，赵灼是明代的进士，考选刑科给事中。转户科，迁吏科都给事中，寻迁太仆寺少卿，历太常寺少卿，晋右通政。从宅院对于住址位置的选择，可以看到有明显地向政治文化中心接近的倾向。较为早期的陆深宅与潘恩宅就位于县署的旁边，稍晚的唐家宅与赵家宅等就只能选择在中心轴线更偏南的位置，已经位于肇嘉浜以南；而最晚的徐光启宅，只能布置在县前大街的最南端。

2）城墙范围对空间的取舍

凯文·林奇认为，晶体城市的特点是"稳定和等级制"[2]，上海的城市发展过程注定不会产生严格规整的仪式性空间，但是在城墙设立后，物理边界将统治者心中的等级制明确地描绘出来，在开埠前的历史地图中，略呈椭圆形的城墙不断地以一个完整的正圆形出现，甚至地图上对于上海县的描绘出现缩小的趋势，城墙之外的事物被忽略，即便现实中它仍然是车马熙攘的码头地区。

城墙并没有将上海县当时所有的建设区域包括在内。这可以从当时的急迫形势来理解，城墙的修筑是在遭到倭寇短期内数次的烧杀抢掠后紧急完成的，对下次倭寇到来的时间未知，高速度就成为重要的完工目标。时间的紧迫导致工程无法面面俱到，在有限的长度面对已有建成区的范围时，取谁舍谁就成为必须要考虑的问题。

首先，上海县"舍弃"了商业，具体来说是东门外后来被称为十六铺一带的商业区。十六铺地区是上海最初的贸易市场，这里的繁华直接促使上海由镇

---

1. 《同治上海县志》，卷二十八《名迹上·第宅园林》，第 15 页。

2. [美] 凯文·林奇 著，《城市形态》，林庆怡，陈朝晖，邓华译，华夏出版社，2001 年，第 59 页。

治升为县治，它的发展早于筑城，却被城墙挡在外面。上海县商业最繁华的地方在东部沿江地带，东部是繁华地带有两个证明：一是根据县志的记述，上海县署最初使用的"宋榷场故址"位于东门外，这是当时繁华的港口贸易区域；另一项证据是《嘉靖上海县志》前面的附图，城墙东侧与黄浦江之间区域的道路密集程度甚至要高于城内，虽然实际尺寸上城外区域并没有这么小，道路并没有如此密集，但在原始的地图绘制中，只有繁华的商业和稠密的建筑物区域才会绘制这么多街巷。

　　被挡在城外的商业区被动形成"厢"——城墙外繁华的商业区域。"城""厢"共存是许多中国城市存在的现象。有城墙的城市几乎全在城门外发展附郭，北宋张择端所绘制的巨幅《清明上河图》，表现的就是城门外区域的繁华商业。甚至位于广东的一些城市，城郊建成区的规模超过城内建成区。由于中国商人处于较低的社会地位，城内的市场只是一些满足生活基本需求的小店铺，较繁华的商业区一般出现在城墙外侧，即现在所说的城乡接合部。自晚唐起，严格的城市管理制度逐渐松动，经济的发展促进商业的繁荣，许多城市城门门口附郭开始发展起来。以防御功能为主的城墙一般开口较少，县级城市通常设4至8个城门，为祭祀和兵防而设的城门布置在荒僻的方向，城内外的商品货物都通过少数几个城门往来，它们是城市与腹地扇形区域间往来的交通要塞，自然也成为城市与乡村民众经营市场和商业行为最有利的地方。城墙还是城市与乡村的分界线，由乡村运送过来的货物很多无法直接进入城内销售，在上海城墙外的老照片上可以看到城墙外有关卡的小屋，还有成摞的酱缸。在城外进行商业贸易无疑是更方便的事情。

　　因此上海的"厢"的形成是被动的、畸形的，城墙的设立将已经存在的商业区分隔在外，对商业空间的挤压直接形成成熟的"城—厢"空间结构。

　　其次，在城内"留"住政治文化中心。城墙的修筑对商业的隔离是彻底的，城墙小东门内即是陆家的府邸、学宫、养济院与非园，基本上没有商业用地的过渡。城市原有的重要功能全部在城墙内部：县衙所代表的政治中心，学宫所代表的文化中心，城隍庙所代表的祠祀中心，积善寺与广福寺代表的寺观中心，明海防营署与大演武场代表的军事中心，还有潘恩宅、陆深宅、唐珣唐瑜宅等代表的府邸园林，这些建筑功能共同组织起一个充满权势、宗教与文化的世界，是中国传统社会中上层阶级的代表。

最后，城内西南区域"取"一片空地——西门内旷野区。城内的西侧是大片的空地，相较于东门外商业区的繁华，这里直到清朝晚期都较为萧条，对此文人时有记录"底事炎凉总不齐，与君呜咽话城西。如何冷灶尘生釜，好向何人诉恻凄"，"城东南隅人烟稠密，几于无隙地。其西北半菜圃耳，不能食力者每艰于举火"[1]。由城墙东门外与城内西部地区的情况可知，在划定城墙位置时，并不是依据区域的繁华程度，而是遵循另一套法则。杜正贞将城墙这样的范围解释为"城墙作为外籍与土著的分界线的意义就越来越凸显出来，这在开埠以后的历史中将进一步得到体现"[2]。但是也要看到，城墙的修筑需要集合全城人的力量，尤其是很多富商士绅的捐资，如果置浦江边大量的商业不顾，反而将大片的空地圈入城墙内，显然不利于团结抵抗倭寇的民众，此举必然还有其他原因。

章生道在《城治的形态与结构研究》中做出更具说服力的论述：中国许多传统的城市，会将城内土地留出相当大一部分用作耕作田地或湖泊池塘等水体。这些空地是重要的自然资源，能够增强城市抵御长期军事围攻或免受农村骚乱冲击的能力，成规模的水体还能在发生火灾时成为亟需的资源。地处华北与西北的城市内，水体面积的占比比其他地区的城市要大，因为干燥的气候，在被军事围攻时需要更多的储备水量。这些水体和空地还可以被开辟为景观，供人们休憩。行政地位越高，城内的空地和水体越可能被官员或士绅作为园林享用，济南府城内的大明湖约占整个城市总面积的五分之一[3]。所以有理由相信，这些空地不全是专门留出来供官员士绅进行游乐的，由于遭受倭寇劫掠而建设城墙的上海县在进行城墙范围规划时，一定会考虑到留出大片空地以提升城内抵御围攻的能力。

经过筑造城墙，上海县城形成三个主要区域：城外东侧沿江商业区、城内政治文化核心区、城内西南旷野区。整体城市结构以县署、学宫、城隍庙为中心，

1. 张春华，《沪城岁事衢歌》，上海掌故丛书第 1 集，中华书局，1936 年，第 320 页。

2. 杜正贞，《上海城墙的兴废：一个功能与象征的表达》，《历史研究》，2004 年 6 月。

3. [美] 施坚雅著，《中华帝国晚期的城市》，叶光庭等译，中华书局，2000 年，第 108 页。

城郊祭坛作为附属，通过各个方向设置的城门将祭坛与城内的祭典活动串联起来（图1-10）。这种城市结构究竟具备何种品质，可以通过与两座历史悠久的港口城市的比较进行分析。

一是天津老城厢，横卧在运河西南侧的老城具有十分规整的矩形城墙，向外界宣布其诞生的正统性。城市整体结构分为三个部分：①在城内，十字形的主干道位于卫城中间，将城中一分为四，每一部分都以较小的街巷、胡同分割；城内西北部为政治中心，建有卫衙、总镇、清军厅、城守营等政府机构；东北部建有户部、县学、府学、道署、三仓及关帝庙、文庙、三皇庙等建筑。东西干道与南北干道在城厢的几何中心处相交，交叉处为鼓楼，两端的道路直通城垣的四门。②城内南部多水塘，建筑较少，沿南北大道的南侧为两处大面积的水面，在1825年的历史地图上，水池的两侧分布着水月庵、草庵、贡院、药王庙等建筑，形成带有优美自然景致的宗教文化区。③城外以三岔河口为基点，沿河自然发展，

图1-10 修建城墙之后的城市结构图

图1-11 天津老城区的城市结构分析图
说明：底图为1900年绘制的MAP OF TIENTSIN。

环绕城垣形成弯曲的带状城镇并与城外四乡大道连接，沿城垣内侧辟有可登城楼的马道；城垣外侧靠近运河的部分是沿河繁忙的商货区，城垣南侧与西侧的广大土地就是成点分布的乡村。总体来说，天津老城是城墙方正，城内主干道呈十字形轴线，北部为官府衙署的政治与宗教中心，南侧是寺观围绕大面积水面形成的自然景致，城外是附属的商业区，沿河道与城墙发展（图1-11）。

另一个是宁波府，城中河流贯穿于大街小巷，河网密布，桥梁有百余座，许多道路随河道的走向而建，整体的城市结构与上海县城更为相似，也是分为东西向并列的三个区域：①最核心的是中间区域，由唐宋子城作为衙署中心和州城的政治场所，轴线以鼓楼的南城门为轴心延伸，在轴线两侧进行建筑的安排布置；②城内的西侧以日湖、月湖为中心，周围有文昌阁、崇教寺、永善庵、花果园庙等，在湖水中心还规划小岛，岛上为陆殿湖亭庙，俨然一幅水

图1-12 宁波老城区的城市结构分析图
说明：底图为1846年绘制的《宁郡地舆图》，1938年收录在LIBRARY OF CONGRESS。

桥共构的自然美景；③城外与江之间是繁华的商业区，码头林立。从灵桥城门到东渡城门一带被称为江厦码头。码头皆为石砌，构筑讲究（图1-12）。

上海县城在筑城之后的城市格局与它们十分相似，城内都由中心区与旷野区组成，繁华的码头商业区紧贴城墙，短期建造的城墙所界定的城市空间结构，却与这两座正统城市类似，说明上海县城墙范围的划分受到根深蒂固传统城市思想极大的影响。在中国国家管理体制中，县级官员是有固定就职时间的，通常在三年内就要调任其他县市，因此上海县城的规划必定受到县官在其他城市任职时的经验。

在城墙对上海县进行的"二次规划"中，城墙的设立不仅是一道物理空间上的屏障，更是一次自由与正统力量的博弈。在这次博弈中，原来自由并遵循商业生长规律的城市布局被摒弃。在城市建立新的空间秩序时，并没有考虑过东门外的商业是这个城市繁华发展的根本，就像对待乡村种植田地的佃户一样，他们被分割出去，成为"城厢"中的"厢"，为城内留下一个县官们一直梦想的、纯净的、正统的"新世界"。

3）椭圆轮廓的普遍性

上海椭圆形的城墙轮廓经常被拿来当作其充满自由的城市精神的代表。的

确，相较于中国重要的城市如北京、西安，上海县椭圆形的城墙轮廓比较特殊。但是大部分中国的重要城市都曾经做过都城，最不济也做过府城。根据《考工记》的论述，理想中国城市模型的城墙为方形，具有重要政治或军事地位的城市一般都修筑方形或矩形的城墙，例如北京、西安等城市，以理想的城墙形状来表达统治者所指定的宇宙模型。

上海的椭圆形城墙形状之所以如此特殊，在于其城市重要性被提升后，人们习惯拿其他重要城市与之比较。这样的比较从维度来讲并不匹配，修筑城墙时上海虽然已经有所发展，但是远没有达到全国性的地位，它在城市政治级别上依旧是县级，因此在进行城墙形态比较时，应该将其与周围的县级城市作比较，才能更准确地对其形态进行评价。

章生道调查发现，中国文明发源地华北和西北地区的所有都城都是方形的城墙，但是在中部和南部地区，情况有所不同。南方大部分地区，高等级城市的规划中任何正统的倾向似乎都被崎岖的山地丘陵地形破坏，常见的城墙是椭圆形、卵圆形甚至圆菱形，例如宁波与无锡的城墙。明太祖朱元璋在原籍建造的凤阳府城被圆形城垣包围，这说明最高统治阶层的思想体系中也接受圆形城墙[1]。《岳阳至长江入海及自江阴沿大运河至北京故宫水道彩色图》是一幅地理长卷，大约绘制于1736年，细致描绘了从长江自荆江以下至入海口段，以及大运河自绍兴、杭州至北京流域各府县城池。很有意思的是图上圆形的城池占绝大多数，并且一般县级的城市都是圆形城墙，方形城墙只有在府级的城市中才出现。在长江入海口段的截图中（图1-13），只有图左边的松江府与嘉兴府是方形城墙，右边的德清县、石门县、海宁县、上海县皆为圆形城墙，说明椭圆形城墙本身就是县级城市的普遍形状。

因此上海虽然地貌平坦，没有崎岖的地形阻碍其规划方形的城墙，但为防止倭寇再次进犯的紧迫工期，与并不违反县级城市规划思想的形状，促使上海县城选择椭圆形城墙，甚至其形状比许多山区的县城更加方正。

---

1. [美] 施坚雅著，《中华帝国晚期的城市》，叶光庭等译，中华书局，2000年，第97页。

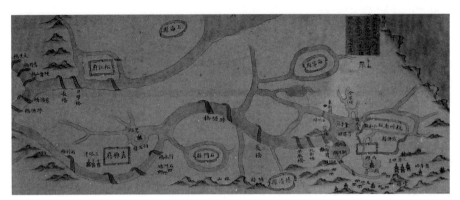

图1-13　岳阳至长江入海及自江阴沿大运河至北京故宫水道彩色图

3. 政教建筑的不断修正

1）强化核心建筑物

在物理边界形成之后，城市空间结构对正统性的强化，就体现在对核心的政治文化建筑频繁且持续地修葺和加建上。

县署作为上海县的直接统治政权所在地，所进行的修葺和加建是最多的。在县署建设的初期，虽然从镇治擢升到县治说明当地已经有一定的人口数量与物质基础，但是此时行政力量还比较薄弱，城市只是初具规模，仅一处县衙即可以承担所有的司法治安等管理工作。为保证统治机构运作的流畅性，县署内不断地进行建设活动，以下内容是摘抄《同治上海县志》里对县衙进行的加建与扩建：

（嘉靖）三十二年，倭寇突至，厅宇尽燃；三十三年，知县刘克学重建门庑堂寝库狱及东西衙署；四十二年，知县黄文炜于仪门西置迎宾馆，重建土地祠；万历五年，同知郑复亭于大门内建东西南三坊；……，万历二十六年，知县许汝魁重立戒石亭，并立亲民坊；万历三十六年，知县李继周重建内衙厅事；……，康熙九年，知县朱光辉建堂于内衙之西；……，康熙二十年，知县史彩改建内衙额曰问心堂；……，乾隆十三年，知县王伾筑月台，重建吏舍。嘉庆二年，知县于署之正西重建自新所；……，十七年，知县王大同改葺大堂；……，道光十五年，知县黄冕就署东箭道建问耕亭。[1]

---

1. 《同治上海县志》，卷二《建置》，第5页，略有删改。

　　这些摘抄仅仅是建筑群发生实质性变化的部分，还没有加入历年来频繁的修葺活动。县署一般位于城市中地理方位的中心或者附近，向辖内彰显政治威严。它并不是一个建筑单元，而是一组建筑群，在中国完整的宇宙理论的控制下，其内部各个单元之间也按照某种神秘的规律进行组织。在历年的加建中，这种宇宙观的形态也在慢慢成形，在后面的章节中会专门论述。

　　斯蒂芬·福伊希特旺对中国县城进行调研发现，学宫和城隍庙是它们最古老、最常见的内容。这两者属于官方信仰，城隍是以自然力和鬼为基础的信仰，可以说是控制农民的神；学宫是崇拜孔子等圣贤和官方道德榜样的中心，是崇拜文化的中心。对文昌的崇拜，源于文章技巧是升官的阶梯，有功名的官员阶级通过这种祭拜活动以求能获得更好的功名[1]。因此，对县学与城隍的加建与修葺一直都是知县重要的职责。

　　学宫：天顺二年，知县重修并改建讲堂，增崇育英、致道二斋；成化二十年，知县建尊经阁；弘治七年，知县购买东南地块，增扩学舍；弘治十二年，知县筑大成殿前月台；正德十四年，知县重建大成殿养贤堂。嘉靖九年，改大成殿为先师庙，建启圣祠；万历三年，知县增建东南隅学廪；万历九年，教谕建三友轩；万历三十一年，知县辟地作黉门。顺治三年，知县修殿前仪门；顺治十一年，教谕修东庑西斋；康熙十年，知县浚泮池，修宫墙八十余丈；乾隆三十三年，张尹记略云：修其沟道，通池贯门，自肇嘉浜北出方浜，呼吸疏通。[2]

　　城隍庙：洪武二年，诏封天下州县城隍庙神为显佑伯。永乐间，知县以霍光行祠改建为城隍庙。嘉靖十四年，建坊。万历三十年，重建。万历三十四年，重建。康熙二十二年，知县建鼓亭。乾隆十二年，知县重建寝宫。乾隆五十九年，建后楼。[3]

　　2）南部寺庙建筑群

　　清朝前三个时期的城市演变情况：①清朝顺治元年（1644年）—康熙二十三年（1684年）时期主要出现的是寺庙，集中分布在县城西南较为开敞、自然景致

---

1. [美]施坚雅著，《中华帝国晚期的城市》，叶光庭等译，中华书局，2000年，第726页。
2. 《同治上海县志》，卷九《学校》，第2页，略有删改。
3. 《同治上海县志》，卷十《祠祀》，第18页，略有删改。

较多的区域; ②康熙二十四 (1685年) —雍正四年 (1726年) 时期主要是兵防的调整, 西南区域的明海防道署旧址改建为右营游击道署, 小南门外的旧仓基改建为大演武场; ③雍正五年 (1727年) —乾隆三十年 (1765年) 时期主要是分巡苏松太兵备道署在县内东南区域购买民地而建, 并在道署旁边很快出现善堂与庙宇。

这三个历史时期新增建筑的范围, 全部位于肇嘉浜以南 (图1-14)。整个明朝期间, 上海县的发展都集中在城内东北部区域, 以县衙为中心逐渐创建起寺庙与府邸园林。对于需要较大地块的新建功能来说, 在城市南部区域选择地块似乎是心照不宣的事情。

在上述第一个历史时期内新建或由其他功能改建的寺庙达九处之多 (表1-4), 其中两所寺庙楼阁位于城外, 分别是老白渡区域的镇海候庙与董家渡地区的临江阁。城内建立的寺庙有七处, 另外还有三座进行修葺。寺庙的大量建立也许与顺治皇帝与康熙皇帝尊崇佛教有关。到康熙年间, 上海县城的西南相比其他区域拥有更优的自然条件, 且有大片空地可供选择, 遂成为寺庙建设的首选区域。例如一粟庵, 所在的位置原是明代东阁大学士兼礼部尚书徐光启的农园, 徐光启曾利用这块土地进行种植实验, 并编写成《农政全书》。清初, 兵进县城, 徐光启宅被废, 这片园地也跟着荒废, 康熙七年 (1668年) 被宁波来的和尚购买, 建立一粟庵。面对同样空旷的西南区域与西北区域, 众多寺庙选择在西南区域建设, 形成与天津老城厢和宁波府相似的布局。

图1-14　1644年 (顺治元年) —1765年 (乾隆三十年) 新建建筑分布图
来源: 作者自绘。
说明: 从左至右分别为1644—1684年、1685—1726年、1727—1765年三个时期的新建建筑分布范围。

表1-4　顺治、康熙年间新建寺观名录

	类别	时间	变化类型	变化内容
地藏庵	寺观	顺治七年	创建	在大东门内
翠微庵	寺观	顺治十四年	创建	在南门外
镇海侯庙	寺观	顺治年间	创建	在大东门外
铎庵	寺观	康熙元年	置换	改为庵。在新学宫东，旧为张在简园
紫霞阁	寺观	康熙五年	置换	在县署西南。旧名蕊珠阁
一粟庵	寺观	康熙七年	创建	买地建庵。在县署西南
宁海禅院	寺观	康熙年间	创建	改名三官堂，在永兴桥南
财神殿	寺观	康熙年间	创建	在县署东南
临江阁	寺观	康熙年间	创建	小南门外

资料来源：《同治上海县志》《上海县续志》。

3）清除异质元素

基督教教会及教会建筑在上海有一个变迁的过程，上海在明朝接受教会组织，但是在清朝又将其清除，以保证所构建的晶体城市内不会出现外来文化的杂质。

明朝位于上海的教会组织是由江南士族支持发展的，县城内的第一座天主教堂是潘国光[1]建立的。他于崇祯十年（1637年）来华不久即抵达上海，由于和基督教徒徐光启相交甚好，得徐光启第四孙女玛尔第纳之助，1640年于北城安仁里潘允端的世春堂旧址，购地基建设天主堂——敬一堂。建筑高四丈六尺，阔四丈八尺，进深三丈六尺，为中国庙宇式样，堂旁为司驿住舍。1660年，上海县知县涂赟曾为敬一堂写过一篇文章，《上海研究资料》将这篇文章重新刊登出来，全文如下：

今皇帝膺图御宇，敬授人时，首重宪天之学，特诏钦天监，依西洋新法，造时宪历，颁行海内。又以西士汤道未先生辞旨渊深，不时召对，所言皆验，宠赍有加，锡以通微之号，于宣武门内建天主教堂，宣扬正教……而海上徐文定公信服特甚……潘先生国光与今通微教师，及贾先生宜陆继出。潘先生独留于此，教铎所开，人心响悦，复建堂于安仁里，丹腹聿新，威仪自肃。……顺治庚子二月。

---

1. 潘国光是意大利传教士，英文名为 Franciscus Brancati，号用观。

　　从此文中可以看到，天主教在国内的发展是与整个国家政策相关的，国家对天文学和历法的重视导致对天主教采取容纳的态度。一些研习西方科学的士族便对传教士进行支持。而清代的国策并不相同，广州等港口城市华人与洋商的纠纷，导致最高统治者从国家层面清除这些有违统治稳定的因素。雍正年间，1724年政府宣布天主教为非法宗教，驱逐传教士，并没收全国的天主教教产，一律充公。清雍正八年（1730年）敬一堂被没收而改建为关帝庙，庙西于1748年设置申江书院，天文台始废[1]。

　　天主堂是西方文化在信仰上的代表，而中国民间信仰的重要组成部分——关帝庙被擢升政府官员的书院所代替。雍正八年也是上海道设立的时候，随着地方政治统治机构的加强，与异质因素的清除一起发生，使上海城市的晶体结构在映射中国城市宇宙观上更加纯粹而彻底。凯文·林奇总结晶体城市所具备的普通形态概念：轴线的行进与序列；围合体及其防御性开口；上升支配下降，或大体量支配小体量；以宗教圣殿为中心，主导坐向根据其与太阳和季节的关系不同而具有不同的意义；方格网形态的使用是为了秩序的建立；对称的手法用来表达中轴的极性和二元性，设在战略地点处的地标在视觉上可以控制更广大的区域[2]。上海县在城墙修筑之后的多个方面都遵循这些准则，为之后三百年的发展奠定传统的空间基础。

三、官商势力的角力发展

1. 警惕的政治干预

　　地方商业发展对地方政府统治是把双刃剑：一方面它会增加政府税收，提高人民生活水平，从而有效减少社会动乱因素；另一方面，地方商业团体势力的增强会对地方政府统治造成一定的麻烦，因为地方政府官员一般都是由政府委派的外来人员，在当地缺乏一定的民商基础，如何处理当地门阀士族和富商集团的势

1. 上海通社，《上海研究资料》，中华书局发行所，民国二十五年五月发行，第229页。

2. ［美］凯文·林奇著，《城市形态》，林庆怡，陈朝晖，邓华译，华夏出版社，2001年，第56页。

力就成为实施统治的必要条件，只有控制住地方势力，清政府的最高指令才能得到有效推广。

约翰·R.瓦特通过调查发现，从中央政府政策的外表来判断，清廷为防止掌握商业中心经济控制权的人员扰乱行政管理，制定政策企图将行政中心与经济中心联合起来，有意通过城市策略对经济发展节点施加强大的行政威力[1]。上海固有的商业优势好似一个被扎住口的鼓胀气球，每次经济活动异常活跃后，警惕的中央政府便将政治压力施加过来。

康熙二十四年（1685年）至雍正四年（1726年）间，禁海令的取消推动海运贸易的发展，但是从新增建筑的类型看，政府与兵防机构反而占据上风。首先，清廷在县衙内设置海关，专门负责征收海船税。此时海运贸易刚刚起步，规模也有限，在初期，海关都没有独立的办公建筑，而是附设在最高行政者的办公场所里，可以有效管理日益繁华的海运贸易。这是继上海县原有的市舶司搬迁到宁波府后，县内重新出现海关部门，说明海运贸易从官方的角度逐渐正规化。其次，增强兵防力量，设置右营游击署与右营守备署，大演武场也从东门外迁移到南门外的旧仓基。旧仓基是南水次仓的旧址，水次仓即存贮粮食的机构，最初位于南门外薛家浜与陆家浜之间，沿河而设便于粮食的运输。顺治九年倭寇又来犯，粮仓在城墙外得不到保护，于是搬迁到城内小南门附近。设6厫[2]，4厫（恭宽信丰）设在薛家浜之北，2厫（敏惠）在浜南。城内的东南区域此时已经发展得比较成熟，缺乏大片的空地，城外的大粮仓要安置在城内，只能寻到浜南浜北的两块土地分别设仓。大演武场原来在东门外，被移建旧仓基说明东门地带的商业用地已经比较紧张，靠近黄浦江的优越商业用地不应该再被兵防的操练场占据。对于兵防的设置都是在康熙五十九年发生的，说明是一次系统的调整（表1-5）。

雍正五年彻底解除禁海令，仅仅三年之后，经过巡抚与清廷的商议，将苏松道移驻上海县，之后扩大管辖范围将太仓纳入，成为苏松太上海道，没过多久再

---

1. [美] 施坚雅著，《中华帝国晚期的城市》，叶光庭等译，中华书局，2000 年，第 424 页。
2. 亦作"仓敖"，储藏粮食的处所。

表1-5　康熙二十四年——康熙五十九年新建建筑名录

名称	类别	时间	变化类型	变化内容
海关	官府	康熙二十四年	创建	设海关督于县治，专司海船税
豫园东园	园林	康熙四十八年	创建	上海的士绅商人集资购置兴建
育婴堂	善堂	康熙四十九年	创建	—
商船会馆	会馆	康熙五十四年	创建	沙船众商公建
右营游击署	兵防	康熙五十九年	创建	明海防道署旧址
右营守备署	兵防	康熙五十九年	创建	县署西南
大演武场	兵防	康熙五十九年	迁建	迁南门外旧仓基

资料来源：《同治上海县志》《上海县续志》。说明：此表格未收录寺观。

加"兵备"衔，带驻一定的军队武装，以便处理复杂的社会问题。短期内头衔的不断增添体现出这一官职在中央层面的重视，而这一政治安排体现清廷两个层面的考量：

第一，维持城市原有的政治级别。与众多中国著名的城市不同，上海县所获得的政治地位都是以其不断提升的经济地位所换取的。元代因为商业兴盛由镇治提升到县治，但是在1927年之前的六百多年里，即使在海禁开放期间贸易市场日渐繁华的情况下，上海的行政级别一直没有发生变化。约翰·瓦特的《衙门与城市行政管理》对清朝县衙在长时期的变动情况进行分析总结：政府为维护自己的统治，一般不会把一个县提高到重要的一级，从而把该县的知县增加到省里选派的名单中去，同样也不会把另一个县降级，从而把它放入备选名单。[1]增设上海道台巧妙的解决上海县的行政级别问题，原有的政治级别体系没有发生变化，上海仍旧由七品的知县进行管理，这免去许多操作上的麻烦。道台的设置又使上海发生棘手的社会问题时，有四品的道台坐镇指挥，并配置一定规模的军队以备不时之需。

第二，助力政治精英与当地商业团体的博弈。社会地方势力方面，因为上

1. [美]施坚雅著，《中华帝国晚期的城市》，叶光庭等译，中华书局，2000年，第424页。

海由商兴城，本地并没有强大的世宗家族，具有强大宗族势力的最近地区在松江。因此对于当地政府而言，最重要的是处理与新兴商业团体的关系。在海禁解除商业兴盛后，中央政权对地方统治感到担忧，因为区区七品县官无法处理复杂的利益纠纷问题。在这种情况下，具有海关管理权，又由中央政权直接委派的道台成为最合适的政治代表。从唐朝起，"道"就是中央政府下辖的大的行政区名。明清时期巡抚衙门另设一种介于省与府州之间的职官，称之为"道"，分两种：一是主管某项专职的道，如粮道、海关道等；二是主管府州，称之"守道"。上海道无疑是后者。道台是督抚与府县官员之间的中间人。他主管所在道的所有民事和军务，每年对下属评估一次。他的主要职责就是监督一个地区的风俗和法律(风宪)，因为从理论上说，道台的主要职责与其说是自已直接参与地方民事管理，还不如说是制止府县官员干坏事，所以道台被称为"监司"(照字义解释，即为"察看与监督")或"观察"(照字义解释，即为检查与监视)。然而事实是道台经常所做的不只是观察和监督，他们常常使自己卷入地方政府和地方政治的事务中，尤其是有关防卫、政策、教育等地方事务中[1]。原来设置在县署中的海关部门也随之搬迁到道署中，直至开埠之后单独设置办公场所。县内的正常的司法与征税事务依旧由县衙来负责，道台处理的事务主要为管理通商口岸等更高一级的事务。《同治上海县志》上记载："中丞尹公上言，分巡道有巡缉之

责，兵民皆得治之，请加兵备衔，移驻上海，弹压通商口岸为便。"一句"弹压通商口岸"可见其对道台所寄予的政治目的。

虽然政治级别要高许多，上海道署并没有抢占位于城市中心的县衙，而是在东门内购买民地14.24亩而建（图1-15）。王澄慧撰写的《新建苏松太兵备道公廨碑》记录，最初道署

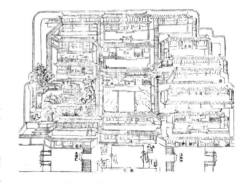

图1-15　道署绘制图
来源：《同治上海县志》卷首附图整理。

---

1. 梁元生著，《上海道台研究》，陈同译，上海古籍出版社，2004 年，第 10 页。

计划利用明代海防道署的原址，因为"上海自明嘉靖甲寅设海防道：以金事董邦政领其职，募兵三千以备倭。旋以海上无警，罢之"，由于距离海防署荒废的年代较为久远，"今余适承，乏是官问，其旧署不可识矣"。如今要建设道署，只能另起炉灶，"乃于城之东南隅，相度没官廛舍，兼买民地一十四亩有奇，改建公廨一百五十楹"。道署的规模比上海县署要小很多，这说明城内建筑规模已经发展得较为成熟，已经较难找到大片的土地。道署的位置并不在城市的地理中心，也没有通过空间手段重新建立轴线系统来强化官府的威严，只是在建筑上"周垣重门，上堂旁宇，后寝下舍，约略具备。邑吏土庶，聚而观之，由外以窥其中，穆然以肃"[1]。但是如果将城内与十六铺地区视作一个整体来看，道署的位置就值得玩味，它位于大东门旁，在城外港口商业区的南北中点上，是在此区域的地理中心，以便于其对十六铺商业甚至整个上海县的管理（图1-16）。

图1-16　道署的位置结构图
来源：作者自绘。

没人预料到上海在一百多年后成为第一批开埠的通商口岸城市，上海道台被时代洪流推到历史舞台的中央，随着中央政权力量式微，道台的决策具备越来越强的效力，在对外关系中日益重要，道台的来历背景与处理事务的能力在关键事务节点上影响上海历史的走向，有些影响甚至扩展至全国。

2.门阀士族衰落与商团兴起

清军入关后，国家的统治权又从汉族政权手中转移到满族政权，国家政权的变动、统治阶级民族的变动，两个因素的叠加应该引起城市在布局上的调整，就如同元明交替时的情况。令人意外的是从顺治元年到康熙二十三年的40年里，城

1.《同治上海县志》，卷二《建置》，第3页。

表1-6　顺治三年—康熙二十二年建筑变化

	类别	时间	变化类型	变化内容
县学	官府	顺治三年	修改建	知县修殿前仪门
		顺治十一年	增扩建	教谕修东庑西斋
		康熙十年	增扩建	知县浚泮池，修宫墙 80 余丈
南水次仓	兵防	顺治九年	迁建	改建于小南门内薛家浜之北，即今大仓
大演武场	兵防	顺治十五年	迁建	总兵迁东门外
真武庙	兵防	康熙二十年	修改建	重建
蔽竹山房	住宅	顺治年间	创建	张在简的私家花园，在城西南
城隍庙	祠祀	康熙二十二年	增扩建	知县建鼓亭

资料来源：《同治上海县志》《上海县续志》。

市的空间变化程度远没有想象中大，从本书第24页地图所示1644年与1684年的对比中即可看出。

　　所有重要的政治建筑与文化建筑布局依旧，祭坛与寺观也没有位置上的变化，建筑没有因为政治不正确而被毁弃，反而许多重要建筑还经过数次加建与修葺（表1-6），进一步强化前一个朝代奠定的城市布局。

　　统治阶级在城市营造思想上并没有激烈的变革，这是很重要的原因。清代统治者十分注意保持更朝换代的稳定性，无论在官员任命还是民俗的保持上，历代皇帝都极为注意满汉的平衡。除了各地不时点状出现的"反清复明"小规模的动乱，大规模的满汉冲突只在夺权战争中出现，距离上海县最近的灾难是"嘉定三屠"，清军在对江南城市进行扫荡时遭到嘉定人民的激烈反抗，为了报复，清朝顺治二年（1645年）清军攻破嘉定后，一个月内三次对城中平民进行大屠杀。上海县县官不战而逃，尽丧民族气节，但是也许正因为此，清军在快速占领上海后并没有发动报复性的破坏活动。

　　另一个原因在于上海县与政治中心的疏离。明初时国家首都还在南京，如果按今天的规划角度来说，彼时的上海位于国家首都经济圈内，会受到中央政权较大的影响。但是自从朱棣迁都北京，上海和中央政府的关系大幅削减。远离政治中心的同时让上海县丢失分享政治红利的机会，一个直观的反映就是考取进士数量的不断减少。林达·约翰逊认为这是城市衰落的一个指标，上海开始成为不太重要的地区[1]。

城市空间的变化主要体现在府邸园林的衰退上。进士数量的减少直接影响到上海出身官员的数量，原有的宅邸园林都是由本地出身的朝廷要员所置办，大家族的衰落是不可抗拒的自然规律，在没有新兴官宦家族进行补充的情况下，从总体来看，府邸宅邸呈现瓦解的趋势。

首先是潘氏家族宅院。在明代末期潘家就已经家道中落，将世春堂卖给西人潘国光作为天主堂。原属于潘家的豫园在清朝也由私家园林转变为公共场所。豫园由潘恩次子潘允端建立，因仕途受到排挤遂告别官场，回乡造园，于嘉靖三十八年（1559年）建成，占地面积约四十亩。园中修筑亭台楼榭，堆叠石山，凿筑水池通侯家浜，形成典型的江南园林景观。园内的主要景点有"娱奉老亲"的乐寿堂、作为书房的玉华堂、起居之用的颐晚楼，以及荷花池、凫佚亭、大假山、涵碧亭、太湖峰石玉玲珑等。并且潘允端的《豫园记》有载："每岁耕获，尽为营治之资。时奉老亲觞咏其间，而园渐称胜区"。说明豫园是一座将生活与景观结合起来的场所。因为朝代的更替，作为明代士族的潘家在新朝代开始衰落。由潘家后人出售给潘国光的住宅，在乾隆十三年，被知县改建申江书院（后改名敬业书院）；乾隆三十年，巡道移建大门，修建讲堂；乾隆四十七年，巡道增加后署；乾隆五十九年巡道改春风楼为敬业堂，增建穿堂、后斋、左右书室。历经数次改建，豫园成为邑城重要的文化机构。原来的沪上著名大户人家的宅邸，逐渐分裂并演化为书院、寺庙、会馆与公共园林。

其次是顾氏露香园。1559年顾名世在兴建花园时，因挖出写有"露香池"三字的大石而取名露香园。园内"盘纡澶曼""胜擅一邑"，内有碧漪堂、阜春山馆、秋翠岗、潮音阁、露香阁、独莞轩、青莲座、分鸥亭等景观；另有露香池广10余亩，架以朱栏曲桥[2]。露香园顾家家族还诞生国内闻名的"顾绣"，以缪氏、

1. [美]林达·约翰逊主编，《帝国晚期的江南城市》，成一农译，上海人民出版社，2005年，第199页。
2. 《同治上海县志》，卷二十八《名迹上》，第17页。

韩希孟、顾玉兰三人为代表，在针法、劈丝配色等方面均有革新，融画理、绣技于一体。这样一处集园林与工艺品出产地为一体的宅邸，也在清代初期开始家道中落，露香园仅存青莲禅院与少许水池。1836年，上海知县黄冕通过集资重建露香园为城内一处幽静之所，并在其中设立义仓。鸦片战争爆发后，义仓改为火药仓库。1842年义仓突然发生爆炸，将此处夷为平地，以后就一直作为荒地与小操练场，再没有恢复当年的景致。

城北大户的宅邸相继凋敝甚至变售，从明代形成的城市中心区域不再由权贵阶级完全掌握，虽然各个居所与园林的结局不同，但总体上看都是由占地广大的私家产业变为小块住宅产业或者公共园林。尤其是豫园，作为紧挨城市宗教中心的私家园林被新兴商业团体持有，标志着城市主流力量角色的转变。

受政局波动影响较小的上海，更多的会受制于经济政策的变动。尤其是关于海运贸易的政策调整能在短期内对上海发生作用，从清代中期几次经济政策的实行即可看出。由于明代的禁海令，上海在三个世纪以来一直通过内河进行航运，经济发展至多算平稳，从上海县的整体情况来说，其城镇的范围甚至还萎缩[1]。转机发生在康熙二十四年（1685年），随着台湾郑氏政权的归附，东部沿海最大的不稳定因素解除，于是清廷在康熙二十四年诏弛海禁。打破上海发挥自身贸易优势的禁锢，社会财富迅速积累。虽然在康熙五十五年（1716）年由于教会问题清廷再次下设南洋禁海令，但是雍正五年，经皇帝与大臣的商议，又全面放开海禁。至乾隆年间，《乾隆上海县志》有记载："凡远近贸迁者皆由吴淞口进泊黄浦，城东门外舳舻相衔，帆樯比栉"，号称"往来海舶，俱入黄浦编号，海外百货俱集"。

以沙船业为代表的海运贸易，以棉纺织业为代表的城郊农业经济，和以城内居民生活消费为代表的消费市场，这三大经济支柱共同促进上海县在海禁解除之后的显著发展，在物理空间上的直接体现就是新建建筑的涌现。从康熙海禁解除后到开埠前共156年，分为四个40年左右的时间段。在前两个时期城市结构还没

---

1. [美] 林达·约翰逊主编，《帝国晚期的江南城市》，成一农译，上海人民出版社，2005 年，第199 页。

有明显的变化，只是零星机构的增设。后两个时期新建建筑明显增多，并且增设的建筑在城内外均出现，无论是城外沿浦江一带地区，还是城内中心区域与西南片区，见本书第24页9图。

商业经济发展的显著标志是同乡同业团体的大量出现。这两种团体的建筑物一般有特定的称呼，会馆一般指同乡人团体，以出身地域为划分标准；公所多指同业的协会，以经营行业为划分标准。

首先出现的是同乡团体，他们被上海繁华的海运贸易吸引，从各地前来谋求生计，形成在沪人口地域来源上复杂多样。时人称："上邑濒海之区，南通闽粤，北达辽左，商贾云集，帆樯如织，素号五方杂处。"这一"五方杂处"道出在沪人员成分的复杂。张春华在《沪城岁时衢歌》中提到"黄浦之利商贾主之，而土著之为商贾者不过十分之二三"，其余的"十分之七八"都是从各地而来的人口。远离家乡在异乡进行打拼的商人，因为生活习惯和地方语言的不通，以相同的出生地组成同乡团体是最好的选择。最早在上海形成商业规模的是徽商与秦晋商人，他们以经营上海的棉布生意为生。海禁解除后，第一个贸易组织是由外地人组成的关山东会所，由来自山东与东北的商人联合组成。浙绍公所的商人来自浙江的绍兴，成立于1736年，总部位于城内的穿心街，从事包括金融、木炭、屠宰、批发和零售等多种行业。为更好地管理本乡团体，并提供寄枢等服务以维系同乡情谊，各个团体都建设规模较大的会馆。手艺技巧与商业规则的内部相传，很容易形成一个行业由同地区出身的劳工进行垄断的局面。移民城市所形成的帮带传统，对于来投奔的同乡，没有更多的社会资源可以给予，只能带到自己所从事的行业里。而很多能去主动寻求同乡的人，都是在城市有所落脚，自己所从事的行业需要人员补充才去家乡招工，因此许多同乡会馆其实就是同业公会。

最早的同业会所为沙船业设立的商船会馆，行业繁荣发展始于禁海令的解除。1804年，浙江巡抚阮元记述："十一月，招致镇海县由北南来之船，约得一百余艘。此种船，闻松江、上海尚有二百余艘，每艘可载米一千五百余石。"上海沙船业一个航次的运载能力大致为30~35万石。据航海世家谢占任说："今年一年航运四次。"那么年航载能力大致为120~140万石。1825年前后，户部尚书英和记述："闻上海沙船已有三千余号，大船可载三千石，小船可载千五百石。"又有人说，这时的沙船，"力胜一千余石者，亦不下千有余号"。这样计算可得1825年每年的运载能力大约为630万石，从1804年的140万石/年到1825年的630万石/年，不但说明沙船业的贸易体量巨大，还说明其发展迅猛。甚至在道光六年（1826年），清政府曾计划将漕运委托给上海的沙船业，可见其已具备的规模与实力[1]。商船会馆是上海县最早的会馆，《上海县续志》记载："商船会馆在马家丁，康熙五十四年，沙船众商公建，崇奉天后；乾隆二十九年，重修大殿、戏台，添建南北两厅；嘉庆十九年建两面看楼，二十四年建拜厅、钟鼓楼及后厅、南台，并铸鼎。"[2]因为商船会馆在城市经济中的重要地位，其前方的道路甚至也被命名为"会馆街"，直通黄浦江上的南会馆码头。

图1-17 乾隆三十一年（1766年）—嘉庆九年（1804年）新建同乡同业会馆分布图

图1-18 嘉庆十年（1805年）—道光二十二年（1842年）新建同乡同业会馆分布图

同乡同业组织在不同的时间段出现在不同的区域，从乾隆三十一年（1766年）至嘉庆九年（1804年）的39年，它们大多出现在肇嘉浜以北；甚至在城墙外设立四明公所。而嘉庆十年（1805年）至道光二十二年（1842年）的38年间，同乡同业组织基本上都位于肇嘉浜以南地区。豫园地区属于同业公会集聚的特例，如果除去这部分在两个时期共有的表现，那么上述的现象还要更加明显（图1-17、图1-18）。

1. 熊月之主编，《上海通史·第4卷 晚清经济》，上海人民出版社，1999年，第21页。
2. 吴馨等修，姚文枏等纂，《上海县续志》，1918年刊本，卷三《建置下》，第1页。

如果将同业公所与同乡会馆再加以区分，会发现同乡会馆大多数分布在城外各处，少许几座位于城内西南区域；而同业公所大多数都分布在城内（图1-19）。这是两种团体在维系关系中所需要的空间大小不同的结果，同业公所需要的只是一处议事场所，对面积要求不高，因此有实力的公所都选择景致优美、地段重要的豫园；同乡会馆如上所述，对于同乡感情的维系需要将本地的风俗文化再

图1-19　道光二十二年（1842年）同乡同业会所分布图

图例　●：同乡会馆，▲：同业公所

现，无论是会馆中的戏台还是寄柩的丙舍，都是在异乡布置的故乡假象，这部满载思乡之情的大剧需要广大的场地来上演。例如泉漳会馆，根据碑刻所记载的内容，这个会馆位于东部郊区，紧邻小东门的北部，前殿供天后，后殿供关帝。这个行会拥有超过三十亩的土地作为公共墓地，还有额外的四十亩田地，并在拥有的土地上建造房屋并出租出去，收得的租金用于慈善事业。另一处典型的公所为成立于1796年的"四明公所"，由来自宁波的房氏家族创建。他们在北门外西侧建立一个非常庞大的复杂建筑，主要从事金融、烟草、鸦片和建筑行业。这些同乡会馆的规模巨大，同时期的四明公所的占地面积几乎相当于豫园西园中的同业公所的50倍（图1-20）。

开埠之前的建设高峰从1727年开始，直至鸦片战争爆发。增长的主体是同乡同业组织，从数量上看它们一直占据总增长量的一半左右。这次的高峰可以追溯至雍正五年彻底废除禁海令，上海长达二百多年经济发展的禁锢被解除，城市在功能变化方面对此作出明显的回应，从乾隆年间开始，同乡同业组织的数量逐年增加，一直持续到上海开埠。

同乡同业组织虽然大部分是由外地人组成，但他们对上海城市面貌的改善做出真真切切的贡献，海运贸易的发展增加士绅商人的财富，足够的财力支持促

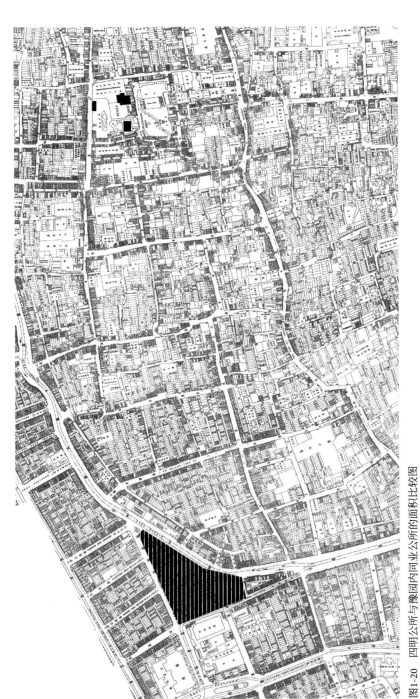

图1-20　四明公所与豫园内同业公所的面积比较图

来源：作者自绘。

说明：左侧标识范围是四明公所，右侧标识范围是豫园内同业公所，底图来自《1947年城厢百业图》。

使商家联合起来投入到城市建设中。豫园地区几十家同业会馆的设立是典型的证明：康熙四十八年，几位士绅联合起来集资购置城隍庙东侧的一小部分空地建设园林与会馆，因为在邑庙的东侧，所以被称作"东园"。清乾隆二十五年（1760年）上海县城的富商士绅又集资购买豫园，在其旧址上重新叠山理水，并增添许多新的景点，恢复往日的园林风光。《同治上海县志》记载："邑人购其地仍筑为园，先庙寝之左为东园，故以西名之，址约七十余亩，南至庙寝，西北两面绕以垣，东为通衢。"[1]。经扩建后，其总规模比原先的豫园大三十多亩，并将它委托城隍庙代管。因位于城隍庙已有"东园"的西侧，故被称为"西园"。东园与西园合称为城隍庙的庙园，曾经捐资的士绅及其所代表的各商业公所有时将西园用作宴请宾客、商议事务的场所。

同业组织修复庭园和园林，建造房屋对外出租以获取利润，购买土地和布置墓地，建造壮丽的建筑，建设港口、码头、船厂、货栈和仓库，当然这些投资都是为建立便捷高效的通道，以获取更丰厚的利润，也应看到同乡和同业组织真正开始在本地深耕细作，这完全区别于他们早期只将上海作为一处歇脚地或捞金地的临时场所。

在长期的发展之后，上海县在开埠前形成典型的中国城市格局。阿尔弗雷迪·申茨曾总结过中国城市的基本特点："当'幻方'概念已经失去其建设性的影响时，布局采用长方形的形式，覆盖大约一平方公里的面积，或者四分之一平方公里的区域。城墙在排列上也许已经依从地形特征，甚至几乎是圆的，其内部布局以街道成正角相互交叉，建筑物也在适当位置上尽可能地方正，主要衙署建筑物通常坐落在城墙围绕区域的中心，或者至少尽可能地距离中心较近，其大门在建筑群的南边，一条街道从城墙南门直通而来，主要的东西街道在衙署区大门前通过，那里，衙署的入口以两座跨街的牌坊为标志，形成某种前庭，因而强

---

1. 《同治上海县志》，卷十《祠祀》，第 20 页。

调了此处的重要性。"[1] 这段对中国县城城市格局的提炼可以直接用作对上海县城的介绍。在这一格局的形成过程中，官商力量互相角力，总体结构上向正统性不断修正，而充斥在结构之中的则是活跃异常的民间组织与商业团体。

---

1. [德]阿尔弗雷迪·申茨编著,《幻方——中国古代的城市》,梅青译,中国建筑工业出版社,2009年,第424页。

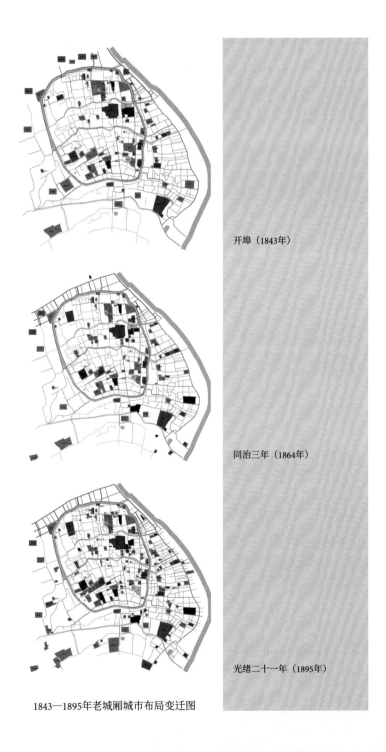

开埠（1843年）

同治三年（1864年）

光绪二十一年（1895年）

1843—1895年老城厢城市布局变迁图

第二章　历史时局下原有结构的快速瓦解

（1843—1895）

开埠后的上海旋即成为国际资本的热土，但没料到动乱时局中又成为国人争相避难的港湾，租界借机飞速发展。甲之蜜糖，乙之砒霜，上海知县难于管理急剧膨胀的外来人口，道台则苦于处理前所未见的外交事务。中国地方官员向来缺乏城市管理经验，在中央政权无法提供有效协助的情况下产生了"清朝官员在控制整体经济机构上的无能而造成的失控点"[1]，老城厢原有的空间秩序将面临怎样的挑战？

---

1. [法]白吉尔著，《上海史：走向现代之路》，王菊，赵念国译，上海社会科学院出版社，2014年，第12页。

一、老城厢与租界关系的特殊性

上海在近代城市史的重要地位相当程度上要归结于租界地区异常顺利的发展。开埠后不断施压的英国领事馆与缺乏政治经验的上海道台导致外国人居留地以出人意料的速度转变为租界，短时间在泥泞的滩涂上建起了精美的城市。上海租界的成就迅速对老城厢产生影响。在比较各个城市中老城区与租界的空间关系后，上海老城厢地区在全国层面上的各项特殊性纷纷涌现出来（图2-1）。

1. 空间上相互毗连

在《南京条约》[1]同意开放的五个通商口岸中，除了上海，其余四座城市均以宽阔的水道将老城区与外国人居留地分隔开。宁波的外国人居留地在甬江北侧；福州外国人居留地在闽江南侧；厦门的外国人居留地最初与老城在同一片土地上，但是规模很小也欠缺发展，英国人很快迁移到海峡对岸的鼓浪屿上。这三座城市都以天然水系作明确而难以逾越的自然界限。广州的情况更是直接表现出华洋相互隔离的态度。广州在开埠之前是中国最大的通商口岸，为此外人一度认为广州租界将会迅速繁荣，于是不惜重金租借界内土地。但事与愿违，鸦片战争以后广州人民对英、法等国的侵略进行长期的坚决抵抗，曾纵火烧毁广州的外国商馆，并于1883年9月焚烧英租界中的大批建筑。当地中国居民与外人的关系比上海、汉口等地紧张得多。强烈的民族主义抗争导致租界与华界的严密隔离，在西人开辟沙面租界时，人工挖掘出一条笔直的河道，将沙面区域从老城的土地上隔离出去，只在河上修建两座桥梁作为出入沙面的孔道[2]（图2-2）。

相较于其他城市华洋区域之间明显的隔离关系，上海老城与租界的位置关系就显得十分紧密。

---

1. 1842 年 8 月 29 日中英双方在南京签订《南京条约》，第 2 款中规定："自今以后，大皇帝恩准大英国人民带同所属家眷，寄居大清沿海之广州、福州、厦门、宁波、上海等五处港口，贸易通商无碍，且大英君主派设领事、管事等官住该五处城邑，专理商贾事宜。"
2. 费成康，《中国租界史》，上海社会科学院出版社，1991 年，第 298 页。

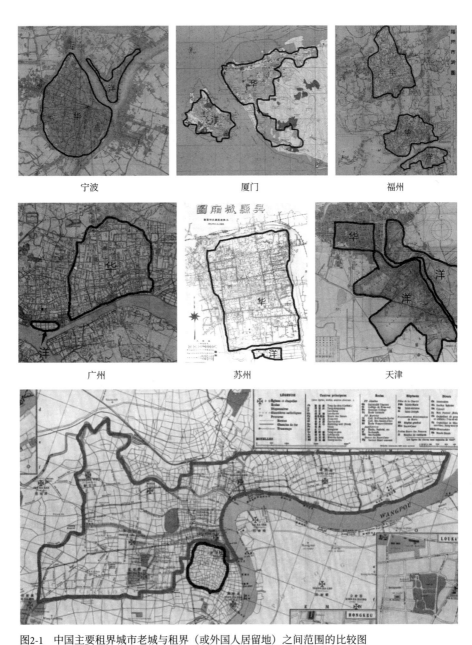

图2-1　中国主要租界城市老城与租界（或外国人居留地）之间范围的比较图

说明：所绘制的底图依次为，宁波—《1929年宁波市全图》；厦门—《1946年美绘厦门街道图》；福州—《1938年福州市街图》；广州—《1947年广州市马路图》；苏州—《1940年吴江城厢图》；天津—《1913年天津地图》；上海—《1933 Shanghai Catholique》。

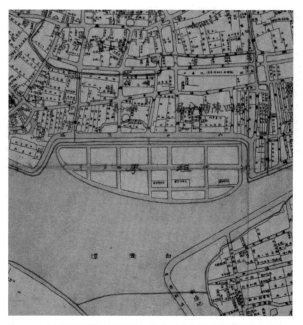

图2-2　广州沙面外国人居留地。截取自《广州市最新马路全图》

　　首先是与英租界的关系，白吉尔认为《南京条约》所达成的协议是建立在双重误解的基础上的。西方人将其视为"建立更为广泛的外交经贸关系的开端"，但是对于清廷，这是"以租让零星土地来平息新到蛮夷的欲望"[1]，这种矛盾在商议划定上海英租界范围中显现。1843年11月8日，第一任驻沪英领事巴富尔（George Balfour）抵达上海进行谈判，在上海道台宫慕久表示县城已经十分拥挤，希望领事馆在县城外选址时，巴富尔坚定拒绝，并自行选中大东门西姚家弄顾姓的房屋，一个有52间房子的大宅子[2]。极力要深入华人居住区内部的态度与广州英人主动挖掘人工河的做法大相径庭。如果按照厦门、宁波、福州的租界选址原则，英租界应该设在与老城厢隔江相望的浦东，或者至少应该以较宽的吴淞江为分界线。但是最终英国人选定城北的一块四面环水的滩涂[3]，在吴淞江南

1. [法]白吉尔著，《上海史——走向现代之路》，王菊，赵念国译，上海社会科学院出版社，第8页。

2. 熊月之主编，《上海通史·第3卷 晚清政治》，上海人民出版社，第15-17页。

3. 东至黄浦江，西至界路（今河南中路），南至洋泾浜（今延安东路），北至李家厂（今北京东路）。

岸，距离老城墙只有300米左右的地方。

　　法租界与老城厢更为接近，连300米的空间都没有留，直接紧贴城墙，是全中国所有租界中距离中国老城最近的（图2-3）。法国第一任驻沪领事敏体尼（Charles de Montigny）于1848年1月25日到达上海，并在两日后向天主教赵方济主教租得一屋作为领事署[1]。法国人看中英租界与县城中间的狭长地块，"首先交通方便，三面都沿着可航行的水路（黄浦江和两条河浜），对运转货物极为重要。

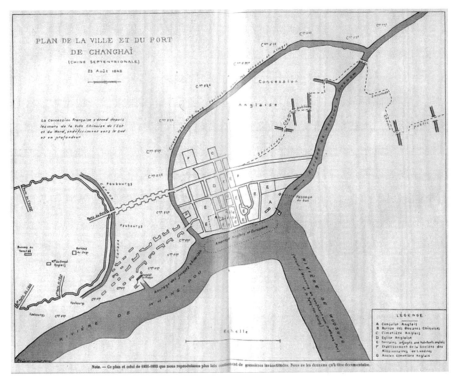

图2-3　1848 Plan de la ville et du port de Changhaï (Chinese ptentrionale)

来源：Maybon, Ch.-B.; Fredet, Jean, Histoire de la Concession française de Changhai (1929)，第24-25页。

说明：这是租界初期就绘制的珍贵地图，直观地反映租界设立之初三界之间的地理关系，图中文字介绍："法租界从中国县城的东面和北面城墙向南、向纵深无限扩展。"而且此时的英国领事馆在城内还有一处标记。北门与英租界的河南路之间用凹凸线条突出标记，以显示其重要性，这条道路在后来的法租界城市建设中也成为主干道。

---

1. 上海通社，《上海研究资料》，中华书局发行所，民国二十五年五月发行，第71页。

其次，也是主要的一点，它靠近商业中心”[1]。施于民神父1847年的日记里记录：
“英国式的城市像通过魔术般地建立起来，它真是一个奇迹。这里建筑的不是欧
式房屋，而是各种式样的宫殿。”[2] 英国人的成就对法国人是巨大的激励，因此他
们更看重地块周边的有利条件，无视与最初英租界地块一样凋零的地景：“它那
平庸的外貌具有一种令人可怕的单调乏味的气氛，土地上没有一点树木，有一半
淹在水里，差不多全部种了庄稼，不计其数的污水沟和小河流纵横交错，到处是
坟墩、低矮肮脏的茅草屋，这些房屋其实只是竹子和干泥搭成的破棚子。”[3]

需要申明的是，最初法租界的设立对于中国官员来说是难以理解的，他们
原以为英租界的地块就是所有外人居留地的范围。时任上海道台的吴健彰在给
法领事的回函中表示，同意法国人在英租界内划拨一部分作为法租界。这个做
法马上被敏体尼驳回，提出法国是向中国皇帝而并非英国求借一块土地。经过
恫吓和斡旋，敏体尼终于从新任的上海道台麟桂手上取得法租界想要的土地[4]。
其他租界城市中，天津英法租界的位置关系与上海类似，不同之处在于天津法
租界距离城墙很远。天津法租界的选址有以下两个主要原因：①紧邻海河且原
有中国居民较少；②方便与驻扎在海河东岸的法国驻军往来。上海法租界的选
址就不能像这样考虑各方面的因素，英租界与上海县城只留给法租界一丝狭小
的地带，只有在这里才能同时接触到上海县最重要的三个条件：华界、英租界
与黄浦江。

2. 租界位于北方

上海租界与老城之间的方位关系十分特殊：它位于老城的北方。如果排除
租界相隔宽阔的水道而位于老城以北的情况（例如宁波的外国人居留地在甬江北
岸，汉口租界与武昌老城相隔长江），租界与老城在同一片土地而位于北侧的只
有上海。

---

1. [法] 梅朋、傅立德著，《上海法租界史》，倪静兰译，上海译文出版社，1983 年，第 35 页。
2. 史式微，《江南传教史》，第 121 页信件。
3. [法] 梅朋、傅立德著，《上海法租界史》，倪静兰译，上海译文出版社，1983 年，第 13 页。
4. 费成康，《中国租界史》，上海社会科学院出版社，1991 年，第 16-17 页。

　　这与上海县特殊的位置有关。西人绝不会选择远离军舰之处作为居留地，这是他们在异邦生存所需的安全保障，因此所有的租界都紧邻大江，宁波外国人居留地位于甬江与余姚江交汇处，广州租界位于珠江岸边，苏州日租界位于京杭大运河旁，等等。而根据中国古代城市的选址原则，大面积的水面都位于城市的南侧，因此靠近水道的租界自然会坐落在老城南侧。尤其是处于丘陵地带的广州、福州、厦门等，这些城市的北侧皆为较高的山体，以形成传统城市所重视的"负阴抱阳"之势。

　　上海的情况要特殊一些，因为地势平坦，县城的西、北、南三面皆为平地，为租界的选址提供多种可能。英国人所看中的吴淞江与黄浦江的交叉口正好位于县城以北，英租界自然就设在那里。对于上海县来说，英租界所选之地并不是"好地块"，在以沙船业为主的海运贸易中，吴淞江算不上主要的航道，最核心的通路是黄浦江与海洋的连接。而较之吴淞江，肇嘉浜与上海县的地理位置关系更为密切，修筑城墙时特意为肇嘉浜保留唯一一座水门，其河道流经西南区域，直接与松江府连通，并通过日晖港等支流与黄浦江多次相交。通过以肇嘉浜为主要河流的西南部水网，向西连通江南腹地与松江府，向东连通黄浦江，就可以保证县城的正常发展。因此县城以北靠近吴淞江的位置，对于上海县并没有什么价值，不能以租界外滩后期的繁华来过度强调此地块的重要性与清廷的短视。道台同意将这块土地划拨给英国人使用，在一定程度上也是依据传统的思想观念中对土地吉凶的判断。

3. 悬殊的面积比

　　在近代中国众多租界中，上海租界的面积是最大的。经历过多次扩张后，1899年公共租界的面积达33 503亩，1914年法租界面积达15 150亩。上海公共租界与法租界总面积最大时达到48 653亩，而天津、广州等其余23个租界的总面积之和在最大时才30 612.32亩[1]，这说明上海租界的面积占到全国租界总面积的60%以上。而广州、苏州等城市情况完全相反，老城厢对租界来说就是一个庞然大物（图2-1）。

---

1. 熊月之主编，《上海通史·第1卷 导论》，上海人民出版社，1999年，第37页。

上海租界的巨大面积是外国领事馆强硬的外交手腕与严重缺乏外交经验的本地官员所导致的结果。从中西双方谈判伊始，中国官员就在条约中留下许多漏洞，为租界的扩张留下法理依据。例如上海法租界最初的地块是南北方向狭窄的长条形，法国人通过长时间的谈判，终于在1849年4月6日官府发布的告示中，成功地加上"倘若地方不够，日后再议别地，随至随议"[1]，为法租界日后的扩张夯实争辩的基础。而随着中国政治形势的不断变化，法国方面借助各种机会一次次拓展租界的范围。1861年10月29日，在上海县城小东门外取得一块扩展地；1900年，取得西门外的地块，上海县城北半城墙的外围都被法租界包围；1914年法租界获得最后一次也是最大范围的一次扩张，界址向西直达徐家汇路，向南直达肇嘉浜（图2-4）。

公共租界也利用上海地区的战乱多次进行越界筑路，将界外地区作为军事条件逐渐收归到租界统辖区内。在1862年太平军进军上海时，为方便军事运输，经中外会防局商议，决定在租界附近和离租界较远的地区修筑"军路"。英方在泥城浜（今西藏中路）西侧开筑了英徐家汇路（今华山路）、新闸路、麦根路（今新闸路北段、康定东路、泰兴路北段）、极司菲尔路（今万航渡路）等道路。[2]

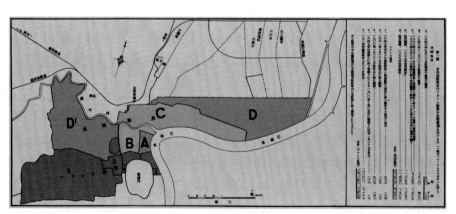

图2-4　1931公共租界上及法租界上的历史发展表现图

来源：Feetham, Richard, フィータム報告：上海租界行政调查报告(1932—1933), vol. 1。

说明：地图中将租界地区的历次扩张都明确地标示出来。

---

1. 费成康，《中国租界史》，上海社会科学院出版社，1991年，第18页。

2. 熊月之、周武主编，《上海——一座现代化都市的编年史》，上海书店出版社，2009年，第170页。

之后租界当局通过对土地章程的一再修订，将其管辖范围逐步扩展至界外道路。

　　综上所述，上海租界与老城之间具有不同于其他租界城市的颇为特殊的地理空间关系，这些因素导致老城厢对租界的变化颇为敏感。在租界早期，清廷还具有颇为有效的政治威严与统治力度，中西方的势力不断进行博弈；而在后期，随着中央政权受到国内外势力的削弱，加之租界出乎意

图2-5　咸丰二年（1852年）城市平面格局图

料的城市建设成果，华人对租界的态度发生"鄙夷—羡慕—学习—提防"的不断转变。社会因素的不断变化全部通过城市空间的变迁反映出来，从而形成特殊的城市化历程。

　　英国人认为鸦片战争是一场关于贸易而不是政治的战争，作为战胜国的西人重点考虑的是如何尽快打开中国巨大的消费市场，而华人则怀着好奇与警惕的心情注视着租界的一举一动。老城厢与租界特殊的地理关系在初期并没有形成明显的矛盾，就像其他开埠城市一样，华洋两界彼此都小心翼翼地进行试探。最明显的变化仅出现于地理上的冲突，原设在城外北侧的祭坛都被迁移，打破城市原有的"中间—放射"状的祠祀系统（图2-5、本书第64页同治三年地图），但是对于此事，城内居民的反应并不强烈，这与"四明公所事件"中出现的严重冲突形成鲜明对比。

二、小刀会起义引发新格局

　　《同治上海县志》中有一行字出现的频率很高——"咸丰三年，兵毁"，指的是咸丰三年（1853年）在城内爆发的小刀会起义。以刘丽川与周立春带领的广东福建籍为主的团体，在县官举行祭祀孔子仪式那天有组织地实施叛乱，

杀死县官袁祖德，捉拿道台吴健彰，并以文庙为指挥大本营实施长达一年半的抵御行动。

起义造成的影响是双向的，对租界而言，逃到租界的大量难民直接导致"华洋杂居"的局面，为租界的快速发展奠定人口基础；对老城厢而言，它是城墙建设之后的几百年间首次发生的城内动乱。那么从社会空间角度看，爆发起义的主要原因与群体是什么？对老城厢的城市空间造成怎样的破坏？在开埠初期租界与华界相对立的新格局下，还造成怎样深层次的影响？对这几个问题的探究揭示了上海自开埠到起义的十多年间所发生的城市与社会演变图景。

1. 起义人员的社会背景

1）租界的冲击形成游民

起义人员主要是在上海谋生的外籍劳动人口，他们在开埠后的社会变迁中沦为游民。开埠前夕上海城市空间呈加速变化的状态，这是以地方经济在禁海令解除后的持续发展为基础的。同乡同业团体的爆发式增加，源于前来谋生的庞大外籍劳动人口。但是在开埠后的十年间，剧烈的社会变迁中警惕的商人们选择观望局势，上海县城只增设少量的建筑，并且几乎全都是为管理海运贸易而设的政府机构，分别为江海北关、江海南关、海防同知署（图2-6）。行驶在黄浦江上的军舰与货轮打破前工业时代的贸易平衡，租界开始享受上海在海运贸易上的地理红利，此消彼长，上海的华商受到严重的冲击，社会不稳定因素开始积累。

根据《南京条约》的内容，西方船舶不允许进入沿海与长江的航运，但是西方商人显然不会放弃摆在眼前的巨大商机。早在开埠前，西方船舶就进行着以走私鸦片为主的沿海

图2-6　1843—1853年城市布局变化图

说明：加边框的图形为这段时间新建、原建筑迁建或原建筑增建的建筑，作者自绘。

贸易，因为沿岸载运土货中所得利益的诱惑力太强。传统的沙船业能够获取高额的出海利润，具有更快航行速度和更高安全性的西方船舶在追逐更庞大的财富。许多西方船舶在1848年就开始航行在厦门与上海之间，而北方的烟台、天津、牛庄等地，在1853年之前也已经有不少外籍船舶专门运输货物[1]。至于长江航运，最迟1853年就有西方船舶开始活动。短期内上海对外贸易总额迅速增加，1844年的贸易总额为989千镑，五年后的1849年，贸易总额已达2964千镑；而九年后的1853年，贸易总额已达34672千镑（表2-1）。[2]

表2-1　上海对外进出口贸易值

年份	进口（千镑）	出口（千镑）	合计（千镑）
1844	501	488	989
1845	1224	1347	2571
1846	1066	1517	2583
1847	1099	1517	2616
1848	806	1306	2112
1849	1209	1755	2964
1850	3908	8021	11 929
1851	4299	10 403	14 702
1852	5303	10 281	15 584
1853	8845	25 827	34 672

资料来源：张仲礼主编，《近代上海城市研究：1840—1949年》，上海人民出版社，2014，第81页。

　　租界快速发展的经济并未给老城厢带来更多的劳动力需求。租界货轮获得的巨大利益，很大一部分来自对传统沙船业的市场抢占。航运贸易对劳动力的需求十分有限，与沙船类似，西方货轮上都有相对固定的船员，航运贸易主要消耗的是设备与燃料，成倍增加的货物并不需要成倍增加的船员。另一个快速发展的是

---

1. 张仲礼主编，《近代上海城市研究：1840—1949 年》，上海人民出版社，2014 年，第 151 页。
2. 张仲礼主编，《近代上海城市研究：1840—1949 年》，上海人民出版社，2014 年，第 81 页。

金融业，由广州来到上海的怡和、宝顺、旗昌、琼记等英美"商业大王"（Merchant Princes）迅速将它们熟习的诸多金融业务导入上海[1]。西方金融运作方式与国内钱庄在规则、操作上完全不同，加之语言的不同，能在租界金融机构谋生的华人少之又少。因此，租界早期经济的快速发展，在抢占华商市场的同时，却没有为中国劳工提供足够的工作机会，持续涌来的人口与突然减少的劳动机会造成了持续扩大的社会安全隐患。

由1853年小刀会起义时期的记载，可见航运业的扩展，彼时进出上海港的沙船大约有3500至3600艘。来到上海当水手的广东人、福建人数量甚巨，广东人达8万人，福建人达5万人，上海县城的总人口接近27万人[2]。移民人口的增长导致一些重要的环节几乎出现失序。被沿海贸易增长吸引来的中国沙船业无法与西方机器船舶竞争，导致大批广东和福建籍水手失业，结果就是沦为游民。在开埠前后，这个问题已经相当严重，他们中有些人游手好闲，各分党翼，并"纠合豪棍，开场聚赌"，还进行团伙的扩张，"窝顿外来鼠窃"[3]。社会结构开始出现不稳定的迹象，并在19世纪中叶开始的持续动乱的国情中爆发。

2）起义者的地域性

外来移民很容易变为社会不稳定因素，缺乏本地宗族势力的社会背景更助长了这种可能。开埠的上海同时具备中西两种文明，但是两者哪一种都不占优势。对西人来说，上海是一个进行冒险敛财的化外之地，并不受他们本国文化知识的影响和管辖，每个人各行其是，或者很快与当地的恶习同流合污，一点也不感到内疚；对华人来说，上海同样是不受限制的，以商人为代表的群体选定来此过新生活，他们的目的与远洋冒险的西人水手没有什么区别，同样远离宗族也意味着与中国传统维系传统道德的约束断绝关系。另有一些在饥荒或内战期间漂泊而来，或者从乡间被拐骗出来充当私家奴仆的人，就此失去家庭联系，"这种境

---

1. 熊月之主编，《上海通史·第4卷 晚清经济》，上海人民出版社，第176页。

2. [美]顾德曼（Bryna Goodman）著，《家乡、城市和国家——上海的地缘网络与认同，1853—1937》，宋钻友译，周育民校，上海古籍出版社，第42页。

3. 熊月之主编，《上海通史·第5卷 晚清社会》，上海人民出版社，1999年，第9页。

遇在传统中国，便是衣食无靠，道德败坏"[1]。王韬于1849年至1862年在上海居住，他的记述中多次提到上海城东的社会环境："东关外羊毛弄左右，闽粤游民群聚于此。赌馆、烟舍鳞次栉比"[2]。

众多难民涌入上海，大部分进入老城厢地区，这是廉价劳动力的绝好源泉和招致劳工虐待事故的缘由。难民所面临的环境并不友好，以籍贯宗亲为基础的地缘关系成为他们赖以生存的基础，于是同乡团体的触角延伸到上海的各个角落。不同地域的旅居者在上海的活动一直是相互独立的，地方语言的差异、风俗习惯与供奉神灵的不同都不断加剧这种隔阂。在1927年华界形成市政府之前，上海认同在实际生活中远不如同乡那样频繁被提起。县城重要的三巡会[3]也不是各个同乡团体全部参加，他们在延续家乡建筑风格的会馆里举行地方的祭拜活动。这种松散的社会结构在小刀会起义中清晰地表现出来。

起义人员以广东人与福建人为主，基本没有上海本地人。上海商业的长期繁荣吸引来自各地的商人，也引来大批流民，尤其以福建人与广东人最多。19世纪中叶清廷的统治开始出现松动的迹象，东南沿海的秘密结社伴随着新的移民进入上海。某些团体借对外贸易夹带走私，甚至从事鸦片贸易。由于走私的蔓延和贸易的繁荣，以乡缘为纽带而形成的秘密结社，在城市里深深地扎下根。这些发展成为各个旅居群体的内在动力，也让城市氛围日益紧张。在秩序日益混乱的情况下，华界和租界当局都要求会馆管好其同乡。但是会馆之间的隔阂将看似统一的社会分裂成数个相对独立的群体，在开展社会事务时，同乡的地缘关系一直作为主要的分界线。

虽然广东人对沙面的外国商人怀有强烈的抵制情绪，但是广东商人与外国商人较早的接触让他们在上海开埠后占得先机，蹩脚的英语帮助他们成为外商最信

---

1. [美]罗兹·墨菲 著，《上海——现代中国的钥匙》，上海社会科学院历史研究所编译，上海人民出版社，1986年，第10页。

2. [清]王韬著，《瀛壖杂志》，上海古籍出版社，1989年，第7页。

3. 迎神赛会，俗称出会。照例每年由府、县官行文给府、县城隍庙，在清明节祭邑厉坛，"赈济幽孤"，请城隍神出巡。旧俗每年在三月清明、七月十五日中元节、十月初一"十月朝"三个鬼节都要进行城隍神出巡，所以又称三巡会。——引自上海市地方志办公室 / 地方志资料库。

赖的华人。在开埠十年后，广东籍官员和商人迅速上升为地位显赫、最有势力的华人群体，并以上海道台——广东香山人吴健彰作为顶点。各个地域集团对同乡的认同远远超过身边的异乡人，例如在吴健彰任职期间，其政府的所有下层的工作——衙门里的书役、卫兵、差役都由广东人充任。当太平天国运动在南京势如破竹时，吴健彰招募了一批广东乡勇，但不久便发现自己养不起这支队伍，被遣散的乡勇转而都加入秘密会党。在小刀会起义爆发后，面对广东与福建团体组成的动乱者，吴健彰居然又雇佣一支香山海盗船队来上海与小刀会作战，这些海盗拒绝打同乡人，转而在上海的江河中打劫[1]。本来为保卫城市招来的群体迅速转为入侵者的角色。

　　整个起义中也处处发生同乡情谊远超政治立场的事件。在夺取县城的过程中，只有两个人被杀，一个是不幸的卫兵，押上自己的性命去抵抗；一个是知县，因起义前抓了秘密会党分子而遭到报复。而对于县城内级别最高的官员吴健彰，造反者并没有杀死他，而是反复喊道"我们是同乡，会饶你一命"，甚至后来还邀请他进入新政权的统治层，在遭到拒绝后亦释放了这位同乡道台。西方评论者对此次事件极为惊奇："一座拥有20万人，有城墙环绕的城市被一伙持着刀矛的人占领，只有一个人在战斗中被杀死。"[2] 这场没有战斗的起义在政治权夺取的过程中显得十分温和，更像是一场粤闽人组织的政变。

2. 西南文化区域的形成

　　小刀会起义对上海县城造成的破坏是自嘉靖年间修筑城墙以来最严重的一次。历数之前遭遇的几次劫难：明朝城墙修筑完工一个月后倭寇来袭，面对突然升起的城墙，有一次连续围攻达17天，几次攻击均以失败告终；明清换代之际，清军南下进行扫荡，江南人民的激烈反抗遭到残酷的镇压，最惨烈的是"嘉定三

---

1. [美] 顾德曼（Bryna Goodman）著，《家乡、城市和国家——上海的地缘网络与认同，1853—1937》，宋钻友译，周育民校，上海古籍出版社，第 53 页。

2. [美] 顾德曼（Bryna Goodman）著，《家乡、城市和国家——上海的地缘网络与认同，1853—1937》，宋钻友译，周育民校，上海古籍出版社，第 5 页。

屠"[1]，但上海县因为知县不光彩的逃跑而侥幸平安度过；鸦片战争时上海被英军占领，但英军只进行几日的劫掠，除了县署受到一些破坏，其他建筑并未受到波及。

相较而言，小刀会起义造成的破坏要大得多，并且大部分来自前来控制骚乱的清军。在起义军因内讧而解散时，软弱的清军确信不会再遭到抵抗，于是冲进城内烧杀淫掠，所有与造反者有瓜葛的亲戚、同情者和可疑的路人都可能遭到毒手，同时清军还大肆抢掠，犯下种种暴行后将城市付诸一炬。三天之后，"秩序恢复了"，几乎半座城市都化为血迹斑斑的瓦砾，房屋、庙宇、衙门、会馆和公所全都变成废墟[2]。城内的各个地点是有组织地进行烧毁，据爱棠的回忆："道台表白一番他对外侨，特别是对法侨万分关心的话，然后，他拿出一份中文的上海县地图，摆在译员先生面前，指出用红墨水做记号的城关各点都是预定要烧毁的，总督的指令没有叫他烧毁红色记号以外的地方"[3]。

小东门外十六铺地区繁华的商业受到的破坏更加彻底，清军首脑在城北和城西北屡遭失败，于是转到东边来进攻，因为觉得东门外的商业店面妨碍攻击，就放火将其全部烧毁，从东门到法租界南端的一大片区域被夷为平地。《北华捷报》记载，当时有英国记者记下这一惨状："不到一星期前，东城城关还是个商业繁荣的地方，现在是一片荒凉；居民都逃走了，三百万元的财富被可耻地毁灭了"。住在董家渡教堂的梅德尔神父全程目睹这些情况："……我们看着上海的一部分财富在我们眼前消失，那月10日，吴道台从澳门找来的一些强盗装出一副攻打敌方的架势，而心底里是想抢劫发财。这些自称保皇分子的人把整个城关抢劫一空，然后付之一炬。火势非常可怕，到第四天才完全熄灭。"[4]

图2-7用黑点标记了县志中所有记载的在小刀会起义中损毁的建筑物，可以看到重要的建筑物被覆盖一大半。城墙外北侧的四明公所、社稷坛和潮惠会

1. 1645年（清朝顺治二年）清军攻破嘉定后，一个月内三次对城中平民进行大屠杀的事件。

2. [美] 顾德曼（Bryna Goodman）著，《家乡、城市和国家——上海的地缘网络与认同，1853—1937》，宋钻友译，周育民校，上海古籍出版社，第52页．

3. [法] 梅朋、傅立德著，《上海法租界史》，倪静兰译，上海译文出版社，1983年，第65页。

4. [法] 梅朋、傅立德著，《上海法租界史》，倪静兰译，上海译文出版社，1983年，第91页。

馆被毁，这是清军曾经尝试进攻的方位；城外东侧遭受的损失是巨大的，在清军制造的纵火事件中，大量的庙宇与建筑机构都遭到焚毁，有东海神坛、潮音庵、三官堂、致思庵、财神殿、小武当、海关和浙宁会馆。只有远离县城的陆家浜两岸没有遭到破坏。在城内，遭到损坏的基本都是官府建筑，核心区的县署与豫园内众多的同业公所都遭到破坏。

图2-7　小刀会起义中被破坏的建筑定位图
来源：作者自绘。
说明：图中黑点的大小仅表示建筑物本身相对面积的大小。被破坏的建筑名录与表2-2相对应。

　　小刀会起义中城市建筑物受到的破坏远不止这些，大比例历史地图的缺失，县志中又缺乏对民宅与商号的记录，城市中大片被焚毁的区域无法准确地定位出来。受到损毁的重要建筑物尚且如此众多，整个县城受到的损毁程度就可想而知，这直接导致城市空间格局发生变化。

　　最明显的改变发生在城市北部的核心区域，文庙在起义之后移换位置。旧学宫因为曾作为刘丽川指挥起义的根据点、发号施令的大本营，而受到严重的破坏。咸丰五年清军复得上海城时，文庙中所有殿阁堂祠大半毁坏。同年上海士绅以旧址无可收拾为由，请巡道批准将文庙迁移于西门内南偏右营署的废基，新的文庙自咸丰五年（1855年）7月开始修建，至次年7月竣工。新文庙建成四年后，在太平天国大军压境的局势下地方官商请英法兵入城协防，将新文庙作为外兵驻屯的场所直至战事结束，外兵驻守的四年时间里将庙毁损大半，撤防后巡道和知县倡捐修葺，并添置祭器[1]。文庙在十年内两次被毁，第一次是迁址另建，第二次是原地修葺，可见小刀会起义时期的第一次损坏很严重（表2-2）。

1. 上海通社，《上海研究资料》，中华书局发行所，民国二十五年五月发行，第181页。

　　文庙的迁移是城市空间结构的一次大调整，与此相关的是四个功能的变迁。分别是广安会馆、右营游击署、新学宫、敬业书院。《上海肇庆会馆历年数目征信录·上海广肇会馆序》中提到"旧设会馆于城内，早已毁于兵燹"，因为广肇会馆按照县志记录是设置在租界，可以推断这里提到的"旧会馆"是城内原有的"广安会馆"——由旅沪广东人设立。小刀会起义是广东人刘丽川带领广东人与福建人发起的叛乱，作为惩罚，战火中毁坏的广安会馆作为起义大本营被充公用，官府将附近的右营游击署迁入，被毁的右营游击署旧址就建设新学宫。旧学

表2-2　小刀会起义中被破坏的建筑名录

类型	名称	类型	名称
会馆公所	潮惠会馆	政府	分巡苏松太兵备道署
	徽宁会馆		海防同知署
	香雪堂		知县署
	四明公所		南水次仓
	点春堂		海关
	萃秀堂		右营游击署
	得月楼		右营守备署
	浙宁会馆	寺庙	吾园
	兴安公所		积善寺
	花业公所		真武庙
	祝其公所		潮音庵
祠祀	学宫		长寿庵
	社稷坛		小武当
	神祇坛		三元庙
	海神庙/风神庙在后方		西林禅院
			大境
			宁海禅院
			财神殿
			致思庵

资料来源：《同治上海县志》《上海县续志》。

宫的地址建设为敬业书院，书院较旧
学宫小，于是将多余的部分土地建设
民房以做出租之用[1]（图2-8）。

新的文庙迁建到城市的西南旷
野区域，这里与老学宫的周围条件大
相径庭。老学宫的位置在城北中心区
域，长达几百年的城市建设导致周围
民居稠密、用地紧张，咸丰六年时旧
学宫的状态堪忧："距今未百年，沟
渠湮塞，地逼市廛，尘溷秽积，泮
水至黝黑不可向视，固已失洁清之
义"[2]。之后绅士刘枢、李钟翰等请巡

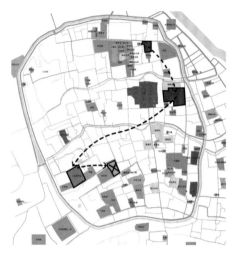

图2-8　局部功能迁移图
来源：作者自绘。

道废署而迁学宫，主要资金来自富商郁松年捐的两万七千多两白银。新学宫共用
营基17亩3分6厘，西北隅东南隅的营房仍归营管，添买育才坊西的徐月亭土地、
西南的张氏土地以及泮池南的蒋氏土地，共12亩3分3厘。整体布局十分规整，从
入口开始依次为：棂星门—大成门—大成殿—崇圣祠，学门—仪门—明伦堂—尊
经阁，东面隔河是儒学署、学土地祠（图2-9）。

新学宫的迁移为城市西南区域最后一个文化版的嵌入画上句号。前文分析
过天津、宁波老城内的功能格局，发现这些城市都会在城墙内留出大片的自然环
境作为战事与游览之用。在和平时期，优美的景致吸引文人与僧人停留至此。上
海县的西南区域在清朝后期开始聚集出现宅邸园林与寺庙，先后建有长寿庵、铎
庵、一粟庵等，都是因为此处多水的自然景观。此次县学与文庙迁移到这里，更
增添城中重要的寺庙与文化机构，在后期的发展中形成文化宗教功能的集聚。新
学宫的用地更为宽敞，利用自然水体与绿化营造优美的景致，学宫东侧从半泾浜
引入水流，形成大面积的水面，短桥横跨其上，庭院中栽植许多高大乔木。精致

---

1. 购置土地，进行农田种植或者建房出租是公共机构维持平日营运的主要资金来源。
2. 《同治上海县志》，卷九《学校》，第8页。

的景观与巍峨的建筑群互相组合，引发文人的赞美之辞："按图式水脉贯注，城堞环拱且地远嚣尘，实胜旧址"[1]。

文化集聚效应很快发挥作用。学宫东南侧的吾园，原为李氏的私家园林，在小刀会起义中被毁坏殆尽。同治六年，巡道应宝时购买废园建房41间，用银9670两，将2年前丁日昌兴办的龙门书院迁到这里。光绪四年邑人又在附近赁屋创办

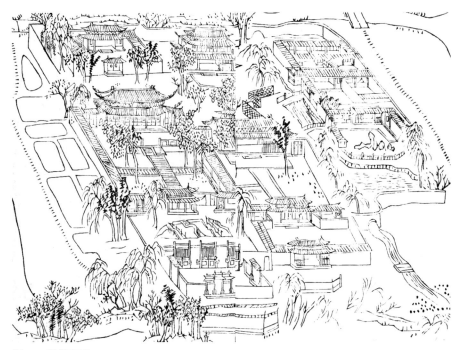

图2-9　新学宫图

来源：《同治上海县志》卷首附图，第21页。

说明：配图的文字为："新学宫在西门内南首，即右营署基，实前明海防道署基也。咸丰三年八月，粤寇踞城，以旧学宫为巢穴。五年元旦复城，焚毁殆尽，邑人士改建于兹。其东为儒学，为头门、二门，二门左右为忠义孝弟祠。进为明伦堂、尊经阁。而建文庙于其西，外为棂星门，为泮池，为戟门，为名宦乡贤祠。入内为东西庑，为大成殿，后为崇圣祠，周缭以垣。棂星门南为纪恩坊，旁为兴贤育才坊。明伦堂东界通渠，渠东为儒学署，凡三进，庖湢悉具焉。署南为土地祠，为洒埽局，具如图。而外泮池南，复置隙地为儒学夫马供具。其地取诸营，不用者仍还之。西南地缺则购民田补之，具见学校志。"

1.《同治上海县志》，卷九《学校》，第8页。

正蒙书院（后改梅溪学校）。此区域另一处因战争而毁坏的半泾园，则因为历史机遇建设成万寿宫。万寿宫在1889年为庆祝光绪皇帝亲政而建，在《上海县续志》卷二《建置》中，它在文中位列"城池"部分之后，"衙署"部分之前，是县志中记录建筑的第一篇[1]，可见其重要地位。万寿宫因为是献给皇帝的，所以建筑规制很高，为重檐歇山顶[2]，并且宫墙都涂成皇家专用的杏黄色，墙角两边均嵌有"文武百官至此下马"的石碑。于是在半泾浜一带，因为小刀会起义造成城市功能迁移与原有地块内容的更替，新的书院群代替原来的园林集聚，形成城内西南区的文化中心（图2-10、图2-11）。

在上海县城内进行的小刀会起义是一场相对独立的民间起义，由福建民间团体的上海分头目带领，参加者多为广东与福建在沪的劳工与游民。在本地级绅看来，上海无端成了这场动乱的受害者。地方政府在整个过程中形同虚设，除了造成更大的破坏外毫无建树，就如同他们在与外国领事馆进行交涉的过程中表现出来的那样。整场闹剧揭示了上海社会貌的完整背后的脆弱性。在明朝共同修筑城墙时所表现的社会凝聚力早已荡然无存，几年后太平军东进时，共同的敌对势力

图2-10　1864年文化建筑分布图　　　图2-11　1894年文化建筑分布图

---

1. 吴馨等修，姚文枬等纂，《上海县续志》，1918 年刊本，卷二《建置》，第 3 页。
2. 中国建筑屋顶的形式具有严格的等级制度，重檐庑殿顶等级最高，重檐歇山顶位列第二。

再次向上海县袭来，没有人再寄希望于团结城内长期隔阂的同乡团体，与船坚炮利的租界势力进行联合成为更方便有效的途径。

三、利益与空间的交换

小刀会起义之后，上海县进入战后休整阶段，许多建筑在咸丰五年开始重建与修缮。如海神庙，"俗称龙王庙，在大东门外老白渡，嘉庆二十五年知县叶机同绅商捐建；道光六年，江苏海运添建风神殿；咸丰三年毁于兵，五年重建。"[1]。建筑物能够及时被重建得益于之前积累的大量财富。然而上海县刚刚走出小刀会起义的阴霾，太平军又定都天京（今南京），当太平军在1860年打开苏州的城门时，上海县感受到前所未有的威胁。

1. 驻扎西兵的破坏

法国领事曾考察过太平军的防御工事，他看到"这些堡垒、营寨像腰带一样围绕着上海，不断地抽紧，像网络一样愈来愈错综复杂，这既便于防御，也利于制止进攻"[2]。面对如此强大的敌军，咸丰十年中央政府派来李鸿章亲自督战，行辕就设在南门外的建汀会馆。在西军与清军有效的军事组织下，太平军并未进攻到上海县的城墙下，战事结束后，李鸿章将建汀会馆视为祥地并题词，深谙官场之道的苏升之后捐款进行修葺。上海县城在战争中的运气一直很好，在全国范围内的大战役中总能幸免于难。开埠之前，上海县城的位置缺乏军事战略意义，区区县城的政治级别也没有多少征服的必要。而开埠之后，城市地位因为租界的财富而有所提升，但也得到西方军事力量的保护。

这次战事对县城造成的破坏较小刀会起义要小得多，主要的损毁来自西兵的长期进驻。太平天国运动在1860年对上海造成威胁，1862年9月率军围攻上海的忠王李秀成被洪秀全召去守卫南京，缺少军事领袖的太平军随即撤走对上海的

---

1. 《同治上海县志》，卷十《祠祀》，第7页。
2. [法]梅朋、傅立德著，《上海法租界史》，倪静兰译，上海译文出版社，1983年，第183页。

围攻，将战争中心转移到浙江境内，
直至1864年7月清军曾国荃带军攻占
南京彻底镇压太平军，上海受到的威
胁共持续四年左右，也意味着西兵在
老城厢重要建筑物中驻守四年之久。

图2-12是这段时期内遭到破坏
的建筑图，在某种程度上也是西兵
驻守的位置图。县署并不会作为西
兵驻守地，因此毫发无伤，主要受
到的损毁的是园林与书院。城北区
域遭到破坏最严重的是豫园，军队
在驻守各个同业公所时破坏其内楼
阁，点春堂、萃秀堂、得月楼等都

图2-12　西兵进驻导致破坏的建筑定位图
来源：作者自绘。
说明：图中黑点的大小仅表示建筑物本身相对面
积的大小。被破坏的建筑名录与表2-3相对应。

表2-3　西兵进驻导致破坏的建筑名录

名称		小刀会起义时期	太平天国时期
会馆公所	潮惠会馆	咸丰三年，兵毁	咸丰十年，兵毁
	徽宁会馆	咸丰三年，兵毁	咸丰十年，兵毁。重建
	香雪堂	咸丰三年，兵毁	咸丰十年，驻西兵，损毁
	四明公所	咸丰三年，兵毁	咸丰十年，驻西兵，损毁
	点春堂	咸丰三年，兵毁	咸丰十年，驻西兵，损毁
	萃秀堂	咸丰三年，兵毁	咸丰十年，驻西兵，损毁
	得月楼	咸丰三年，兵毁	咸丰十年，驻西兵，损毁
	茶叶会馆	无记录	咸丰十年，驻西兵，损毁
	飞丹阁	无记录	咸丰十年，驻西兵，损毁
祠祀	学宫	在战争中被焚毁	同治三年，西兵撤，损毁大半
	蕊珠书院	无记录	咸丰十年，驻西兵损毁大半
	海关	咸丰三年，寇毁	咸丰十年，粤匪犯境又毁
	大佛厂	无记录	咸丰十年，兵毁
	立雪庵	无记录	咸丰十年，屯驻西兵，庙毁
	观音阁	无记录	咸丰十年，兵毁
	致思庵	咸丰三年，兵毁	咸丰十一年，兵毁

资料来源：《同治上海县志》《上海县续志》。

有所损毁。城西南区域的各处文化建筑也安排西兵入驻，蕊珠书院与新学宫都受到不同程度的损毁。

2. 开辟城门

虽然太平军最终没有攻到上海城墙脚下，但是此次江南的战乱却促成华界与租界在空间上的互相渗透。在太平军强有力的威胁下，整个上海空前紧张，尤其是租界地区。在小刀会起义中，租界地区还是旁观者、既得利益者。但这次，地理空间上的一体化，导致租界与老城厢的城市命运被强行捆绑在一起，成为利益共同体。

在上海设立租界的十几年后，上海对于英人已不是最初"希望至多在两三年内发一笔横财就离开此地；日后上海要是被火烧了或是水淹了，对我有什么关系"[1]，经过长期的建设，上海已经成为西人长期的聚居地。此时外国人所关心的是，不论在什么情况下都不能使上海遭受到太平军的任何侵犯，这一点高于其他一切考虑。正如后来英国驻上海领事馆翻译官密迪乐对道台所说，"我们保护上海县城，是保护我们自己；我们办我们的事，也是办了你们的事。但是一旦我们这种共同利益的关联停止了，我们的保护也就同时停止"。法国驻华公使布尔布隆（Alphonse de Bourboulon）和英国驻华公使卜鲁斯（Frederick William Adolphus Bruce）于1860年5月26日共同发出布告："上海为各国通商口岸，本城华商与各国侨商有极广泛的关系。如果上海成为内战的舞台，则商业定将受到严重损害，而华洋人士之但求安居乐业者也必蒙受重大损失。为此，本人与法（英）国对华远征军总司令阁下一致同意，我国海陆军方面采取形势所必需之措施，以便保护上海居民，不使其遭受屠杀抢劫，并阻止内部暴动，同时，上海城区亦在保护之列，不使其蒙受任何外来之攻击。"这些言辞都表达出租界承认两界为利益共同体的鲜明立场。

来自老城厢的回应则更加积极，为对抗逐渐逼近的太平军，清廷雇佣华尔的洋人军队，因为被雇佣的关系，这支军队从属于中国，只能驻扎在老城厢内。老城厢原来的一座城门显得十分不便，利用小刀会起义时法军炮轰城墙打开的缺口来增设新城门开始被提议，并在"咸丰十年，粤寇逼境，巡道吴煦于城上箭台拨

---

1. 熊月之主编，《上海通史·第5卷 晚清社会》，上海人民出版社，1999年，第69页。

兵置驳，并于振武台右辟小北门，以便西兵出入"[1]。是否设置障川门也经过激烈的争论，应宝时的《上海北城障川门记》中记载："顾议者不一，守经之士以为徇一时之急，于常制外增置一门，不可以示当时传后世。而审时度势者以为不然，当疆围孔棘之际，城之安危、兆民之存亡系焉，苟能利吾城与民，何待西人之请而始增此门乎！"[1]最终务实派取得胜利，利用郭郎中捐资的八千七百七十余两进行增设。

障川门是老城厢与法租界进行连接的最早尝试，它为华洋两界的连通提供可行的做法。对于上海县来说，租界地区此时已经变得友好，甚至中央政权对其态度也大为缓和。对于租界来说，县城内大量的人口是其最看重的资源，同华界建立相对紧密的联系正是最初选址于此的重要考虑因素。

刚开始进行城市建设的法租界也因为两次战乱意外地获得发展。小刀会起义之前，法租界还是一片令人乏味的沼泽，"江南教会的东、南、西三面是大片的荒地……，还有无数错综复杂、弯弯曲曲、污秽不堪、一年到头都是泥泞的小路"[2]，法租界申请地皮的人并不多。但是小刀会起义改变了这种情况，"双方交战的结果是法租界的一大片地区被夷为平地。叛乱者首先毁掉北门一带的全部房屋；后来清军又烧毁东门城关地区；辣厄尔上将派兵毁坏了一大片破房屋。土地本身也因为修筑围城工事而全部翻过了，因此，本来可能要花几年工夫的清理工作，在几个月就做好了"[3]。而障川门的设置也直接对法租界的路网产生影响，通过比较1858年与1877年的历史地图，可以看到障川门开设后，有条道路改变了方向，与其他明显成正交网格体系的道路有显著区别（图2-13）。从平行于黄浦江改为直接连接城门的斜线，这体现租界当局希望双方互通有无。

3. 宗教建筑的渗透

如果说修建障川门是华洋两界为应对共同的威胁而达成的共识，那么天主堂在老城厢重新设置则是租界以军事协助为条件，对地方官员进行要挟的结果。

1.《同治上海县志》，卷二《建置》，第2页。

2. [法]梅朋，傅立德著，《上海法租界史》，倪静兰译，上海译文出版社，1983年，第55页。

3. [法]梅朋，傅立德著，《上海法租界史》，倪静兰译，上海译文出版社，1983年，第139页。

上海在开埠之后容纳世界上各大宗教，如佛教、道教、天主教、基督教（新教）、伊斯兰教等[1]，即学者所称的"五教俱全"。自雍正年间取消所有天主教会之后，天主教在老城厢的重新兴起，是伴随着中西双方的实力颠倒发生的。鸦片战争后，根据中法《黄埔条约》，外国的传教士可以在中国的通商口岸建教堂、传教。道光二十六年（1846年），道光皇帝一道"上谕"，命令所有康熙年间各省建的天主堂，被没收和改作他用的，一律还给奉教之人。老城厢后来建设的天主堂主要有两座，一座是在最初谈判即收回教会土地的董家渡天主堂，另一座是以政治利益作为交换而重回原址的敬一堂（图2-14）。

1）董家渡天主堂

董家渡天主堂的地块其实在战争之前就已经交给了法租界。法领事与道台就曾经被没收的三块教会土地进行商议，经过几轮谈判后，上海道台同意另拨三块位于城外的土地作为补偿。赔偿

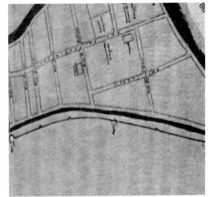

图2-13　法租界在新北门北侧城市道路变化图

说明：上图的底图为《1858前后的法租界》，法国驻上海领事馆资料，图片引自[法]梅朋、傅立德著，《上海法租界史》，倪静兰译，上海译文出版社，1983年，第137页。下图的底图为1877年的*Plan de la propriété foncière au 30 juin 1877*。

给天主教的三块土地中，第一块和第二块均在北城墙外，其中一块后来被建为圣若瑟天主堂；第三块在东城墙外，后来被建为圣沙勿略天主堂，即董家渡天主堂。[2] 董家渡天主堂是中国第一座巨大的天主堂，初期只有一公顷左右的面积，在1847年5月6日，董家渡的地块由宫慕久道台移交于罗伯济主教。几个月后，因

1. 伍江，《上海百年建筑史1840—1949》，同济大学出版社，2008年，第9页。

2. 薛理勇，《老上海城厢掌故》，上海书店出版社，2014年，第136页。

为两艘名叫"胜利号"和"荣耀号"的
法国兵船遭难，中法双方谈判的结果是
扩大董家渡的赔偿地盘，一直延伸到江
边的黄浦滩。临江的地块可以直通军
舰，便于许多天主教民来此托蔽于外人
势力之下做生意，罗伯济主教于是便选
定这个地点，来建设天主教的大堂。

上海市地方志办公室网站有记载，
教堂建筑由西班牙艺术家、耶稣会辅理
修士范廷佐设计，法国耶稣会传教士罗
礼思负责建造工程。大堂的外观是巴洛
克式，内仿欧洲耶稣会总会耶稣大堂式

图2-14　1894年宗教建筑分布图
来源：作者自绘。

样，在建筑艺术上有一定的特色。建筑室内外装饰上还采用具有中国民族风格的
楹联，体现了当时东西方文化在建筑上的交融。礼拜堂平面为长方形，砖木结构。
教堂原设计仿照的是罗马耶稣会大学圣依纳爵大教堂，原图外观雄伟、庄严、高
耸，但建造之时，江南发生灾害，建筑经费中被拿出部分用以赈济，因经费不足，工
程一度暂停。最后被迫放弃原设计，上层一排玻璃窗和中央的大圆顶被取消，在原
设计三分之二的高度上做了封顶（图2-15）。1853年教堂建设完成，在开幕典礼上，
法国兵船派遣两艘武装小艇，直驶到董家渡的江边防卫，因为此时天主堂的仪仗，
是一直排到黄浦滩上的（图2-16）。[1]

2）老天主堂

老天主堂的设置是中外第二次进行谈判的结果。此地块是潘国光在1640年购
得，后建设敬一堂。1730年清廷驱逐传教士，没收敬一堂改建成关帝庙，并将教
士住所改为申江书院，在此背景下，最初道台以敬一堂已经设置关帝庙与书院为
由，以另外的地块进行补偿。但是1861年，天主教西人以中法互订之追加条约为
根据，又索回已改为关帝庙及申江书院（其时已改名为敬业书院）的地块。起初

---

1. 上海通社，《上海研究资料》，中华书局发行所，民国二十五年五月发行，第 243 页。

图2-15 董家渡天主堂

来源：http://zeica.lofter.com/post/125653_183266a

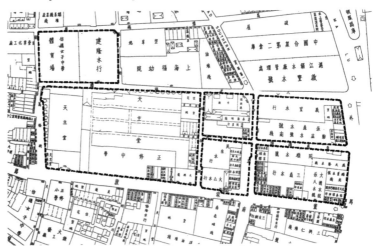

图2-16 1933年天主堂作为产权人的地块分布情况图

来源：作者自绘，底图为《1947年城厢百业图》，地籍线根据《上海市土地局沪
南区地籍图》与《上海市土地局沪南区地籍册》绘制。

说明：属于天主堂的地块在老城厢分布甚广，此图为董家渡教堂周边的地块情
况，可以看到属于天主堂的地块从教堂一直延伸至黄浦江。

清廷并不同意，但是战乱爆发，作为镇压太平天国动乱的条件，清廷答应法国领事无理的要求，返还原来充公的天主教教产。

1862年关帝庙与敬业书院被迫迁走，将原址让予天主堂。此曲折过程《同治上海县志》记载："潘恩宅在安仁里，广及里许，其中为四老堂，恩年八十，弟惠、忠、恕并七十余时建也，世春堂、慈保堂，子允端建，后归范氏，旋为徐光启修历之所，俾西人潘国光居之；国朝雍正八年改为武庙，西为敬业书院，今仍归西人。"[1] 历史地图的标注清楚地展现这场变化：在《嘉庆上海县志》的地图上，可以看到"武庙"和旁边"敬业书院"的字样，而《1884年上海县城厢租界全图》上，此处已经标明是"天主堂"（图2-17），老天主堂一直沿用中国传统建筑风格也是证明，仅有室内门上的彩色玻璃标记天主堂使用的痕迹（图2-18）。此事件强烈伤害了华人的自尊，一位法国人对此次搬迁有如下的记录："道台经过再三考虑，乃决定归还老天主堂教产。战神（关公）塑像决定被搬运到另外一座庙宇中。搬运前人们谨慎小心地把红纸条封住塑像的双眼，说是为了掩住他的眼泪。"[2]

董家渡天主堂与老天主堂所占据的位置都极具代表性：董家渡天主堂将占地一直扩张到黄浦江边，以此获得江面上西方军舰的庇护，在西方势力的保护伞下进行传教活动；老天主堂则扎根于城内的核心位置，西侧为城隍庙和豫园，南侧即为县衙，在老城厢人口最稠密的地方宣示着租界势力的强大。伴随着关帝庙与

图2-17　老天主堂位置在历史地图上的变迁图
说明：《嘉庆上海县志》附图(左)、《1884年上海县城厢租界全图》(右)。

图2-18　老天主堂
来源：作者自摄。

1.《同治上海县治》，卷二十八《名迹上·第宅园林》，第16页。
2. 薛理勇，《老上海城厢掌故》，上海书店出版社，2014年，第140页。

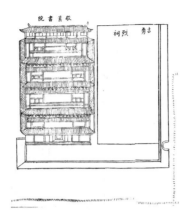
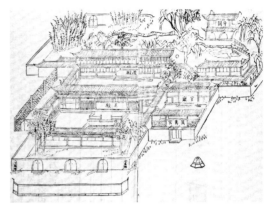

图2-19　敬业书院　　　　　　　　图2-20　关帝庙

说明：以上两图都根据《同治上海县志》卷首附图整理。

敬业书院的迁移，加之小刀会起义导致的学宫移建，城北核心区原有的重要建筑物分散至城内各处。敬业书院移到旧学宫的地址，因为书院面积要小得多，多余的土地便用来建设民宅（图2-19）。关帝庙移建到肇嘉浜北侧的原明朝海防署的旧址，用地面积要比敬一堂大许多，在新址上建设严整的建筑群，建筑整体为四进的院落，主要建筑物有正殿、后殿，东侧还附有万寿宫与宫厅，在东北角还建设了斗阁（图2-20）。

　　除了这两座主要的教堂，在大南门外，美国传教士在1860年设立规模较大的清心堂，原名为"上海长老会第一会堂"，后来在教堂内开设教会学校清心中学。《1884年上海县城厢租界全图》上标记了许多小型的耶稣会堂，规模很小，县志上并没有记录，但它们表明此时传教活动已经活跃开展。清真寺在老城厢的出现是伴随着东南区域难民潮而来，在1853年，太平军逼近南京城时，一部分信奉伊斯兰教的教徒携家属逃难到上海，并选择在草鞋湾一带定居，由于南京回教徒的聚集，这里的街道被人们称为"南京街"。上海最早的清真寺就是由这些伊斯兰教徒在此地区建起，初期教堂十分简陋，只是以毛竹搭建的三间简易房屋，后期转移到城内才建立较为正式的清真寺。

　　太平军东进导致华洋两方利益共同体的产生，直接促进老城厢与租界建筑的混杂。障川门首次在物理空间上连通两个区域，天主堂与耶稣堂在城内分散式的出现，使华人又能直接接触西方的教会文化。从1853年小刀会起义开始，长达十

图2-21　城北核心区重要建筑物的位置变化情况图

来源：作者自绘。

说明：重要建筑物是指的县署、学宫、城隍庙、关帝庙、敬业书院。底图分别为1852年
　　　《城市功能布局图》与1864年《城市功能布局图》。

年的动乱局势导致老城厢的城市空间发生显著的调整，尤其是延续几百年的城市中心区域，原本集聚的重要建筑物分散到城内各个地点（图2-21）。

四、商业团体的影响力加强

上海在开埠前的城市经济是"建立在将棉花作为经济作物进行种植的基础上，建立在输入大豆饼作为棉花地肥料的基础上，建立在棉织业品生产作为当地手工工业的基础上，并且建立在生产的开始输入棉田肥料，在生产的最后阶段输出棉产品的基础上"[1]。除了棉纺业形成的完整生产体系，其余的商品并没有在本地进行生产与消费。此时的上海具有典型的前近代社会的城市特征，商业的兴盛主要依靠优越的地理位置，大量的贸易往来仅仅将上海作为中转站。据1753年的统计，上海港进出的外国商船远不及其他三个关口[2]，所收的关税居于四大海关最末，上海也被称作"小苏州""小广州"，称呼反映出其不高的经济地位。

---

1. [美]林达·约翰逊主编，《帝国晚期的江南城市》，成一农译，上海人民出版社，2005年，第203页。

2. 其余三个为广州的粤海关、厦门的闽海关、宁波的浙海关。

1757年之后，西洋贸易逐渐在沿海港口开展，中西方商业规则的不同导致对外贸易中产生数次矛盾，并升级为政治事件，于是清廷下令只保留粤海关的海外贸易权，其他的关口均丧失与西方通商的机会，上海的港口贸易亦只能在国内航线开展，这极大限制了上海港口利于进行海外贸易的潜力[1]。开埠之后租界起到重要作用，致使上海经济迅速腾飞并成为国内极为重要的商业城市。

1. 同业会所的第二次高峰

虽然在开埠初期，西人的货轮直接对上海传统的贸易产生市场的挤压，但是随着租界经济的逐渐成熟，加之两次战乱带来的大量劳动力与既有财富的转移，租界带动整个上海成为繁华的商业城市，以一个安全的、富饶的、充满机会与希望的形象向全国展示。这自然也为老城厢带来攀升的吸引力，资本的嗅觉是敏锐的，它自然不会放过这样一座租界旁边且具备优良港口条件的五十多万人口的市场，同业公会的集中出现就是最直接的反映。

第一次同乡同业团体出现的高峰期在禁海令解除之后，此次是第二个高峰期。据《同治上海县志》的记载，同治年间有9家同业公所创立，而光绪元年至光绪二十年之间又新增12家（表2-4）。

从历史地图的对比可以看到同业团体在三十年内的密集出现。豫园西园依旧是同业公所最密集之处，但是在办公场地达到饱和之后，新增的同业团体呈现出四面扩散的趋势，尤其是城外的地区（图2-22、图2-23）。

首先是东门外的商业区，沿浦江的地区是传统的商业聚集之地，在老城厢极具特色的道路命名体系中，城内的道路大多以政府机构或大户人家来命名，例如县前街、旧校场街、东唐家衖等；而东门外的道路名称大多以行业命名，例如豆市街、染坊街、钩玉街、外咸瓜街等，都是以街巷上所聚集的商户类型来命名的。同业公所最初对于城内地址的选择，无疑是作为提升行业影响力的策略，并便于官商之间联系的建立；在用地场所扩展到城外时，商业密集的十六铺地区自然成为首选，在这里，同业公所直接面对所管理的商户，处理事务无疑更加便捷有效。

---

1. 张仲礼主编，《近代上海城市研究：1840—1949年》，上海人民出版社，2014年，第33页。

表2-4　同治元年—光绪二十年设立的同业同乡团体

名称	设立时间	具体内容
均德堂面业公所	同治元年	在薛衖底
义德堂面粉公所	同治初年	在吾园路
京江公所	同治八年	在方斜路
米业公所	同治九年	在宝带门内，万军台下小穹隆侧
德馨堂烟业公所	同治九年	旱烟业商会立。设财神街衖
纸业公所	同治十一年	在福佑路
广肇公所	同治十一年	在公共租界宁波路
靛业公所	同治十二年	在蔡阳街
珠宝业公所	同治十二年	未记载
鲜猪业敦仁公所	光绪初年	在孙家衖
湖南会馆	光绪十二年	斜桥南。三进十余间，后有丙舍，园林
书业公所	光绪十二年	在障川路
揭普丰会馆	光绪十二年	在盐码头里马路
水果公所	光绪十四年	在小东门内
裘业公所	光绪十四年	在曲尺湾
金银实业公所	光绪十八年	在薛衖底
常熟米业公所	光绪十八年	在洪升码头内新新街
漆业公所	光绪十九年	在火神庙东
参业公所	光绪十九年	前奉神农，后奉关帝
典业公所	光绪十九年	在侯家路西吴家衖
酱业公所	光绪二十年	在福佑路

资料来源：《同治上海县志》《上海县续志》。

　　另外一处城外聚集地出现在城外的西南区域，占用这里的主要是同乡会馆。1867年江南制造局建立，并修筑制造局路将它与县城联系起来，张仲礼认为它可以算作上海最早的一条现代道路。道路的建设与工业的设置刺激了整片区域的活

图2-22　1863年同乡同业会馆分布图　　图2-23　1894年同乡同业会馆分布图

力，加上远离县城的地价低廉，这里成为城外区域同乡会馆的首选。除了徽宁会馆在光绪十四年的扩建以外，湖南会馆也在光绪十二年设立。

2. 宅园产权向商人转移

1）私家园林逐渐萎缩

社会的剧烈变化往往会导致建筑功能的洗牌。在长期的社会变动中，老城厢中一些大面积的功能实际上已经难以为继，祖先依靠权势而获得的房产已经变为后人沉重的负担。在社会平稳的时候，大面积的园林建筑尚能勉力维持，一旦出现动乱造成破坏，巨额的修葺费用直接迫使主人变卖地产，日涉园与宜园的变迁较为典型。

日涉园位于城内东南区域，在县治东南梅家弄，最初是陈所蕴的别业：日涉园，所蕴别业，"与居第临街相对，中有竹素堂、友石轩、五老堂、啸台。后归陆明允，改门东向，在水仙宫后"[1]。陆明允的孙子秉笏添建传经书屋，秉笏的儿子陆锡熊以总纂《四库全书》得到皇帝的赏识，在重华宫侍宴联句，并且"蒙赐杨基《淞南小隐》图上有御题七言绝句一首"。因为这幅御赐的图，秉笏改传

---

1. 《同治上海县治》，卷二十八《名迹上·第宅园林》，第19页。

经书屋为"淞南小隐"，并敬奉奎文，以志恩遇，后来在好友的题词下改名为"书隐楼"。在《同治上海县志》中，首次出现素竹堂街，在书隐楼的西侧，书中并未记载此路建成时间，但是说明在同治时期撰写县志之前，日涉园已被素竹堂街分为两个部分。而光绪七年（1881年）沙船业主郭绅又从陆家购得书隐楼与部分园林，原来的宅院又被切分成更小部分（图2-24）。

"宜园在化龙桥东，本周金然别墅，后归于乔，有乐山堂……，曾孙重禧居之；今归郁氏，更名借园。"[1]郁家是沪上有名的沙船富商。胡道静先生曾撰写过一篇《上海清代藏书家》的文章，其中便提到郁松年与他的"宜稼堂"。《同治上海县志》卷二十一载郁松年其人，"多才干，有知人称。松年好读书，购藏数十万卷，手自校雠，以元明旧本世不多见，刊《宜稼堂丛书》"[2]。后来郁家后代又将一部分土地变售，范围进一步缩小（图2-25）。

两所园林具有相似的变迁过程，它们最初的主人是地方官员，家产在传承到

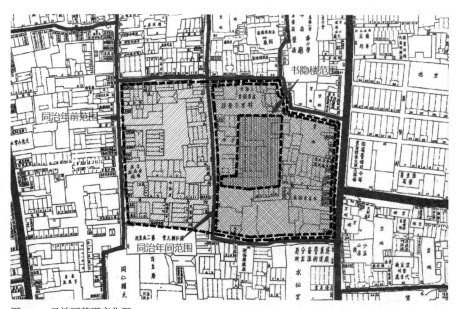

图2-24　日涉园范围变化图

说明：图中地块范围线依据《同治上海县志》《上海县续志》《上海市土地局沪南区地籍图》绘制。

---

1. 《同治上海县志》，卷二十八《名迹上》，第 22 页。

2. 《同治上海县志》，卷二十一《人物四》，第 43 页。

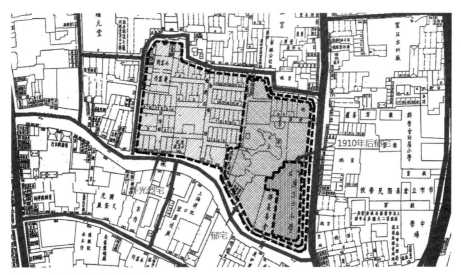

图2-25　乔光烈宅范围变化图
说明: 图中地块范围线依据《同治上海县志》《上海县续志》《上海市土地局沪南区地籍图》绘制。

后代时，由于家族势力已经大幅减弱，要维持盛景需要庞大的财力支持，本来就已经虚弱不堪的大家族在小刀会起义中又遭劫难，勉力维持的游乐之所被损毁，他们无法去支付庞大的修葺费用，只能将家族由政治势力而得来的财富转手。园林在出售时一般都分成几个地块售卖，一来需要留一小部分供自己生活所用，二来也避免因为过大的面积所要求的过高总价导致无法寻到买家。十年的动乱造成园林大宅的瓦解，曾经以政治地位获取的大宅，被切分成小块转售为商业精英的私产。

　　有趣的是，这两处私家园林都被当时的沙船业富商购买，说明在开埠的前期，沙船业的贸易能够积累到大量财富，用商业上得来的滚滚财富，接手原来由政治资产转化成的宅邸园林。同一时期，还有一处宅邸由富裕的沙船业主建设，那就是位于花衣街108—120号的沈氏住宅。沈氏沙船主在1860年购地建造，并开设同康钱庄。宅院坐西朝东，砖墙立柱，平面为三合院型走马楼，前后三进，占地面积1611平方米，另有花园1307平方米。这是在开埠之后建设的较大宅院，体现沙船主当时雄厚的财力。

2）豫园产权的分解

豫园由于地处北城，靠近租界，又被各个行业会馆租为办公之用，由于缺乏中国官府的保护，两次兵乱都遭到劫难。战争结束后，破损的园林建筑由所驻的会馆拨款修缮，而西侧的景观部分在产权上并不属于任何一方，"三个和尚缺水喝"，没有会馆对此进行维护。为了防止豫园景观的进一步凋零，由官府出面斡旋，促使所有在其中设置同业公所的机构将其地基买下。

豫园萃秀堂内原藏有同治七年（1868年）的《上海县为城隍庙庙园基地归各业公所各自承粮告示碑》，碑文上记载："缘庙园公产向来列入官字图捐纳粮赋，现办清漕，业等理应各归各业，分户承粮。请饬亭者画匠，各照公所地址查丈，分立户名。于同治七年起，各自承粮等情，当饬亭者，按址查丈，即据该业等邀集各业，按址丈明，共计二十一行业。丈见基地三十六亩八分九厘二毫，与田单额数相符。"碑文同时记载了各行业公所占据的建筑名称与面积，按照其上的记载整理表格见表2-5。

表2-5　豫园各行业公所明细

行业	建筑	面积（亩）	行业	建筑	面积（亩）
饼豆业	萃秀堂	10.753	鞋业	凝晖阁	0.548
青蓝布业	湖心亭	1.07	旧花业	清芬堂	1.879
布业	得月楼	1.568	酒馆业	映水楼	0.85
京货帽业	飞丹阁	0.78	羊肉业	游廊	0.15
肉庄业	香雪堂	1.594	铜锡器业	游廊	0.133
花糖洋货业	点春堂	2.891	银楼业	游廊	0.114
红班	董事厅	0.975	乡柴业	挹爽楼	0.415
丐业	花神楼	0.336	铁钻业	世春堂	0.574
钱业	钱粮厅	8.82	沙柴业	可乐轩	3.44
羽士	怀回楼西房	0.393	船厂	船舫厅	0.583
			行口	龙船厅	0.43

资料来源：《上海县为城隍庙庙园基地归各业公所各自承粮告示碑》。

从面积上看，早期就在豫园创办的会所规模较大。如占据萃秀堂的油豆饼业会所，创建于道光年间，面积为10.753亩；在乾隆年间就在东园创设的钱业公所，在南北市分别开设钱业会馆后，在豫园内的机构就成为钱业总公所，占地8.82亩。在同治七年才承粮创办的会所就没有这么大的面积可供使用了，花业会所在同治七年承粮清芬堂，面积为1.879亩；沙柴业会所在同治七年购买了可乐轩，面积为3.44亩。有意思的是，在同治九年，酒业会所又从可乐轩中划出1.5亩购置。（引自《上海县续志》）

所有会所的面积总计"三十六亩八分九厘二毫"，这与乾隆二十五年众会所扩建豫园之前的面积相仿，经过百年的风云变幻后又复归原来规模。原来的清幽之景逐渐消失，各公所因为享有造物出租权而修筑各自的围墙，豫园从一处私园变为公共的议事场所，又因为战乱重新回到封闭的状态。当年西侧的野地由于靠近租界而人流如织，加之南邻城隍庙，这里逐渐被小商贩占据，变为熙熙攘攘的市井之所。

3.官府机构布局针对商业的转变

平衡官商势力是清廷一直严格执行的治理手段，但是太平军平复之后，老城厢的商业在租界地区的带动下获得飞速的提升，原来的做法失灵了，设置苏松太兵备道时的"弹压通商口岸"的威慑力已经无法再维持下去，面对日益繁荣的商业经济，官府机构开始做出调整，不再以无效的威慑作为主要手段，而是积极地对老城厢的商业做出有效的管控。

首先是设置机构的种类。新开设的政府机构，主要集中在管理收捐与海运两个范畴。关于开设的各局，在修《同治上海县志》时并没有记载，而是在《上海县续志》中补录的，"各局前志仅载制造局，今推前志意，凡为官厅委设之局，均行采列次"[1]，信息的增补反映出政府对这些机构的重视。这段时间设置的官府附属机构，基本上全部与贸易相关。一类为管理航海事务，例如江苏海运局与浙江海运局；另一类为行业的税收机构，这些机构最后都以"捐局"为名，清楚地表明其功能与税收的联系（表2-6）。

---

1. 吴馨等修，姚文枬等纂，《上海县续志》，1918年刊本，卷二《建置》，第22页。

表2-6　咸丰十年—同治十二年创设的官府建筑明细

名称	开设时间	开设内容
树木捐局	咸丰十年	捐款以建木为大宗，捐数以船之大小为差
上海筹饷货捐局	咸丰十一年	在油车街，初名烟酒捐局
糖捐局	咸丰十一年	设十六铺桥南
淞沪捐厘总局	同治元年	设俞家衖，初名江南捐厘局；同治二年，迁县东
火药局	同治年间	始改建于九亩地青莲庵，左为提右营存储火药之所
浙江海运局	同治年间	在王家嘴角西
布捐局	同治三年	设租界
出口局	同治三年	设外郎家桥，后迁施家衖。征沙卫各船报常关出口所装各货
江苏海运局	同治七年	在庙旁沿河筑驳，建舍三间
江海常关	同治十年	本设于老白渡同仁辅元堂之救生局，巡道改建关屋
海运局宿舍	同治十二年	海防同知购浜南基地建屋三进为委员会住宿

资料来源：《同治上海县志》《上海县续志》《民国上海县志》。

其次是新机构的地理位置。它们大部分遍布在东门外十六铺地区，成散点分布（图2-26、图2-27）。各局的设置是在原有政治体系之外附设的机构，晚清上海华界的专制主义中央集权的官僚统治体系为"知县—道台—督抚—中央"，使用吏、幕、仆、役来处理日常的事务[1]，租界的设立对地方政府带来诸多令人头疼的问题，他们本来就疲于应对移民潮衍生出的社会问题，现在还要处理华洋杂居导致的外交问题。要维持政府的正常运转需要大量的资金，而持续十年的动乱使得财政捉襟见肘。地方政府一方面积极与当地士绅富商频繁接触，另一方面采取就地征取的各种手段，从迅速繁荣的市场中攫取财政来源。行政统治对资金的急迫需求无法寄希望于效率低下的晚清上海官场，为应付日益繁剧的政务，上海道台在原有官制以外先后设立各种以局命名的临时办事机构。正如表中所示，这些办事机构以分类的征税为主要目的，并没有很高的行政地位，但是需要与征税

---

1. 熊月之主编，《上海通史·第3卷 晚清政治》，上海人民出版社，1999年，第398页。

图2-26 1843年官府兵防建筑分布图　　　　图2-27 1894年官府兵防建筑分布图

的对象尽量短距离接触，因此这些机构大多分布在城外的十六铺地区，深入所要进行征收与管理的商业机构的内部。

五、新型城市管理者的诞生

19世纪下半叶在上海出现一批具有丰富城市管理经验的社会精英，他们少数来自官宦阶层，大部分都是在社会团体中相当活跃的商绅，他们的管理经验都是从一系列社会剧变中锻炼出来的。从同治四年（1865年）开始的长期稳定中，城市管理者所面临的最大挑战来自迅速膨胀的人口。

1. 东南难民潮

近代上海是中国战乱时期的难民储蓄池，1883—1885年中法战争，1900年义和团运动，1911年辛亥革命，1914—1918年第一次世界大战和日本干涉山东事务，1926—1927年北伐战争，人口在短期内剧增的历史剧不断重复上演。墨菲从租界的角度生动地描述这种周期性的情况："另一个使外侨们在上海生活觉得惊心动魄、不守法纪、牟取暴利的因素，便是由于中国国内骚动而发生周期性的难民涌进上海城市的现象。在这些骚乱时期，上海是一个小小的相对安全的孤岛，在那里外国领事和军队的存在和外国租界的半独立状态，吸引大量华人停留界内"[1]。

小刀会起义时北门外具有军事保护的租界地区是逃难的首选，梅朋与傅立德描绘了难民从县城向租界逃难的状况，"冲突一开始，就有大批难民离开刘、陈匪帮占领的县城，不断地像潮水般地逃到两个租界上来"[2]。这造成租界内难民数量暴涨，"洋泾浜北边的中国居民，在县城被占领前，只有五百人左右，而这时，据第一届董事会的道路委员会提出的正式报告，已经剧增到两万人以上"[2]。据邹依仁的统计，咸丰四年（1854年）小刀会快结束的时候公共租界的人口达到20 243人。这段时间公共租界所增加的人数，只有难民这一条途径，因此这增加的19 743人很有可能大部分是从老城厢逃难而来的人口。虽然在起义结束后有相当一部分人口回流，但是当时租界已经获得初步发展，"华洋杂居"也得到领事方面的默许，势必会有许多华人留下来生活。虽然英国在对待小刀会与清政府的立场上举棋不定[3]，但租界地区一直充当难民保护者的角色，并最终与清军联手平复叛军，这是租界作为战乱流民的性命与财产保护地的肇始。

九年之后，安全岛的标签为上海吸引来大规模的东南难民潮。邹依仁对旧上海的人口变化做出详尽的统计（表2-7），显示公共租界在同治四年（1865年）驻军撤退的时候，人数达到92 884人，较小刀会起义时的20 243人翻了两番。法租界在1865年也达到惊人的55 925人，而法租界在1848年还是"荒无人烟的"。此段时间华界的人口统计数据还是缺失，但是此时的上海已经在华洋联合的政治局势下形成利益共同体，最终太平军也遭受阻击而没有攻到城墙。虽然局势异常紧张，但老城厢始终是安全的，再加上共同的文化背景与多样的就业环境，势必有大量的东南难民留下来谋生。位于侯家浜的珠玉业就是其中一员，大批的苏帮珠宝业商人因为太平军攻陷大量江南城市而逃难到上海，在侯

---

1. [美]罗兹·墨菲，《上海——现代中国的钥匙》，上海社会科学院历史研究所编译，上海人民出版社，1986年，第3页。

2. [法]梅朋，傅立德著，《上海法租界史》，倪静兰译，上海译文出版社，1983年，第134页。

3. 英国人在起义初期一直没有就支持哪一方进行表态，天平天国运动与基督教千丝万缕的联系是重要的迷惑因素。

家浜一带设摊做生意，之后为了规范同业的经营设立珠宝业公所，并形成有名的交易珠宝的区域。

表2-7　上海人口统计表

年份	"华界"人数	公共租界人数	法租界人数
1852（咸丰二年）	544 513	—	—
1853（咸丰三年）	—	500	—
1854（咸丰四年）	—	20 243	—
1865（同治四年）	543 110	92 884	55 925
1870（同治九年）	—	76 713	—
1876（光绪二年）	—	97 335	—

资料来源：邹依仁，《旧上海人口变迁的研究》，上海人民出版社，1980年，第90页。

　　墨菲认为大量的人口是上海获得成功的原因："也许上海最值得注意的方面，不过是它的人口众多罢了。……东南亚的每一个大三角洲，都为各自的政治单位内首屈一指或仅次于首位的最大城市提供粮食和资源，但是其中没有一个城市在人口数字上接近上海。……尽管所有这些城市具有与之相类似的三角洲农村地理背景，上海是其中任何一个城市的幅员的将近两倍，因为这个世界上人口最众多的国家的土地的一半（而且是较富裕的一半）的贸易，经由内陆水道和海上航线在这个城市汇集"[1]。在战争刚刚落下帷幕时，这种人口红利并不会立即有所体现，但带来的社会问题却是实实在在的，难民大多是贫困的，远离家乡、颠沛流离的生活带来严重的生存问题，在中国传统城市并无社会保障体系的情况下，善堂作为具备社会道德情怀与部分官方背景的机构，在城市中大量涌现。开埠之后的善堂绝大部分是在小刀会起义与太平军战乱时期建立的，都是为平复战争带来的巨大社会创伤，例如设立在"陈公祠"旁的普育

---

1. [美] 罗兹·墨菲著.《上海——现代中国的钥匙》，上海社会科学院历史研究所编译，上海人民出版社出版，1986年，第3页。

堂，是上海道台应宝时创建的善堂，设立缘由是为了庇护大量江浙一带因太平天国运动逃难到上海的难民。

2. 官府在城市管理上的无力

对于地方政府来说，他们的关键职责在于征税与维持稳定，公开的庭审形成的威慑与一定规模的军队武装足以胜任，与同乡团体领导人达成的某种平衡协议保证小刀会起义这样的极端事件很难再发生。而面对短期剧增的人口所带来的社会问题，他们却显得无从下手，这主要与长久以来中国官员的职责有关。

1）县治统治者的管理职责

自元代设县以来，上海一直处于知县的治理下，虽然雍正八年分巡苏松太兵备道署移设到上海，但道台作为州府之上的高级别官员是回应海禁放开而设，主要处理较高级别的行政与外交事件，道台只有在发生难解纠纷时受邀解决。因此对于城市管理者在官府层面的分析，主要讨论县衙的管理职责。

首先看一下公共租界的城市管理机构。第一次《土地章程》认可由商人自己推举代表决定工程的相关事宜，第二次《土地章程》规定由纳税人大会选派三名或多名经收地税的人员成立工部局（Shanghai Municipal Council），前身是由三名公推商人组成"道路码头委员会"，是租界管理的行政执行机关。"工部局"的直译是市政委员会[1]，中文名称的来源表面上是解释英人机构的事务范围——主管工程、水利、交通等，实际上却是国人遮羞所用。并由第三次《土地章程》增加征收捐税的权力，还加强包括征地权、建筑审批权等公共空间执行计划和管理的权力。纳税人大会监督工部局的行政工作，包括预算的批准和决算的核准、特别支出的批准、工部局董事的选举、章程制定、公用土地的处置等。特别支出项目包括每年道路计划须新增土地的购地费以及道路工程费[2]。

与西方市政府负责市政管理机构不同，中国知县的主要行政公务是：掌管县衙、调节赋税和徭役、审理司法诉讼、促进教育事业、提高文化水平和控制民间

---

1. 这个名称肯定是上海地方政府不愿意看到的，因此在翻译时根据其负责市政工程，有少许类同清廷掌管工程的工部局，由此而沿用。
2. 孙倩，《上海近代城市建设管理制度及其对公共空间的影响》，博士论文，2006年，第16页。

风俗[1]。这些公务对应的三个机构就是县衙、县学和城隍，公务的内容里面并没有市政的内容。知县进行民众的教化主要依靠公堂审判，有些类似于现代西方的公开法庭，以具体案例的判决过程来向民众传达合规的行为准则，这对于文盲率极高的古代社会是最有效的教育方式。而知县也几乎不需要离开衙门，因为在公堂审判时，随时都有一大群来自各处的人听审。

　　2）官员管理能力的薄弱

　　中国的行政管理体系中，由政府任命的官员并不会到达"乡"一层，这削弱了对县官管理能力的要求。中国的政权建构是以"家"的理念为基础的，宗族对于乡村是一个十分重要的概念，在乡村一般都是实行宗族内部的自治式管理，严格遵守按照辈分与年龄的地位排序原则。从全国范围看，利用家族制度实施地方统治是一种普遍现象，供奉祖先的家祠是宗族的精神中心，牵扯整个宗族利益的重大事件通常会在家祠内部进行讨论，并祈求祖先的保佑。在乡村实行的自治式管理，并不接受由中央吏部指派的官员介入，中央政府所指派的官员最低只到县一级。县官是乡民与文人统治系统之间的连接点[2]，在社会相对稳定，并且税收能够按规定征集完成的情况下，他就没有理由干预地方社区的管理。知县只需要与乡村的宗族首领接触，就可将帝国的指示在乡村施行，他们已经习惯于治安与征税的职责，对于职责以外发生的新问题，往往会自动将其转移到民间团体身上。

　　知县被任命与调动的行政程序也对其职责有较大约束。对于重要县级政府，都是朝廷交于巡抚或总督来进行任命，他们会从之前的部下中进行挑选，条件是具备3年至5年的实际行政管理经验。被挑选出来的官员由中央吏部进行再次批准，方可上任。其余县衙的县官，都是由中央直接指派官员。县衙的知县并不会在同一个地区的职位上执政太久，在经过吏部例行的考核后便有机会进行升迁或平职调动。根据《同治上海县志》里面的历任知县名单，道光元年至道光八年的知县的任期都在1年至2年，没有任期超过3年的（表2-8），可见上海知县的任期之短。这种做法有助于具备优秀管理经验的官员在更高的职位上发挥才能，也解

1. [美] 施坚雅，《中华帝国晚期的城市》，叶光庭等译，中华书局，2000 年，第 426 页。
2. 周松青，《上海地方自治研究 1905—1927》，上海社会科学院出版社，2005 年，第 9 页。

表2-8　道光元年—道光八年历任知县名单及任期时长

任职时间	知县	任期时长（年）
道光元年	许乃来	1
道光二年	武念祖	2
道光四年	吴廷扬	1
道光五年	许乃大	2
道光七年	李廷锡	1
道光八年	王文炳	1

资料来源：《同治上海县志》，卷十三《职官表下》。

除了中央政府对官员在地方政府根基太深而失去控制的担忧。考核内容依赖中央政府建立的一套详细的处分条例，每年一次的检查称为"考成"，由京畿和省级官员执行，主要审查的内容是知县完成征税和逮捕盗贼的情况。通过考核结果来制定奖惩结果与官职升降。面对较短的任期与几乎要处理一切事务的职责，知县不得不将关注点放在应对中央吏部的考核上，按照天庭委派的任务来执行上方的旨意，这些事务足够花费知县所有的精力。

并且中央政府并不发放足够生活的俸禄，知县的收入很大程度上需要自己去经营。行政机关的职责几乎全部集中在知县一个人的身上，辅助知县工作的下属官吏权力很小，只是担任具体公务。要保证中央政府的指令能够有效地执行，知县必须作为一个组织者建立起紧密配合的团体，这一团体的所有生活费用都从知县本身就不足的俸禄里面扣除。短期任职并且俸禄有限的官吏，他们的目标是要在维持社会稳定中将税收按照税率（很多时候都会增加苛捐杂税）收上来，并不会去考虑振兴市面以提高收税的基数。这种管理思路与模式，只能承受一个相对稳定且较小的社会，当社会结构发生剧变时，管理的薄弱性就暴露出来。

周松青认为这源于国家体系的不完善，"一个地方官兼管日常政务、社会治安以及收捐税，这种现象越到官僚机构的下层越为明显。官僚体制分化不明显束缚了它的职能，同时使官员管理地方的能力受到很大的限制"[1]。官吏的人数同

---

1. 周松青，《上海地方自治研究1905—1927》，上海社会科学院出版社，2005年，第7页。

样是一个重要的原因，对于清政府来说，这是一个经济平衡问题，官吏数量并不与统治区域的大小成比例变化。因为统治区域的增加不仅涉及衙门的增加，也涉及管理人员的增加，由于官府办事流程的繁琐，官吏数量的不理性增长会导致办事流程过于冗长而陷入瘫痪，也会使协调和控制的任务量超出一个农业政府的承受能力。另外，中国古代社会对于官吏的开销非常大，官僚人数的增加会导致征税总额的增加，进而致使税率被提高至超出法律的限度，高税率不仅会降低农民的生活水平，也会使地方精英和商人的收入大减，针对高收入群体的任何不利因素都会导致严重的后果，引发的问题不是任何政府所能控制的，甚至会威胁到皇帝的统治，这在历朝历代的政治运动中屡见不鲜。

由于这些原因，县治的数量并没有随人口的扩张成比例增加，地方行政机构的过度增加使官僚和人口控制的问题不可承受。要用较少的政府机构来统治不断增加的人口，只有通过两个途径：①在地区层次上加强管理以维护统治的能力；②缩减管理职责，保证负责范围内的管理得以顺利进行。

而道台的工作同样难做，因为既没有国家政策可以遵循，又没有工作的制度基础，也没有来自省政府的有力指导。所以，这些道台的个人眼光、态度以及自我利益就是促成这个条约口岸中外交往的重要推动因素。这些道台作出的许多决定不会即刻在中央政府或省政府那里产生问题，但是在长时间里，上层官员这种玩忽职守的态度和允许地方官员与外国外交官达成重要协定的放任做法，会给省乃至国家带来危害。例如，宫慕久试图阻止外国人与中国居民混合居住，麟桂准许法国人在中国设立他们的第一个租界，这些都成为其他口岸官员和外国领事紧随其后予以效仿的先例。另一个例子是外国海关税务司制度，这一制度是从上海道台吴健彰与外国领事之间的一个协定开始，扩大至其他条约口岸，最终成为一个具有中央系统的全国网络[1]。

因此，要维持处于晚期的一个帝国，只能依靠在区域系统中大量地减少基本的管理功能并降低管理效率[2]，上海地方政府面对的复杂性，也促使官方做出某些补救措施。

---

1. 梁元生著，《上海道台研究：转变中之联系人物1843—1890》，陈同译，上海古籍出版社，2004年，第41页。
2. [美]施坚雅，《中华帝国晚期的城市》，叶光庭等译，中华书局，2000年，第22页。

3）对统治所作的补充

首先是增强上海道台的管理能力，在城市空间上的表现是加建道署。开埠之后的道台身负三个主要职责：①监督地方行政，②维持地方治安，③兼理海关[1]。十年内两次严重的动乱，动乱结束后急剧膨胀的人口，还有租界在外交与商业上施加的压力，这些接二连三的事件必定影响地方政府对自己维持稳定局面的信心，因此向外界施展清廷统治的正统与威严就显得尤为重要。道署自太平军被镇压后，其用地一直在扩张："同治三年、光绪十三年，先后购署西民地，扩充关科房。巡道龚照瑗题冰境同清额，光绪二十年，巡道黄祖络复购西首民舍，直达道前街，添建办公室及上房并修葺"絜园[2]。经过三次对道署西侧民地的购买，在1894年达到最终的规模。在道署的门前还有两盏高高悬挂的路灯，在没有电力的时代这种极其醒目的标志强化了道署的威仪，旁边的"天灯弄"即由此得名。县署也在光绪三年"重建三堂及幕僚，增建监狱围墙与戒石坊"[2]。

其次是加强军事力量。按照传统，巡抚不掌握军队，但是在省府或大城市中，为了保卫当地衙门的安全以及维护地方秩序，巡抚也可以掌握一定的武装力量。随着上海的开放和涉外事务的日益繁重，两次战乱让地方政府再也不能轻视地方武装的配置，于是江苏巡抚批准，1880年设立由上海道台直接管辖的军事武装——"抚标沪军营"[3]，又称"亲兵营"。设管带一名，帮带一名，前后左右哨官各一名，总共约两百人，总部设在沪南已废弃的立雪庵原址，在城内和浦东设立分营。《1884年上海县城厢租界全图》上标出三处亲兵营：第一处在西门外的城墙边，一边借用护城河作为防御，另三边有水道，位于后来的黄家阙路上；第二处在大南门外，后来沪杭铁路的上海南火车站的东侧，兵营整体呈一个梯形，在四周有一圈防御水系；第三处在城外西南侧，兵营右侧标有"前驻淮军"，应该是李鸿章坐镇上海[4]，指挥军队平复太平军时期所驻守的位置。军营用地的周围挖掘沟壕，引入原有河道的水流形成防御性水道。军产的特殊地位导致其用地边界的长期延续，在穿越城市空间演变的过程中留下清晰的痕迹（图2-28、图2-29）。

1. 熊月之主编，《上海通史·第3卷 晚清政治》，上海人民出版社，1999年，第391页。

2. 吴馨等修、姚文枏等纂，《上海县续志》，1918年刊本，卷二《建置》，第3页。

3. 薛理勇，《老上海城厢掌故》，上海书店出版社，2014年，第94页。

4. 咸丰十年，李鸿章到沪在建汀会馆设行辕，主持的战事都取得胜利，认为此地为祥地。苏升捐款修葺。

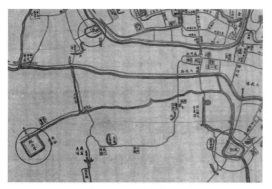

图2-28　1884年亲兵营位置图
说明：底图截取自《1884年上海县城厢租界全图》。

图2-29　1940年道路形状图
说明：底图截取自《1940年日军测绘地图》，可以看到路网具有明显的原亲兵营周围水道的形态。

这两项措施都是在统治力量的硬件上增强配置，对于真正决定城市治理问题的软实力上毫无改进，官府依旧是原来的统治模式与手段，雪上加霜的是，租界还不断地向老城厢的管理者施加压力。

4）租界施加的压力

由于租界与华界极近的地理位置，发生在县城的任何风吹草动都能引起租界领事敏锐的反应，像小刀会起义这样大规模的骚乱，他们不会轻易放过这个绝好的机会。

租界当局已经觊觎江海关的关税权许久，这源于英人不曾预料到的贸易形势。英人发动鸦片战争是为了打开对华贸易的大门，但是开港后的前期，曾一度迅速增长的对华输出的英国产品不久之后就开始减少乃至停滞。占英国对华输出50%~80%的棉织品，在1844年曾达157万英镑，但在五年后的1849年却减少至100万英镑，再过五年后的1854年则急剧减少至64万英镑。米契尔曾经就此原因进行推断：第一，小农业和家庭手工业相结合的中国经济结构；中国劳动力的产出是惊人的，虽然使用的是"原始纺织机和粗劣的附件"，但极其大量的劳动力与不停顿的劳动生产出令英国人诧异的产品。中国的农民是"园艺家"的同时又是"制造家"，他们自梳、自纺、自织，居然能够战胜蒸汽动力。《南京条约》签订后的二三年里，中国向伦敦出口的丝，竟然是用曼彻斯特生产的"上等棉布"

捆包的[1]。第二，当时英国一方面还没有确立接近新的市场的手段，同清朝统治阶级之间也存在很大的隔阂，另一方面，也还没有具备像后来租界里那样的保证贸易的政治权利。第三，随着鸦片贸易导致的银两外流削弱了中国的购买力[1]。

在这种局面下，1853年的小刀会起义马上将机会送到他们面前。在小刀会占领上海县城的两天后，英国领事阿利国与美国副领事金能亨公布关于出入船舶结关手续的《临时规则》，之后又声明"眼下上海地方政府已被推翻，海关行政亦陷于停顿，外国租界内的财产安全问题也令人担忧"。然后在起义的动乱时期，外国的商船已经开始不纳关税。虽然吴健彰马上重返道台职位，但是英法领事馆已经对其重新征收关税的要求视而不见，直到清政府同意在海关内设置关税司，聘用外国人作为行政管理人员。1854年6月29日，吴健彰同英国、美国、法国等国领事之间签订了中国海关"聘用"外国人的协定。其中税务司的职责：管理一切海关行政事务。税务司在海关内设办公处所，可以随意调阅中国海关的册籍和案卷进行核对。还有，海关监督所签发的单据或其他任何文件，如无税务司的副署和签章，则不发生效力。一切外国船舶的出入港口，无论任何场合均须得到外国领事的核准[2]。

外国势力通过税务司控制海关，可以从财政方面向清政府施加压力。上海是当时的贸易中心，可征得巨额的关税。税务司通过有效地执行条约，保障关税收入的正直态度，巧妙地博得为平复叛乱而急缺军费的清朝政府的欢心。但是这削弱了地方政府的征税权，导致地方政府失去能够发挥行政技巧的一项收入，并且租界手握海关而要挟清廷的意图，全部通过对上海地方政府的施压表现了出来。

租界对关税明抢豪夺，对老城厢通过经济规律与商业法则产生影响，表现为租界对老城厢原有城乡关系的破坏。与许多开埠城市不同，上海人骨子里的包容性促成对租界的迅速接纳。在租界设立后，上海从未与租界地区发生过大规模的冲突，使租界借机扩张和获得赔偿的冲突事件都发生在郊外，并且规模较小，

1.《米契尔报告》，1852年，第243-251页。

2.［日］金城正笃，《一八五四年上海建立的税务司——南京条约以后的中英贸易和建立税务司的意义》，载《上海公共租界史稿》，上海人民出版社，1980年，第591页。

例如青浦事件[1]。此时的租界和老城厢，城墙内外一边是商业日渐繁华的新兴世界，充满财富与商机；一边是古老的城池，市面仍然热闹，但与租界相比开始显得陈旧与落寞。二者格外靠近的距离，为劳动力与财富的转移提供便利的条件，只需跃出城门，跨过城壕上的桥梁，便可以抵达一个充满机会与财富的新世界。租界的繁荣发展与近在咫尺的距离开始对老城厢产生虹吸效应，更高的劳动回报与更多的商业机会促使华人劳动力逐渐转移到租界，从而影响原有的社会运转。日本人峰源藏在清末时期来上海游览，详细记录了当时上海县城的情况，他对城市的环境卫生颇有微词："上海县城内除官署、庙堂之外，都是店肆街坊。城内街道极为狭隘，阔只六尺左右，因而行人往来非常混杂拥挤。垃圾粪土堆满道路，泥尘埋足，臭气刺鼻，污秽非言可宣。"对于如此糟糕的市容他表示十分诧异，并为此责问当地人，回答是："以前并非如此，自从英国人到来后，商市兴盛，街路却变得肮脏。说是因为本地人忙于眼前生计，多被雇为按日论薪的缫丝短工，没有闲暇去关心农作，倘像从前那样来把垃圾运往农田去当肥料，街路自然不会这样不雅观"[2]。表2-9显示峰源藏所听到的缫丝业的情况，上海从开埠时的零出口，在5年内居然占据全国生丝出口量的90%以上，对劳动力必然有大量的需求，由此造成上海县城周围乡村的劳动力没有时间去耕种土地，都去受雇为按日论薪的缫丝短工。

表2-9　1843—1849年上海、广州生丝出口量及其在全国所占比重　　　　　单位：包

年份	上海	广州	全国总计	上海所占比重（%）
1843	—	1787	1787	0
1844	—	2604	2604	0
1845	6433	6787	13 220	48.7
1846	15 192	3554	18 746	81.0
1847	21 176	1200	22 376	94.6
1849	15 237	1061	16 298	93.5

资料来源：马士著，《中华帝国对外关系史》第1卷，张汇文、马伯煌等译，第413页。

---

1. 1848年3月，上海伦敦会3名传教士违反华洋之间的协议，擅自活动到江苏青浦县散发福音书，并在当日无法赶回租界，正巧遇到万余名滞留此处的船上水手，船民围观洋人时双方发生冲突，传教士挥手杖打伤船员，导致群众持篙问罪，之后青浦县令将传教士护送回沪，上海道台答应传教士麦都思捉拿肇事者。但是英国认为最终处罚结果较轻，通过抗付关税，封锁漕船，调遣军舰去南京向两江总督要挟等方法，迫使地方官被革职查办，相关船员受刑，并赔偿传教士银钱300两。

2. [日] 峰源藏，《清国上海见闻录》，选自《上海公共租界史稿》，上海人民出版社，1980年，第621页。

城乡关系遭到破坏导致乡村与老城厢之间的互哺关系被扰乱，乡村对城市的净化作用中断，而城市本身又因为官府管理在市政方面的缺位，放大了后果，使得本来就薄弱的市政管理显得越发狼狈，北侧不远处就是作为城市管理典范的租界地区，这直接促使官府开始考虑老城厢城市管理的问题，并且默认这项繁琐棘手、不属于他们职责内的事情由民间团体组织来承办，接过这项任务的是同乡团体与善堂组织。

3. 民间团体接管市政

从老城厢的角度来看，1843年到1895年之间，迎来两次移民潮，第一次是刚开埠时成千上万的广东商人、工人和冒险者北上寻找因对外贸易带来的机会。太平军导致的东南难民潮是第二次高峰，外来移民的社会阶层与人员素质出现变化，进入一个江浙精英移民的流入期，它为上海带来的不全是人口的压力，也带来一批颇有政治威望与组织管理能力的商绅人士。清廷中央权力逐渐式微，愈发无法控制远在千里之外的上海县城的局势发展，地方士绅在领导同乡会时习得的管理与外交技巧，对于维持上海的稳定是必不可少的，在如此的供求关系下，士绅以民间团体为基本单元，承担起复杂的市政管理职责，并试图问鼎社会、政治和经济的控制权[1]。在承担市政管理的民间团体中，有两者的表现最为突出：善堂与同乡团体（图2-30、图2-31）。

1）善堂功能的复合化扩展

传统善堂设立的目的只是为了救济穷人、广施善德，根据《同治上海县志》的记载，上海最早的善堂为洪武七年建于县西南区域的养济院，在万历年间移建到明代海防署，也就是新文庙的西侧，又在清朝初期移建到陆家浜南岸，俗称孤老院，不幸于嘉庆十七年尽毁。清朝时期主要建立善堂有三所：其一为育婴堂，建于康熙四十九年，在阖水桥东。曹炯曾绅士捐出城里位于阖水桥附近的住宅作为堂所，更多的人捐赠土地和金钱。在中国古代重男轻女思想严重，古人又

---

1. [美] 顾德曼（Bryna Goodman）著，《家乡、城市和国家——上海的地缘网络与认同，1853—1937》，宋钻友译，周育民校，上海古籍出版社，第34页。

图2-30　1843年善堂、同乡同业会馆分布图　　图2-31　1894年善堂、同乡同业会馆分布图

缺乏节育措施，导致溺女婴、弃女婴的现象极为普遍和严重[1]。育婴堂的主要职能是反对溺婴、弃婴，更重要的工作就是收养弃婴。其二为同善堂，建于乾隆十年，是上海知县募资捐建。堂址占地1亩有奇，好善者助田154亩，租金为施棺、施药、惜字、掩埋，又设义塾延师教里中子弟[2]。其三为同仁堂，成立于嘉庆九年，县志记载："六十贫苦，无依或残疾，不能谋生者月给钱六百；施棺，凡贫无以殓者，予之棺并灰砂百斤；掩埋，凡无主棺木及贫不能葬者，一律收埋。后又建义校，施棉衣、收买字纸及代葬、济急、水龙、放生、收瘗路毙浮尸等事，他如栖流、救生、给过路流民口粮悉预焉，故同仁堂为诸善堂之冠"[2]。

　　善堂的经费来源主要是社会捐助，捐赠的方式一般有两种：一是直接捐钱，二是捐赠房产或田地，善堂通过出租房屋或田地来取得租金。在《上海市沪南区地籍册》中，在"六图往字圩"的区域就有几处慈善团的地产，这里远离县城，慈善团的用地不应该是设置的机构，而是受捐赠的田地，出租给附近的农户耕种。对育婴堂的捐款中，朱之淇一次捐资3000两之巨，育婴堂开张时就募集到8000缗，田172亩。在乾隆三十九年，育婴堂又得到大笔资助，增建屋宇。并得到捐田187亩，用田租以供育婴之用。由于善堂的日常开支较大，社会的长期动荡会

1. 薛理勇，《老上海城厢掌故》，上海书店出版社，2014年，第123页。
2.《同治上海县志》，卷二《建置》，第22页。

严重影响其运营的条件。这几座善堂都经历过经济困难的危险时期，同善堂在乾隆六十年"经费不足，善举多辍"；育婴堂的资产也曾收缩到难以承担收养的弃婴，后来得到上海道署的资助和帮助，每年从海关税收中拨款，才得以延续。

在战争平复后，老城厢内迅速膨胀的人口都生活在有限的空间中，高密度的混杂居住带来诸多社会问题，例如疾病传播与火灾隐患，以民生为根本的善堂大量出现（表2-10）。这些善堂基本上全部位于城内，存在的形式也多样，果育堂与思济堂是借寺庙祠堂的房屋来设置旧址。大部分善堂开始介入新的社会问题整治，已经跨入现代市政管理的范畴，最具有代表性的是同仁辅元堂。

同仁辅元堂的前身是同仁堂，道光二十三年，邑人梅益奎得杭州赊棺条规，于是和海门施湘帆、慈溪韩再桥，募捐袭氏屋，设棺楼。在二十六年时，买下陆氏屋为栈，就在同仁堂后面，于是两者合用一栈。在咸丰五年，"董事经纬归并为一，乃易今名"[1]。合并之后的同仁辅元堂逐渐成为沪上最具影响力的善堂，得到大量的社会捐赠："同治二年，又置华金两邑田五十三顷八十八亩有奇，以三十八顷八十三亩有奇归同仁辅元"[2]。所负责的范围不再局限于社会救助，还有"收买淫书，挑除垃圾，稽查渡船之事"。

表2-10　咸丰五年—同治十年设立的善堂明细

名称	设立时间	设立情况
同仁辅元堂	咸丰五年	董事经纬归并为一，用今名
果育堂	咸丰八年	于袁公祠后添建楼房。仿同仁堂行之善事
仁济堂	咸丰八年	从办理产母婴孩的需用卫生之物，推广到施医施药，安仁桥
思济堂	咸丰八年	果育堂借祠设仁济堂，在广福寺桥南土地祠
济善堂	同治二年	购申明亭旁地，建房，添义学施医
复善堂	同治二年	捐买民房为堂行善，基地6分2厘，在南门外校场西
施粥厂	同治年间	巡道在养济院旧址办理，左有普安亭
安老院	同治八年	在邑庙东
清节堂	同治十年	巡道海防同知县捐建

资料来源：《同治上海县志》，卷二《建置》。

---

1. 《同治上海县志》，卷二《建置》，第23页。
2. 《同治上海县志》，卷二《建置》，第24页。

在太平天国运动平息之后，同仁辅元堂所做的事务已经从传统的救济民生扩大到建设活动："同治七年，建斜桥东烈女亭，九年移建邑厉坛，又建积骨塔，十一年移建救生局，设各渡口夜灯，添置堂后房地，修秦裕伯祠墓，十二年凿公井九处，建分堂房屋"[1]。这些建设活动并没有局限在搭建医堂、粥厂这类以"救济"为主要功能的建筑类型中，而是介入传统的祠祀系统。祠祀系统与寺观系统不同，在历代的上海县志中这两者都是分开的，祠祀系统是属于官方机构的一部分，其旨在通过对天地或圣人的尊崇来对民众进行教化，同仁辅元堂介入祠祀系统的修建，说明原来属于官府的教化民众的职责已经有一部分交予善堂承担。

善堂的职责扩展没有止步于建设教化系统，在清末甚至已经承担路桥等建设，完全介入现代意义上的市政建设。《上海市自治志》记载，在光绪三十四年五月，城内桥路河沟等工程暂由总工程局委托同仁辅元堂经理，随时会勘察办。凡有修路通沟等事，由当地人报知同仁辅元堂，由堂知照总工程局会勘察办。同仁辅元堂虽然没有直接参与建设，但是已经参与到整个流程当中，成为市政建设单位与民众之间重要的联络方。《上海县续志》这样评价同仁辅元堂："举行诸善，外如清道路灯、筑造桥路、修建祠庙、举办团房，无不赖以提倡，实为地方自治之起点"[1]。

其他善堂也增设市政机关部门。例如果育堂，最早设在庄家桥南的民房，咸丰八年迁入袁家祠后方的房屋。"义学之外，若施赈棺木，掩埋义冢，恤嫠赠老等事，皆仿同仁堂行之。"[2] 在这之外，"又集捐资添备水龙、水担"[2]，并在同治十年，"苏抚张咨部立案，创立轮船救生局。"[3]

2）同乡团体领导者身份的多样化

太平天国运动结束以后的上海，各种因素的汇集扩大了同乡网络的管理和政治范围，为城市事务中不断增长的商人势力和活动提供了空间。商业精英中有许多人捐纳了官爵——吴健彰的道台职位就是靠金钱买来的，他们利用同乡团体的

---

1. 吴馨等修、姚文枏等纂，《上海县续志》，1918 年刊本，卷二《建置》，第 31 页。

2.《同治上海县志》，卷二《建置》，第 24 页。

3. 吴馨等修、姚文枏等纂，《上海县续志》，1918 年刊本，卷二《建置》，第 32 页。

组织机构维持秩序，进行城市管理，并将各项资源用于这些事务。上海的外来移民已经在开埠初期建立了大量的同乡团体（表2-11），后期密集出现的民间组织大部分都是同业公会，但是同乡团体在小刀会起义前后的转变，赋予其组织领导人游走于官、商、租界之间的多重身份。

早期的旅居者商人和手工业者把所设的组织当作宗教团体，正如碑刻表明的，他们建立会馆祭祀故乡或保护人的神灵，用于巩固同乡情感，会馆的庙宇功能反映在名称上混称殿、堂或庙，祭坛成为会馆的仪式中心，宗教角色强化了其作为旅居者群体中的神圣地位。由于移民不断涌入，会馆的容量必定是紧张的，最大的会馆建筑也无法容纳数千人，而旅居者群体人口的数量可能超过10万，因此宗教节日常常延伸到会馆之外。公开的游行展现出会馆的实力、商人发起者的财富和声望，在参加仪式的公众中形成同乡的凝聚力，并在活动的仪式中强化等级制度。会馆领导人通过培植广泛的同乡群体观念，井井有条地实施等级制度，努力联合同乡群体中的各种因素以维护权威。

同乡团体领导的组织力在小刀会起义中可见一斑。广东人刘丽川是起义军的首领，小刀会在占据上海县城的时期在行政统治上严整而高效，并且在控制城内经济市场上显示出成熟的手腕。在占领上海城后，就要求城内正常营业，并保护商人的合法财产。在起义的后期，因为城内被围困多时，有不法商贩打算借此哄抬物价以牟利，起义军规定"时价不准高低"，如果查到的话"须改过，倘

表2-11　咸丰三年—光绪十二年设立的同乡会馆明细

名称	设立时间	具体内容
洞庭东山会馆	咸丰三年	苏州府吴县人，丽园路
北长生公所	咸丰七年	宁波籍。闸北会文路
京江公所	同治八年	在方斜路
广肇公所	同治十一年	在公共租界宁波路
星江公所	同治年间	安徽婺源茶商
湖南会馆	光绪十二年	在斜桥南。房屋三进十余间，后有丙舍，园林
揭普丰会馆	光绪十二年	在盐码头里马路

资料来源：《同治上海县志》，卷二《建置》。

经查究办，恐难当此重咎"[1]。在维护城市秩序方面，对于"部下兵丁有不遵号令，奸淫抢劫等情，立即终究，各宜凛遵毋违。特示。商民铺户，各宜开张，如有抢夺，立即处斩"[2]。起义军甚至还建起户籍制度，发放"丁口册"和"人丁册"，规定户口不许增减，以备稽查，这展示出同乡团体领导人熟练的管理技巧。但是小刀会起义同时也揭示了同乡团体之前的松散，在出现危机时，各个同乡团体仿佛消失一般，一直注重地缘情谊的维系导致团体中缺乏强力的领导，这直接影响会馆董事在之后对于会馆制度的调整。

在1860—1870年的十年间，会馆董事制定新的条例和团体活动程序，包括采用精英与非精英相互影响的策略，即把两种性质不同的人结合到更稳定、等级也更分明的团体中。这些策略既是会馆活动的基石，又限制维持着同乡团体的存在。顾德曼对广肇公所留存的记录做了详尽的研究，揭示会馆寡头所管事务的性质和规则。会馆有时假借集体讨论决定的名义开展活动，或按所谓兄弟般协商的意见行事，这些做法被认为是中国土生土长的民主实践。但是会馆条例显示，会馆领导对处于核心地位的等级制度作出适当调整，旅居者个人无权直接找会馆，他们如果想向会馆求助，首先得找自己所属地区的群体首领，如果缺少这一中间权威的介绍信，会馆不会对请求救助者的呼吁作出回应[3]。等级制度的确立无疑是为了加强行政统治，这与官府的统治手法是一致的，即便是太平军也熟谙技巧，曾经见过太平军首领的法国人这样记述："他们穿着宽大的蓝缎袍子，袍子上有绚丽的绣花，特别在胸前部分，显得雍容华贵，脚穿红靴，头戴赤金雕花圆冠"[4]。团体领导者对行政统治力的强化也是地方官府希望看到的，他们可以与其建立密切的关系，利用团体的统治力来推行必要的事务，就像对乡村的宗族领导那样，与众多纷杂的移民之间建立可靠的联系。

民间团体同时逐渐加深与地方政府之间的紧密联系，他们以实际行动支持着地方政府——不断承担着管理城市的任务，包括社会治安和收税。会馆甚至有

1.《上海小刀会起义史料汇编》，上海人民出版社，1980年，第13页。

2.《上海小刀会起义史料汇编》，上海人民出版社，1980年，第6页。

3. [美] 顾德曼（Bryna Goodman）著，《家乡、城市和国家——上海的地缘网络与认同，1853—1937》，宋钻友译，周育民校，上海古籍出版社，第63页。

4. [法] 梅朋，傅立德著，《上海法租界史》，倪静兰译，上海译文出版社，1983年，第66页。

时被借用给中方官员作为外交活动的议事厅[1]。这时，中外当局都明显把会馆看作为代表中国利益的团体，会馆显示在重要时刻这些团体作为国家重要象征的权威存在。而在上海城市近代化过程中，重要官员的缺失也从客观上倒逼民间团体领导者去承担相应的历史责任，梁元生在研究上海道台在近代的表现时发现在丁日昌之后的道台大多都对城市近代化持消极态度：应宝时在1865年至1868年任上海道，是铁路修建最直率的反对者；1872年沈秉成任道台，对于轮船招商局的开办最初还持反对态度；1882年上任的邵友濂作为游历过欧洲的外交官，在任期间居然竭力反对引入西方的缫丝机械和棉纺织业[2]。上海道台之所以如此消极地对待城市近代化，是因为其角色冲突，即近代化方案主持者的角色与地方行政官员的角色之间的冲突。这两种角色的期望互相矛盾，而上海道台却同时承担着。从地方官员角度看，社会不安似乎是工业化和近代化带来的不可避免的副产品。交通近代化意味着给城市带来更多的商人、移民劳工和外国人，但也带来很多游民和娼妓。

　　精英商人和洋务派官员利益的战略性汇聚，形成彼此互利的关系，商人和官员的利益、网络、团体互相渗透，强化地方政府的统治，同时也为精英商人提供前所未有的政治与社会地位。唐茂枝曾经对怡和洋行解释为什么他经常不能关注所有买办责任时说道："我作为广肇公所的主持人，手头常有一些案子要做调查、安排或决定。许多官员和文人往来经过此地，他们正式来拜访我，我也必须回访……我必须结交四方朋友。"[3]和唐茂枝一样，很多会馆领导人都是买办。对西方文化与管理制度的紧密接触，促使他们积极倡导利用西方的法律框架和机构促进中国商业经济的发展。对西方语言的掌握、充当买办和在条约口岸的经历，使他们在对外关系方面具有专长。顾德曼精彩地描述了小刀会起义前后同乡团体的转变："起义之后，随着上海商人财势的增长，他们花了极大精力在其旅居者群体中培植其权势的根基，并与城市中中外权力机构建立更深的联系。通过

---

1. [美] 顾德曼（Brna Goodman）著，《家乡、城市和国家——上海的地缘网络与认同，1853—1937》，宋钻友译，周育民校，上海古籍出版社，第 92 页。

2. 梁元生著，《上海道台研究：转变中之联系人物 1843—1890》，陈同译，上海古籍出版社，2004 年，第 90 页。

3. [美] 顾德曼（Bryna Goodman）著，《家乡、城市和国家——上海的地缘网络与认同，1853—1937》，宋钻友译，周育民校，上海古籍出版社，第 54 页。

这些联系及他们的焦虑感和责任感，他们觉醒了，及时地将对同乡的忠诚置于更有凝聚力的政治之中，从而完全改变了乡情乡谊的内涵。"[1]

在外来人口大量涌入的情况下，地方政府极为薄弱的城市管理能力只能求助于民间团体，在承担复杂繁多的市政职责中，新型的城市管理者出现。他们不同于既有城市统治者，而是从善堂与同乡团体中历练出来，这些逐步掌握新城市话语权的人，深谙中国社会的组织方式与西方租界的管理模式，从而为老城厢长久缺失的市政管理注入新时代的力量。

---

1. [美]顾德曼（Bryna Goodman）著，《家乡、城市和国家——上海的地缘网络与认同，1853—1937》，宋钻友译，周育民校，上海古籍出版社，第54页。

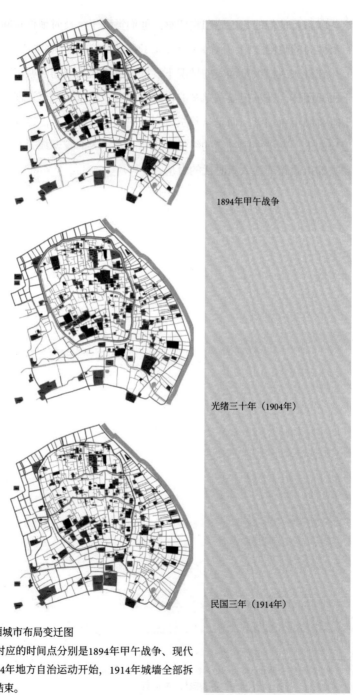

1894年甲午战争

光绪三十年（1904年）

民国三年（1914年）

1894—1914年老城厢城市布局变迁图

说明：三份地图所对应的时间点分别是1894年甲午战争、现代市政机构出现，1904年地方自治运动开始，1914年城墙全部拆完、地方自治运动结束。

第三章　民族主义裹挟下的激进现代化

（1895—1914）

　　甲午战争失利后，"中学为体、西学为用"
转变为全面学习西方制度的思潮，初具规模的租
界由辉煌榜样变为不断灼伤国人自尊的强光。地
方士绅在国运亟待振兴的焦虑中，强力推行租界
市政建设的方法，空气中弥漫着紧张与亢奋，折
中的论调没有出路，原有空间组织的合法性、开
发建设成本的合理性、维系社会关系的功能性，
都让位于民族主义裹挟下的一场激烈变革。

一、现代城市管理机构

华界修建的最早的近代化道路，是1867年江南制造局迁往城南高昌庙之时建造的，同治九年，按察使应宝时记录了制造局的创设过程，其中写到"厂门外治直道以达黄浦"[1]，在1888年的记载中此地已经行驶马车，说明其已可以算作近代马路。华界第一个市政工程机构是1895年设置的上海南市马路工程局，为建设浦江沿线的里马路而设。从1895年至1914年城墙拆除完成，在二十年市政管理机构过程中，1904年是重要的分界点——地方自治运动开始，这与中央政权渴求维持帝国统治而推行的改革活动有关，运动主体是在开埠后掌握大量城市管理经验的商绅阶层。虽然自治团体随着政治风向的改变而数次变换名号，但其所推进的市政工程是延续不断的，在各个层面对上海城市空间产生深远的影响。

1. 现代市政管理机构的雏形（1895—1904年）

1）上海南市马路工程局

小东门外，自十六铺起，迤南沿江一带浦滩，从前边幅尚窄。迨后接涨新滩，经民一再升科，浦岸日益广阔。光绪五年间，奉前升宪刘饬委查勘，钉立界桩。界桩均系沿岸靠水而立，桩外本无余地。乃历时既久，浦边浅滩渐次淤积，附近各租户陆续填占成地。故浦滩愈接愈宽，江面日形浅狭，关碍实非浅鲜。前经会董查勘，议以清出界址，填筑大路，首杜侵占，以保滩岸。[2]

以上是1894年上海县知县黄承暄因清理南市浦滩而向上海道黄祖络建议开筑马路的禀文。随着黄浦江边淤滩不断扩大，曾经困扰航运的浅滩在城市空间愈发紧张的情况下转变为人们争抢的财富，浦江的滩涂一再经民开垦形成"升科"[3]。上海政府曾利用执掌的"升科权"与法租界当局在"金利源码头

---

1. 《同治上海县志》，卷二《建置》，第29页。

2. 上海通社，《上海研究资料》，中华书局发行所，民国二十五年五月发行，第78页。

3. 清代新开垦的田地，一般水田六年，旱田十年不征税，满年限后，按照赋税规定，征收钱粮，与普通田亩同等，叫作"升科"。上海的土地升科有三类：一是沿海沿江新涨滩地，又叫沙田；一是公浜公路荒地，又叫官产；另一是上海县因单小地大形成实际面积大于产证面积，叫作溢地。

事件"[1]中进行政治斡旋。针对这些自然增长的滩地，当地政府决定修筑道路，"以保滩岸"防止商民一再占据滩地而使江面变窄。

历史轮回总是出乎意料而又略带讽刺，沿浦江一带是城厢经济的原生地，但是城墙修筑时它却被抛弃给倭寇大肆掠夺，小刀会起义时被本该守护它的清军焚烧殆尽。不过这片码头地区始终是上海县城财富的根源，华界为修筑外马路组织第一个现代市政机构。在得到清廷的批准后，成立上海南市马路工程局来负责道路的修筑，开启了以市政管理机构推进城市建设的模式。

2）外马路的修筑

外马路的修筑是南市马路工程局最核心的工程项目。老城厢大东门与小东门外的沿浦地区港口密布，1885年有人评论道："本埠南市，华商聚会之所在也，码头鳞次，铺户栉比，大小行号，咸借沙宁诸船为转运，恃米麦油豆为大宗"。[2]可见动乱结束的二十年后，沿江商业又重新兴盛，港口空间十分紧张。对浦江空间的激烈争夺形成明显的扁长型街块，沿江地块的地价最高，因此街块的短边正对江面，犹如放大的沿街商铺。表面上熙熙攘攘的景象掩盖其仍旧落后的内在，"旧上海的发展决不会超过三等城市，市郊在城与江之间，江上帆樯如林，与城里一样拥挤。这些船由帆船、三榄帆和有特殊装置的本地小船组成，层层

---

1. 1880 年，招商局购得法外滩地册第 55 号地产时，法国驻沪总领事署核准，但是 1883 年起法国外交当局竭力反对法国领事馆允许华人在法租界取得土地所有权，于是招商局便与法邮船公司、法租界不动产公司、天主教三德堂等，租赁法外滩一带建造码头、栈房等。虽然法国政府进行多次抗议与恐吓，但是凭借对涨滩地权的把握，招商局处于有利地位。在对峙七年之后，由法领 Waguer 于 1889 年致信沪道袭照瑗："……为着更明白起见，我再将我们所规定的办法，在这儿重述一遍：……中国当局，在将这滩地测定面积之后，就发出道契，给与我所指定的法外滩沿岸的地主，而这道契即在法领署登记。这项手续完备之后，我就可以将所该中国政府的地价，送与贵道。……嗣后法外滩地主，对于这涨滩的地税，仍是以每亩一千五百文照缴，且在法国领事署方面，更当下令：着由该涨滩的地主，直接将地售与招商局；其卖买条件，自应由双方自由商洽之。因此收买手续，招商局乃得成为金利源码头的地主，其情形当如 1881 年购买法外滩地册第五十一号的地皮一样。"沪道袭照瑗回信道："……经考察以后，我核得：外人从来没有向知县购买地产或由知县发给执业证的先例；所以还是由我承办此事，这是更合于旧习惯，而且也可免去许多麻烦。关于金利源码头计有二十三亩以上的涨滩，上海知县前已收有招商局所缴的地价；所以我可以不须代价，发给关于此段黄浦涨滩的道契与该处地主，再由该地主转卖或租赁与招商局。"摘自上海通社，《上海研究资料》，中华书局发行所，民国二十五年五月发行，第 356 页。

2. 《论沪南近日市面》，《字林沪报》第 921 号，1885 年 3 月 20 日。

密布"[1]。武强认为："这些都是传统意义上的码头，并没有进入现代化的进程中，设施方面均大大不如租界沿江的码头体系"[2]。

传统与现代码头从形态上即能明显区分，地图上以方浜为界，以北是法租界的沿江码头区，以南是老城厢的码头区（图3-1）。法租界的码头间距明显较远，每一个都如半岛一般伸入江面，这是现代码头的形态特点，目的是为了能够平行停靠体量较大的船只，这与1912年俄国人在大连港口建设的码头形态类似（图3-2）。老城厢码头的形态逻辑却不同，是彼此相连的一整片区域。两者码头形态的差别来源于停靠船只的不同，租界港口停靠的现代货轮与老城厢码头中沙船体量相差悬殊，开埠前江河中主要使用的货船为沙船与帆船，帆船受载量只有10余吨，沙船约在100吨上下，但是1850年代中期进入上海港的英国船只平均载重量是500吨，而美国船的载重要更大，经常超过1000吨[3]，可以推断其体量要比沙船大得多。

十六铺码头区域的形态决定南北向道路的重要性，可以推断里马路[4]最早就是作为沿浦码头区的南北向大道存在的，但是新形成的滩涂不断将水岸线向江内

图3-1　两界码头的形态比较图
说明：底图截取自《1884年上海县城厢租界全图》。

图3-2　大连码头形态图
说明：截取自《1912年大连市地图》。

1. [英] 伊莎贝拉·伯德著，卓廉士、黄刚译，《1898:一个英国女人眼中的中国》，湖北人民出版社，2007年，第27页。

2. 武强，《近代上海港城关系研究 1843—1937》，复旦大学博士论文，第83页。

3. 熊月之主编，《上海通史·第4卷 晚清经济》，上海人民出版社，1999年，第31页．

4. 图3-1 从法租界一直贯穿下来的南北向道路。

推进。潮惠会馆的移建记载："光绪二年，以浦滨涨移前而东，甫二十余载，离水又远；二十四年，郑福猷规画经营再移今址。"[1] 缺少南北贯穿的道路显然十分不利于码头区域的交通往来，1890年就已经做过修筑外马路的工程计划，上海道台聂缉就任时曾经商讨过，但是由于中日甲午战争发生，国家局势不稳，就没有推行下去[2]。后来战争结束，局势已定，新的上海道便重新商议此事。有意思的是，甲午战争的结果反而推进此路的建设：黄祖络在向张之洞提出修筑外马路的紧迫性时提到对于外国的提防：一、对于法国，"法租界与该地毗连，无可扩充，垂涎已久"；二、对于日本，已经签订马关条约，"日本通商，欲辟租界，亦恐注意于此。若不事先举办，将恐多棘手"[3]。由于战争而耽误的筑路计划反而因为对战争结果的担忧而加速推进。工程在1896年开始，首先勘定沿浦马路用地，共三十八亩七分六厘二毫，于1897年完工[2]。自方浜口起至陆家浜口止，路线长2450米（8038英尺），宽9.14米（30英尺），还在沿路装设路灯等配套设施[4]。

针对筑路的工程费用也采用新的做法："一经马路开筑，市面既兴，地价必昂。彼时察酌情形，定价出租。所收租价，先行归还马路经费，不敷再行另筹。"[2] 筑路之后剩余地块面积总计80余亩，官方每亩定价颇高，为银5880两，南市地区向来无此高价，并且此项滩地须自行垫高才能使用，更提升了用地成本。但是道路旁边的各商户因为需要出船口，不得不缴价领地。政府共从华商手中收得地价银22万余两，还有三户外商领地应缴银21万余两但是一直拖欠不缴，直到光绪三十二年道台袁树勋将其地价降低为"每亩三千两，应准通融照办"，这一通融就少收银10万两，最终共计售地所得33万多两。筑路工程费用一共为12万两，可见此次工程的收益之高。

3）上海南市马路工程善后局

光绪二十三年，上海南市马路工程局改称上海南市马路工程善后局，其行政设施系与租界情况相仿。继续清丈浦滩，开筑里马路以及办理附近居民领用马路

---

1. 吴馨等修，姚文枬等纂，《上海县续志》，1918年刊本，卷三《建置》，第7页。

2. 上海通社，《上海研究资料》，中华书局发行所，民国二十五年五月发行，第78页。

3. 马伯煌主编，《上海近代经济开发思想史》，云南人民出版社，1991年，第83-84页。

4. 《上海公路史 第1册 近代公路》，人民交通出版社，1989年，第43页。

两旁隙地，印发执照管业事宜[1]。因为当时还处于清廷统治之下，道台知县便委托社会团体（主要是同仁辅元堂）进行社会管理；加之华界发展较为平缓，工程善后局并没有做出其他突出的成果，时人对其评论道："其组织，既不完善，而任务成绩，也无甚足述"[2]。

南市马路工程善后局之后，上海创办成立一系列市政机构。1898年设置吴淞开埠工程总局，1900年闸北也设置闸北工程总局，多处机构的设置证明上海政府从此开始向近代化方面追求，然而上海市政发展的关键在于地方自治制度的倡行[1]。

2.上海地方自治运动（1904—1914年）

清末上海地方自治的出现有两大动力：第一，清政府认识到地方自治是立宪的基础，主动倡导地方自治；第二，上海公共领域的初兴孕育和社会力量的增长，使上海社会在很大程度上连为一体，成为地方自治的主体。周松青认为清末上海地方自治的合法性来源有四个方面，即民间诉求、官府支持、市民阶层认同和自治内部的民主选举[3]。地方自治运动是全国范围内的思潮，它在上海市政方面成就斐然，大量影响老城厢城市结构与风貌的工程都是在自治运动时期推动完成的。租界的影响是上海地方自治运动能够蓬勃发展的重要原因，《上海研究资料》提到"上海当时官绅所谓得风气之先，情绪当然更加热烈"[1]，租界先进的城市管理体制是近在咫尺的学习样板。

1）自治前平缓的发展

从1895年到地方自治开始之前，城市变化较为平缓，表3-1是这十年间增设的建筑名录，包括换址迁建的，也包括利用原有建筑的一部分附设的。从数量来说还是要比开埠之前多许多，但是与地方自治运动时期内的剧烈变化相比，可以说十分平缓，并且增设的建筑规模都较小，只有距离县城较远的潮惠山庄与山东会馆有一定规模。

---

1. 上海通社，《上海研究资料》，中华书局发行所，民国二十五年五月发行，第 80 页。
2. 上海通社，《上海研究资料续集》，中华书局发行所，民国二十六年五月发行，第 154 页。
3. 周松青，《上海地方自治研究 1905—1927》，上海社会科学院出版社，第 13、14 页。

表3-1　光绪二十年—光绪三十年增设建筑表

名称	时间	变化内容
南洋中学	光绪二十年	设，在大东门内王氏省园
马路工程局	光绪二十一年	设，在水利局前，填筑沿浦马路二马路
布捐局	光绪二十四年	迁，刘家衖
会丈局	光绪二十四年	迁，福绥里
百寿会	光绪二十六年	办，在广福寺
山东会馆	光绪二十七年	建，在吕班路。祀孔子
汉帮粮食业公所	光绪二十七年	设，在穿心街
海关（江海常关）	光绪二十七年	迁建关屋于外马路，旧址变售
清心中学堂	光绪二十七年	设，在县署西北张家衖小天竺
台州公所	光绪二十八年	设，在斜桥西，肇嘉浜南
养正小学	光绪二十八年	设，县西张家弄，原系小天竺寺产，知县拨充校舍
京江同学小学堂	光绪二十八年	办，在西门外京江公所
务本女塾	光绪二十八年	设，在小南门内花园衖
利济小学	光绪二十八年	改私塾来做学校，在南仓街施家衖
船捐捕盗局	光绪二十九年	迁生计码头
潮惠山庄	光绪三十年	设，在日晖桥东
义务学堂	光绪三十年	办，在麻袋公所
巡防保甲局	光绪三十年	改城内各局为警察局

资料来源：《上海县续志》《民国上海县志》《上海市自治志》。

2）地方自治运动中的三个机构

（1）城厢内外总工程局

地方自治是政体上的改革，光绪季年全国上下意识到为人讴颂的"中学为体，西学为用"的口号已经不再适合时代，只有从政体上进行改革才能寻找到出路。在李钟珏等地方士绅的积极组织下，地方自治获得时任道台袁树勋极力支持，并发正式行文如下：

人人有自治之能力，然后可保公共之安宁。人人有竞争之热心，然后可求和平之幸福。此天然之公理，世界之通例也。我国教育未昌，民智未进，群志涣散，故步自封，内政不修，外侮斯亟。朝廷迭下明诏，力图自强，而官吏怀操执威福之心，绅民无担任义务之想，非所以仰体朝廷孜孜求治之盛心也。本道不学无术，巡守是道，忽忽五稔，卅幅（辐）共毂，百务旁午，才短力绌，日苦不给，于地方应办之事，如学校、警察，亦以次第举行，然但有形式之可观，终不能尽合乎规则。忝兹重寄，深用疚心。究其原因，虽由于库帑之空虚，人才之消乏，而尤在于官民之情之不通，不通故不信，不信故才杰之士观望而不前。……再至三，欲求改良之策，莫如以地方之人，兴地方之利。即以地方之款，行地方之政。有休戚相嗣之谊，无上下隔阂之虞。众志所成，收效自易。前贵绅等有创办总工程处之议，本道极愿赞成，拟即将南市工程局撤除，所有马路电灯以及城厢内外警察一切事宜，均归地方绅商公举董事承办。十室之邑，必有忠信，况上海为通商大埠，最得风气之先。外患之激刺日深，绅民之感情自异。本道知奋然兴起，解除私意，合群策群力以谋公益，以副朝廷求治之心者必不乏人。贵绅等阅识热忱，久为乡里所推重。希即日开会集议，宣布本道宗旨，妥订简明章程送核，以便克期举行。本道不胜厚望。[1]

这封书信表达上海地方政府本身对改变城市面貌的强烈诉求，士绅组织的地方自治运动与官府在目的上达成一致。于是"拟即将南市工程局撤除，所有马路电灯以及城厢内外警察一切事宜，均归地方绅商公举董事承办"。南市马路工程善后局于1905年由地方绅商董事姚文等接收，改组为城厢内外总工程局[2]，设议事会和董事会，分别为议决和执行的机构，已经具备市政规模。办事的宗旨是："整顿地方一切之事，助官司之不及，兴民生之大利，分议事办事两大纲，以立地方自治之基础"[3]。

1. 杨逸等撰，《上海市自治志·公牍甲编》，民国四年刊本，第1页。
2. 后简称总工程局。
3. 杨逸等撰，《上海市自治志·规则规约章程甲编·上海城厢内外总工程局简明章程》，民国四年刊本，第4页。

　　（2）城自治公所

　　城自治公所是上海地方自治的第二个阶段，响应国家推行地方自治运动而创设。清代中期以来中央政府的权威开始衰弱，地方督抚的权力日重，国内大小规模的民间起义不断，国外西方势力频繁发动战争以割设租界与索赔通商，严重的内外危机迫使清廷采取折中政策，缓解与立宪派的矛盾以防止爆发革命，于是颁布《城镇乡地方自治章程》，在全国范围推行地方自治。

　　对于上海自治团体来说，这只是一项政治任务。1909年，李钟珏等人以总工程局之设"本为地方自治之基础"，与官府商议将总工程局直接改为上海城厢内外自治公所[1]，不再另设新的机构，负责的事务也只有部分的改动。《城镇乡地方自治章程》的第五条"城镇乡自治事宜"写到城自治公所拥有本地市政建设权、民政管理权、地方税收权和公共事业管理权，较总工程局只是多拥有部分工商管理权和文教、卫生管理权[2]。《上海通史·第5卷晚清社会》中对城乡自治公所的权力做出说明，指出其地方行政权力要更广，"原不属于总工程局办理的城内清道、路灯及造房执照等事权，城自治公所亦于宣统二年九月收归己有"[3]。但是通过《上海市自治志·公牍甲篇》可知，总工程局时期已经有《清道路灯案》，说明上海地方自治从初始的总工程局时期其权属工作内容就比较充分。

　　城自治公所在董事会与议事会的人员构成上也与总工程局出现大量重叠，绝大多数总工程局的议员与董事都在城自治公所内部坐在同样的位子上。虽然城自治公所的议事会是受到官方的严格监督与控制，拥有的权力有限，但其还是具备相当程度的代议性质。从推进市政工程的角度来说，领导决策人顺承权力并不是坏事，市政工程往往耗资巨大、时间亦久，需要有持续的投入才能顺利完成，尤其在利用抵押贷款的情况下，管理层的稳定能够避免半途而废的情况发生。

　　（3）上海南市市政厅

　　从城自治公所转换为上海南市市政厅是自治团体进行政治投机的结果。1911年清政府的统治结束，国家政体从根本上发生变化。地方自治团体在上海光复

---

1. 上海通社，《上海研究资料》，中华书局发行所，民国二十五年五月发行，第80页。
2. 熊月之主编，《上海通史·第5卷晚清社会》，上海人民出版社，1999年，第461页。
3. 熊月之主编，《上海通史·第5卷晚清社会》，上海人民出版社，1999年，第463页。

前夕受邀参与以陈其美为首的资产阶级革命，革命胜利后作为回报，取得民政、治安工作的管理权。原本在清廷统治下进行民间自治的士绅转身成为新的统治阶层，城自治公所也变为正式的资产阶级地方行政机关。

但是好景不长，地方行政权力是如此诱人，政府高层对其展开的争夺使市政厅并没有长时间处于行政高位，而是一直履行着与城自治公所相似的职责。1911年11月21日江苏临时议会颁布《江苏暂行乡制》，其章程与清廷的《城镇乡地方自治章程》内容几乎一致。虽然更换名称并成功扶植新政权，但自治团体从成立之初直到以市政厅的名义结束，活动范围都在相似的职责内（图3-3）。

3）主要市政成就

《上海市自治志》收录的所有城厢内外总工程局的办事公牍目录，涵盖市

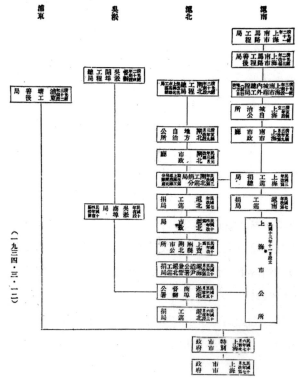

图3-3 上海市政机构变迁图

来源：上海通社，《上海研究资料》，中华书局发行所，民国二十五年五月发行，第82页背后插图。

政管理的方方面面（表3-2）。在市政工程方面，有关河道工程的有《开浚城河及捞挖城内肇嘉浜案》《浚浦界限关系案》等；有关道路工程的有《西门外筑路案》《送子庵售地修庵筑路案》《西门外方斜马路交涉案》等；有关政府公地的有《清厘版荒公地案》《变售校场公地案》等。除了市政工程，总工程局还介入到市场机制中维护社会市场秩序的稳定，例如对于官办企业的处理，有《议收回上海内地自来水公司案》《西门外法电车公司交涉案》；对于市场稳定的维持，有《领售平米案》《禁闭烟馆案》等。

表3-2　城厢内外总工程局时期的公牍目录

总工程局开办案	西门外法电车公司交涉案
董议两会选举案	法自来水公司借埋水管交涉案
大达公司承租沿浦岸线岸，附填筑驳岸案	清厘版荒公地案
浚浦界限关系案	变售校场公地案
道路桥梁工程案	改良地保官戳案
开浚城河及捞挖城内肇嘉浜案	筹议沪宁铁路车站圈用保安堂义塚地办法案
议请拆城及改办辟门筑路案	收管南区水神阁井亭库房案
开浚罗家湾以西河道案	送子庵售地修庵筑路案
西门外筑路案	同仁辅元堂承买救生局毗连公地案
议浚小东门至西门城河案	议建勤生院案
挑除万裕码头泥墩案	议收回上海内地自来水公司案
筹议城壕公地案	请取消上海商船分会案
警政案	县文筹议建造改良监狱案
举员裁判案	宰牲公司案
路政案	弛禁上海出口米石案
清道路灯案	领售平米案
推广电灯案	禁闭烟馆案
请拨借公款案	防务案
捐务案	奉文调查各项事宜案
医院案	奉文筹办地方自治案
西门外方斜马路交涉案	—

资料来源：《上海市自治志·公牍甲编》。

总工程局虽然名义上是民商所办的组织，但是所承担的事务都已经是现代市政管理体制的内容。在其存在的四年里，共修筑、辟建道路60多处，修理、拆建桥梁50多座，改建城门3处，疏浚河流9条，修筑驳岸7个，建造码头4座,并设置巡警人员398人，每年裁决民事诉讼及违警事件1700多起[1]，其所推动的许多工程规模巨大、耗时较长，使城厢内外的城市面貌有了较大改观。它是上海地方自治运动的起始，后续的城自治公所与上海南市市政厅在工作内容与方法上具有很强的相似性。

上海地方自治运动是上海华界在近代城市管理上的重要变革。但是作为掌握市政管理的自治团体，所具有的巨大影响力使其一直被各路政客觊觎或利用。在晚清民初这段动荡的时局中，自治团体一直频繁地发生变动，直至1914年被工巡捐局所取代。

二、精神空间的实用主义转变

1895年之前，无论上海的经济如何发展，它始终是一个纯粹经商的城市，人口从未超过五十万。《马关条约》的签订赋予外国人获得开设工厂的权力，资本迅速涌入工业制造业，黄浦江与苏州河旁边的工厂大量出现。

随着上海城市性质从纯商业到工业制造业的转变，人口的持续增加为都市生活带来更大的压力，于是缥缈的精神寄托被实际的技能学习所取代，集体追思故乡也远不如同乡互助更被认同，城市的精神性空间开始向实用主义转变。

1. 世俗教育取代宗教空间

1）民办教育机构兴起

据《民国上海县志》记载，1895年至1904年之前，上海学校以民办自发为主，有部分书院开设学堂。敬业学堂在老学堂前聚奎街聚奎里，县立第一小学校的东侧，在光绪二十八年，将原为第一小学的校产出租给朱姓。"民国十一年冬，校长潘宝书为便利学生升学计，建议于劝学所将出租地收回建设"[2]，于是在民国十二年，花费三万银元，建成学校并命名为上海县立敬业中学。以收租金

---

1. 熊月之主编，《上海通史·第5卷 晚清社会》，上海人民出版社，1999年，第452页。
2. 江家瑂等修，姚文枏等纂：《民国上海县志》，1936年排印本，卷九《学校·上》，第1页。

作为办学之用。还有2座学堂是由同业公所设立，分别是京江公所在光绪二十八年设立的京江同学小学堂，麻袋公所在光绪三十年设立的义务学堂，这时期学校的数量与规模十分有限。

1905年，国家的教育体制发生巨大变革。清廷为推广新学堂而废除科举制，加之北方的战乱导致大批文人南下，促使上海出现许多新式学堂。到1911年底由国人自办的各类新式学校共计276所，分为官办与商办两类，其中高等学校、师范和专修学校33所，中学17所，女学26所，小学200所[1]（表3-3）。

表3-3　光绪二十年—民国元年创设学校名录

名称	创设时间	创设地点
南洋中学	光绪二十年	大东门内王氏省园
务本女塾	光绪二十八年	小南门内花园衖
利济小学	光绪二十八年	南仓街施家衖
废科举	—	—
女子簪业学堂	光绪三十一年	斜桥南桂
同岑小学堂	光绪三十二年	九亩地
公益会义务小学堂	光绪三十二年	蓬莱路
民立女中学堂	光绪三十二年	西门外方斜路
蓬莱女学堂	光绪三十四年	蓬莱路
成志女学堂	光绪三十四年	昼锦牌楼
中国女子体操学校	光绪三十四年	西门外方斜路
官立梅溪学堂	光绪三十四年	—
郁氏普一义务小学	光绪三十四年	邑人郁怀智设，在旦华路
万竹小学	宣统三年	九亩地留存之学堂公地
比德小学	宣统三年	西区法华路
郁氏普三义务小学	宣统三年	邑人郁怀智设，在洒扫局
上海光复	—	—
仓基小学	民国元年	中华路白粮仓旧址

资料来源：《上海县续志》《民国上海县志》《上海市自治志》。

注：不含在寺观与同业会馆中设立的学校，在寺观与同业公会中设立的名录见下文。

---

1. 熊月之主编，《上海通史·第6卷 晚清文化》，上海人民出版社，1999年，第236页。

学校的创设者也发生了变化，传统的书院一般是官府所办，或者是退任官员与文人团体来筹办。在光复之后，更多的商业资本家开始创设学校，最典型的是沙船业富商郁氏家族，从光绪三十四年到民国六年创设了郁氏普一到普七义务小学（表3-4），并且其中还有多所学校因为社会原因而进行过搬迁，因此投资甚巨。《民国上海县志》上记载，郁氏普一义务小学搬迁的目的是"以便附近棚船中贫儿就学"[1]。

从教授的内容到投资学校的兴办机构，可以说学校与商业的关联日趋紧密，利用商人的投资保证儿童的教育问题，而在西方学科课程体系下教育出来的学生又能很快融入商业环境中去，形成明显的反哺效应，推动上海城市工业化与现代化的稳步前行。

表3-4 郁氏所办学校名录

名称	创设时间	创设地点
郁氏普一义务小学	光绪三十四年	旦华路
郁氏普二义务小学	宣统三年	大境关帝庙
郁氏普三义务小学	宣统三年	洒扫局
郁氏普四义务小学	民国元年	九亩地青莲禅院
郁氏普五义务小学	民国六年	沪杭火车站，后迁黄家阙路
郁氏普七义务小学	民国六年	在普五学校附近

资料来源：《民国上海县志》。说明：普六义务小学在法华乡，未列入表中。

2）新式学堂侵占宗教空间

对于大量出现的教育机构来说，此时老城厢内部稠密的布局无法提供足够的土地。但在1914年学校建筑的分布图上，这些学校并没有像文化建筑那样明显地聚集，而是相对均质地分布在各个区域。主要的原因在于，经过地方自治人士积极倡导开设新式学堂之后，几乎所有类型的建筑物都开设学校，尤其是同乡与同业团体，积极为培养组织内部力量而在会馆内开设众多小学。在这股风潮下，利用宗教建筑开设学堂的现象则透露出另外的含义。表3-5是在寺庙与祭祀机构里

---

1. 江家璔等修，姚文枬等纂：《民国上海县志》，1936年排印本，卷九《学校·上下》，第14页。

表3-5　光绪二十七年—民国二年开设在寺庙与祭祀机构的学校名录

名称	创设时间	创设地点
清心中学堂	光绪二十七年	小天竺僧寺
养正小学	光绪二十八年	小天竺僧寺
废科举	—	—
正谊小学	光绪三十一年	沉香阁
时化小学	光绪三十二年	陈公祠
西成小学	光绪三十二年	万寿宫
劝学所	光绪三十二年	一粟庵
隆德小学	光绪三十二年	风神庙
普同义务学堂	光绪三十二年	蕊珠宫
留云小学堂	光绪三十三年	留云僧创办，在陆家浜
清真国民学校	光绪三十四年	清真寺
崇正小学	宣统二年	大佛厂街送子庵
巽舆小学	宣统三年	华阳道院
江境小学	宣统三年	江境庙
农坛小学	宣统三年	先农坛
郁氏普二义务小学	宣统三年	大境关帝庙
上海光复	—	—
吉云初级小学	民国元年	邑庙大殿东公廨厅
郁氏普四义务小学	民国元年	九亩地青莲禅院
市立朝宗小学	民国二年	地藏庵

资料来源：《上海县续志》《民国上海县志》《上海市自治志》。

创办的学校名单，从光绪二十七年（1901年）到民国二年（1913年），在这十一年间，几乎所有的寺庙道观都开设学校（图3-4、图3-5）。

　　刘易斯·芒福德认为西方的教会实际上就是一所大学，许多生物学、医学、化学的重要探索性知识都储存在教会中。中国的寺观建筑并不像西方教会那样具备一套科学的知识体系，主要是对佛经法典的精研，与书院或学堂在教育内容上大相径庭，从宗教建筑转变为教育建筑其实即是建筑功能的转变。

　　引人注目的是西成小学与农坛小学的设置。西成小学设立在"蓬莱路万寿宫旧屋，光绪三十二年，由邑人姚明辉集合同志组织而成，光复后校董葛尚

| 图3-4　1895年宗教建筑分布图 | 图3-5　1914文化教育建筑分布图 |

质、葛尚冲、贾丰芸等以办理困难，函商请市政厅收归市立"[1]。小学所占用的万寿宫建于1889年，是为了庆祝光绪皇帝亲政而建，重檐歇山顶，宫墙都涂成杏黄色，是上海县境内建筑规制最高的建筑物，在建成的17年后被西成小学用来办学，此时光绪皇帝还在位，就将为其所建的宫殿来兴办学校（图3-6）。农坛小学位于南区沪军营东，系先农坛旧址，由于因为这片区域失学儿童比较

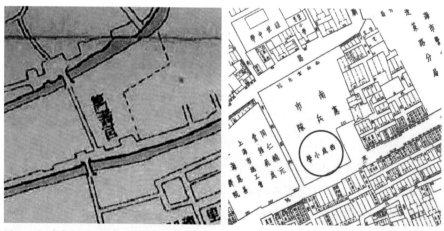

图3-6　万寿宫在不同历史时期的变迁图
说明：左图，万寿宫在1913年的用地轮廓，底图截取自《1913年实测上海县城厢租界全图》。右图，1947年西成小学位于原万寿宫地界，底图截取自《1947年城厢百业图》。

---

1. 杨逸等撰，《上海市自治志·公牍甲编》，民国四年刊本，第4页。

多，宣统三年八月租赁民房特设学校，在光复后由市政厅继续办学。民国元年，改市立。十二年，改组完全小学先农坛是明清时期进行祭祀的重要地点，在古代农业是立国的根本，对于神农的祭祀是城市重要的典礼。先农坛改建为农坛小学，是社会格外重视现代实用教育体系的标志。这两所小学的设立从事实上证明传统宗教信仰空间已经从神坛跌落，对于神明的信仰被世俗化教育功能所替代。

并不是所有人都认可这样的变动，由寺观转变为学校的具体过程并没有详细的记录，但是零星的报道体现出僧人对待此事并不都是支持的态度。在寺庙里设置的学校，有一些是僧人自己创设，例如留云小学堂，是"光绪三十三年，留云僧创办，在陆家浜"，更多的情况是直接利用寺庙的土地与建筑来办学，这常常会引发一定的冲突。周松青援引过《申报》里的一则小故事：1913年发生一起道士打毁学堂的事件。南市老白渡风神庙设有市立隆德小学，已经存在多年。3月4日晚，风神庙前的龙王庙道士夏润和在庙里举行三官社，由于酒桌无处安排，归怨于隆德小学，硬行占据学校[1]。从道士的抱怨来看，在寺观中设置的学校会占用大部分的空间，甚至全部占有，因此在县志中记载的"在大境关帝庙"等字样，是指的较大程度的占用，造成世俗化的教育对原有宗教空间的侵占。

3）教育内容技能化

新式学堂在教育内容上与传统的书院不同，由于教育目标从考取功名到实用有效的转变，在教授知识方面开始引入西方的数学与科学。芒福德认为初级学校的教育内容与资本主义相关："随着资本主义的会计工作的兴起，需要一套官僚主义：一支职员队伍和领工资的代理人来管理账目，处理来往信件，而且，为了抢先利用市场变化情况，甚至要提供信息。所以，资本主义进入中世纪城镇的第一件看得见的东西，也许是以学习读、写、算为主的初级中学"[2]。传统私塾所使用的教科书主要是《三字经》《百家姓》与《千字文》，当时受到新思想影响的人们抨击这种教授内容不符合教学规律、脱离社会实际。于是新开设的学校不再像传统

---

1. 《道士打毁学堂》，《申报》，1913年3月6日。转引自：周松青，《上海地方自治研究1905—1927》，上海社会科学院出版社，第153页。
2. [美]刘易斯·芒福德，《城市发展史：起源、演变和前景》，宋俊岭、倪文彦译，中国建筑工业出版社，2005年，第429页。

的书院那样只是教授国文经典，系统的科学知识被加到教材中。如南洋公学师范生除了编写《蒙学课本》，还编写《笔算教科书》《物算教科书》和《本国初中地理教科书》[1]，这些知识都是投身于新时代的城市建设所需要的。课程的设置也体现出明显的变化，学校开设的课程已经与21世纪的课程内容相似，数学、天文、地理、世界历史、生物、音乐等[1]，完全突破了传统书院与私塾的教授范围。

另外，社会上还出现专门培训职业技能的教育机构，并且官府将其当作教化的内容。原来传统的官方教化以宣扬儒家思想为主，建立的牌坊一般是为了歌颂忠贞、爱国等思想观念。但是在现代工业经济的冲击下，劳动技能慢慢成为教化的一部分。善堂本来旨在针对个体进行救助，通常是通过治愈疾病，或供给必要的生活资助，现在则更注重对这些贫民进行教育。上海本就是商业发达的社会，充满通过劳动来谋生的机会，从"授之鱼"改为"授之以渔"，通过教授劳动技能而让他们获得生存的途径，所需要的门槛也较低，适合向一般民众推广。并且上海社会逐渐工业化的趋势也增加对技能人员的需求，这从供求关系方面也刺激学校逐渐向技能性与实用性转变。

贫民习艺所的设立过程最能说明这种变化。最初的设想是绅士郭怀珠、叶佳棠、姚文枌、莫锡纶等在光绪三十一年所提出的，当时巡道还"捐银五千两，并移营商，拨九亩地公地十余亩为院址"，但是因这里要开辟城门而作罢。后来在光绪三十三年，重新申请将南门外粥厂改建，并在宣统二年通过决议，建设"扇形大工厂一所，东西长二十二丈"，工厂内分2层楼，"楼下为工作处，楼上为艺徒宿舍，隔作七十四间，每间容六人"，学习"编制、模型、陶器、竹木、藤器、绘图、肥皂等科"。[2]（图3-7）从直接施舍粮食的粥厂改为传授技艺的习艺所，是慈善活动方式更换的最佳注解。

2. 地缘情谊的实用性转变

1）同乡会的崛起

地方自治的士绅主体有很大一部分是同乡团体的领导人，他们往往承担多

---

1. 熊月之主编，《上海通史·第6卷 晚清文化》，上海人民出版社，1999年，第313页。

2. 吴馨等修、姚文枌等纂，《上海县续志》，1918年刊本。卷二《建置》，第40页。

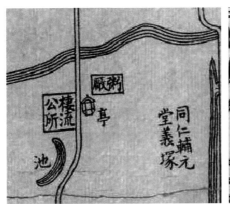

图3-7　粥厂在不同历史时期的变迁图

说明: 左图, 粥厂在1884年的位置图, 底图截取自《1884年上海县城厢租界全图》。右图, 粥厂在1914年的位置标注习艺所, 原来的同仁辅元堂义塚也改为新普育堂, 底图截取自《1914上海市区域南市图》。

个社会角色，具有丰富的城市管理经验与广泛的人脉，在处理华洋关系时亦具有一定的外交经验。但是他们所带领的同乡团体在新时代中逐渐丧失对新移民的吸引力。

法租界在同治十三年（1874年）和光绪二十四年（1898年）发起过两次"四明公所事件"，第一次仅为旅沪宁波同乡的抗争，第二次扩大到上海各界以"辍市力争"逼使法兵撤去，宁波同乡从中看到团结的力量，便产生要进一步组织同乡会的意向。1903年，主张革命以实业救国的一班甬籍知识分子，开设"科学仪器馆"，创办《宁波白话报》，又于1910年创办上海第一个同乡会团体——宁波旅沪同乡会。

会馆或公所之建立，其唯一任务，只在寄存或运送棺柩回籍，及逢时节之祀神打醮二者而已，律以现代精神固不足言组织，不足以言团体，更不足以言同乡事业也。近世纪以来，民治思想渐为发展，团体意识益见普遍，稍具现代知识之士，均感觉结合社团，以联络乡谊，举办公益之必要。于是同乡会之团体，乃应时而生焉。[1]

───────────

1. 《江宁六县旅沪同乡会会刊》，上海，1935年版。

　　上文是《江宁六县旅沪同乡会会刊》的节选，它指出时人对旧式会馆的典型批评和同乡会发展的原因。虽然同乡会馆所承载的社会功能在这几十年里不断增加，但是从文章作者的抱怨中可以推断同乡会馆相当一部分的事务重心依旧放在"寄存或运送棺柩回籍，及逢时节之祀神打醮二者"，维持同乡情谊的手段是依靠外来者对传统仪式与地区风俗的精神认同；并且同乡组织从小刀会起义之后，由于管理方式等级化日渐严重，所以更加深了团体之间的隔阂。

　　同乡会是新型同乡团体，它摒弃了旧会馆精英主义者的外观，也抛弃了会馆的宗教和寡头集团的仪式，采取民主形式的组织方法，公布投票程序、会议通知、文稿函件、财务账目。在外来移民继续涌来的形势下，真实有效的互帮互助远比共同看家乡地方戏更具吸引力。传统的同乡会馆的社会影响力逐渐萎缩，新兴的同乡会成为同乡团体中最有效的社会力量，这个过程可以从同是旅沪宁波人先后创立的四明公所与宁波旅沪同乡会的对比中清晰地表现出来。

　　四明公所在嘉庆年间就已经创立，主要通过为同乡提供寄棺、建立义塚来建立同乡的地方情谊纽带。这种做法一直持续到民国时期，并且因为旅沪人员的增加，规模也有所扩大，1918—1921年重建南厂、北厂，1920年建立浦东分所，1923年对东厂加以添建。1933年，四明公所丙舍中寄棺有3400多具，运棺回乡3800多具，赊棺530多具[1]。但是它的功能也受到局限，"直至1936年，除了一些赈灾救济事务与宁波旅沪同乡会携手共举外，所举办的事业还是仅为帮助同乡寄柩运棺等项，而于随着城市向商业化发展而衍生出来的人们的生活需求——职业介绍、改善乡俗、调解纠纷、创设学校等新兴事业均无一过问"[2]。

　　宁波旅沪同乡会执行的各类新兴事业则吸引不少旅沪中下层同乡，再加上甬帮中上层工商业者也多以参加带有民主色彩的同乡会为荣，因而宁波旅沪同乡会在同乡中的影响日益扩大，而四明公所的影响却逐步减少。遇到重大事件时，代表旅沪宁波帮利益表态、交涉的，也都为宁波旅沪同乡会，而鲜见四明公所的踪影，宁波同乡会成为民国时期上海宁波帮的组织核心[3]。

---

1. 《四明公所议事录》，1933 年，上海市档案馆藏。
2. 李碱，《上海的宁波人》，上海人民出版社，2000 年，第 260 页。
3. 郭绪印，《老上海的同乡团体》，上海文汇出版社，第 559 页。

　　新兴团体在组织方式与运作模式上也体现新时期的进步思想。同乡会创始的时候正处于国内选举议员，设立议院，实行资本主义议会制度的潮流。虽然不同的历史时期，各个同乡会的组织制度不尽相同，但它们一创立就借鉴新式的议会制度，遵循民国政治所强调的资产阶级三权分立的精神，实行立法、执行和监察分立的组织制度，坚持分科办事、各司其职的原则。相对而言，会馆、公所的领导一般称为董事。董事一般是会馆的创始人或重要捐资人，掌握决策、执行、审议各个方面的大权，甚至其子孙可以继承董事的位置。董事平时并不出现，只有遇到重要事务时，才临时召集在一起举行一个会议。这种等级制严格的组织方式显然缺乏将同乡凝聚起来的力量，从专制的管理到开放的议事制度，会馆到同乡会的转变直接反映那个时代政治制度的变迁。这种形制上的变化也反映在前后两种组织的建筑布局中。

　　传统的会馆联结旅居者的乡间情谊主要依靠的是对共同神明的祭祀和对地方文化的弘扬，公所日益成为礼仪的、宗教的和慈善的活动中心，稍稍疏离日常的商业、家庭和政治事务。在强调突出精神性与仪式性的目的下，建筑的形制十分规整，采用中央祭坛、戏台和庭院的内部空间布局，空间方正且强调中轴线，再加上本地特有的传统建筑风格（图3-8）。

　　宁波旅沪同乡会的总部则是另外一种空间模式：朱葆三和其他四明公所领导人筹资5.6万两购地，并筹款建造了庞大的西式五层建筑。第一、二层是演讲厅，用作开会或出租给同乡作为举行婚礼的场所。第三层为图书馆、阅览室和单独陈列本地和宁波报刊的期刊室。第四层是陈列宁波产品和手工艺品的场所。第五层有健身

图3-8　沪南三山会馆内部庭院及戏台
来源：作者自摄。

房，还有音乐欣赏、文艺和文学活动的文娱活动场所。中式风格的大厅设在底层，用作正式场合[1]。这座建筑于1921年竣工，成为上海后来的同乡会会所效仿的模式。

　　宁波旅沪同乡会自成立以来，完成不少有益同乡的事业，尤其在办学等方面做得更为突出。同乡会的宗旨是"以集合同乡力量，推进社会建设，发挥自治精神，并谋同乡之福利"，会务活动大体上有九个方面：同乡职业调查及统计、同乡子女教育及社会教育、救济、改进习俗、提倡学术、调解、职业介绍、促进本乡建设和其他福利事项。例如对于"同乡子女教育及社会教育"，民国四年于七浦路创立宁波旅沪同乡会第一公学；以后陆续增设，至1927年冬，已增至6所（表3-6）。

表3-6　宁波同乡会创设学校目录

名称	创设时间	创设地点
宁波旅沪同乡会第一公学	民国四年	公共租界七浦路
宁波旅沪同乡会第二公学	民国九年	公共租界邓脱路
宁波旅沪同乡会第三公学	民国九年	在西门路三庆里
宁波旅沪同乡会第四公学	民国九年	浦东陆家嘴
宁波旅沪同乡会第五公学	民国十一年	肇嘉路东段
宁波旅沪同乡会第六公学	民国十一年	篾竹街荷花池
潮惠小学	民国二年	潮惠会馆

资料来源：《上海县续志》《民国上海县志》。

2）同业公所的活跃

　　与同乡会同样活跃的社会组织是同业公所，以同乡同业为纽带的社会团体在此期间依旧发展迅速，这段时期新创立的团体有21个，可能还有更多的小型团体没有被记录。其中仅有5个（灰色块标出）是同乡团体，其余的16个都是以行业为纽带的公所（表3-7）。

　　新的同业公会相对于传统公所在组织结构上要灵活得多，以前同业公所无论大小，必须有属于自己产权的会所，这些建筑一般规模宏大，如商船会馆；或

---

1. [美]顾德曼（Bryna Goodman）著，《家乡、城市和国家——上海的地缘网络与认同，1853—1937》，宋钻友、周育民译，上海古籍出版社，第166页。

表3-7 光绪二十七年—民国十二年创设的同乡同业团体目录

名称	时间	地点
山东会馆	光绪二十七年	吕班路，祀孔子
汉帮粮食业公所	光绪二十七年	穿心街，先租赁市房办公
台州公所	光绪二十八年	斜桥西，肇嘉浜南
潮惠山庄	光绪三十年	在日晖桥东
蛋业公所	光绪三十一年	大生衖
磁业公所	光绪三十三年	陆家宅
沪绍水木工业公所	光绪三十三年	福佑路
集义公所	光绪三十三年	在晏公庙西
江阴公所	宣统元年	黄家阙路东
砖灰业公所	宣统二年	金家牌楼
木商公所	宣统二年	穿心街西高墩街
常州八邑会馆	宣统二年	在斜桥南
丝绸业公所	宣统二年	新闸大王庙后
南北报关公所	宣统三年	蓬莱路
沪南三山会馆	民国三年	沪杭车站对面
漂业公所	民国三年	乔浜路东口
鼎和堂厨业公所	民国六年	药局衖
皮坊公所	民国六年	丽园路
中华国货维持会	民国八年	高墩路，购会所
苏绍丝线绒经染艺公所	民国十年	中华路白漾衖口
象牙公所	民国十二年	北张家衖

资料来源：《上海县续志》《民国上海县志》《上海市自治志》。

者处于城市的核心位置，如豫园内众多的行业公所。但是新的公所组织一般不建造自己的会所，而是租用住所或房间作为会所的登记地址。在《1947提城厢百业图》上可以看到许多设置在住宅内的公会，仅占用两个开间，例如蛋业公会，面积大约60平米，而商船会馆的占地面积大约为4800平米（图3-9）。这种灵活性与现代商业带来的行业细分，促使大量小型的同业公所出现。行业协会随着商业社会的发展而不断壮大，并在社会组织结构中承担更多的功能，从1902年到1906年间民间团体创设的学校大部分是同业行会在会内组织的（表3-8），同乡团体在办学活动上似乎突然消失。

从寺庙、祭坛到现代学堂，从同乡会馆到新式同乡会馆，人们不再缅怀过去与远方，而是努力在脚下的城市开始一段新的生活。对实用性的需求超越精神空间，这有新来旅居者的真实需求，也有地方自治团体的一厢情愿，在对国运衰弱的焦急中，掌握话语权的商绅阶层将传统精神与实用主义置于对立的位置，从而造成对精神空间的漠视，致使城市空间过度向实用主义进行转变。

在实用主义作为政治正确的选择下，横亘在老城厢与租界之间的城墙就显得极为多余，甚至靠近租界的县署也成为碍眼之物，在强烈的民族主义的裹挟下，城市北部区域因为毗邻租界而必须要做出改变。

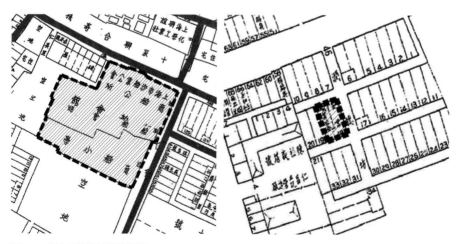

图3-9 会馆建筑的规模比较图

说明：左图为商船会馆的轮廓，右图为蛋业公会，两图的底图均为《1947年城厢百业图》。

表3-8 光绪二十八年—光绪三十二年同乡同业会馆所办设的学堂目录

名称	创设时间	创设地点
京江同学小学堂	光绪二十八年	京江公所
义务学堂	光绪三十年	麻袋公所
东华小学	光绪三十二年	麻袋公所
华宝学堂	光绪三十二年	水果业公所
榛苓小学堂	光绪三十二年	梨园公所
先春义务小学堂	光绪三十二年	先春公所
香雪义务小学堂	光绪三十二年	鲜肉同业
东明小学	光绪三十二年	裘业公所
典质业小学	光绪三十二年	典质业公所
花业公学	光绪三十二年	花业公所
商船小学	光绪三十二年	商船会馆
银楼业小学堂	光绪三十二年	银楼业公所
金业学堂	光绪三十二年	金业公所
豆米业初等商业学堂	光绪三十二年	豆米业公所

资料来源：《上海县续志》《民国上海县志》《上海市自治志》。

三、城市发展的新方向

刘易斯·芒福德认为"新的经济的主要标志之一是城市的破坏和换新，就是拆和建，城市这个容器破坏得越快，越是短命，资本就流动得越快"[1]，由于租界位于老城厢的北方，在拆建游戏中，城市发展表现出清晰的向北导向。

1. 北侧增辟城门

租界的强力发展转变了民众的看法，地块在之前的荒芜反而形成最好的开

---

1. ［美］刘易斯·芒福德著，《城市发展史：起源、演变和前景》，宋俊岭、倪文彦译，中国建筑工业出版社，2005年，第430页。

发条件。这段时期城市北部区域的改变，可以归结为三种形态：点——县署的拆除；线——城墙增辟城门；面——九亩地区域的土地开发。地方自治团体首先推动的是线的变化。

1）折中的策略

城门的增辟是由拆除城墙的议题引发的。最早关于拆除城墙的建议发生在光绪二十六年（1900年）的一个小型私人聚会上，记载于拆城派的代表人物李平书的《七十自叙》，据回忆是他在聚会上首先提出拆城的主张。光绪三十二年（1906年），李平书等士绅正式联名要求拆除城墙，并列举主要理由：①城基改筑马路，东西南北环转流通，而南市沿浦内面西门外一带马路可以联络照应；②清理城内河浜填筑马路数条，此后慢慢扩充将收到良好的效果；③填河需要修筑的大阴沟，可以用城砖来作材料，剩下的还可以修筑河岸；④房产与地产的价格会增长，以至于民众的情绪高涨。[1]

拆城主张引起社会的巨大反响，保城派也列出城墙不能拆除的理由：①城内最繁华的东北及西北隅亦与法界接壤，城墙拆除之后这些商业会遭到法人的觊觎；②如果法租界扩张将华界纳入，城内与马路都必为所夺，一利而失两地；③法界紧接之处，华商百货所萃，厘局林立其间，如果与法租界合并一定会无法收税，造成损失；④城墙与城内人民已经在生活与精神上融为一体，如果拆除城墙之后华界再被法国人占领，则生息于外人卵翼之下，国权益消，民气益衰，恐全埠为香港之续；⑤城内地方辽阔，警察与团练等保护力量不足，又没有兵舰严密保卫，再没有城墙庇护，盗贼更易生心，后患何可胜言。[1]

从争论中可以看到双方的思考角度明显不同，以李平书为代表的士绅从整个城市治理的角度出发，直接道出拆城之后城市的运作方法。而保城派的立场却是如果老城厢被法国人占领，没有城墙的话华人将损失惨重。两者对问题的思考高度与辩论能力相差甚远，也能够一窥拆城派所具备丰富的市政管理经验。不过事情的发展不是靠辩论就能决定，在城内公众对激进的拆城行为多有反对的情况下，增辟城门成为折中的解决方案。

---

1. 杨逸 等撰，《上海市自治志·公牍甲编》，民国四年刊本，第 27 页。

2）新城门的工程

经过商议，增辟的城门有三处：大境关帝庙处的小北门，福佑路东直的新东门，尚文路西直的小西门。城门位置的选择有明显的连通租界的倾向。原有的城门里，与十六铺接壤的方向最密集，小东门、大东门、小南门、大南门几乎集中在四分之一圆周内。如果忽略新北门是时局所导致的特殊情况，那么城墙在北侧与西侧的开门仅有两处。增辟的三处城门则改变了这个格局，城墙北侧成为城门密集的区域，与法租界接壤的城门达到六座，揭示老城厢与租界连通的迫切心情（图3-10）。

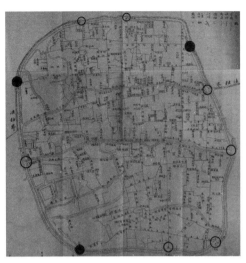

图3-10　增辟城门位置图

说明：实心圆是增辟城门，空心圆是原有城门。底图为《1912上海城内道路警岗图》。

在《同治上海县志》中，对城墙的记载为"周围凡九里，高二丈四尺"[1]，并没有记载城墙的厚度。本书第36页图1-4是1861年外国人对城墙测绘的剖面图，可以看到各个方向的城墙基本是同宽的，其厚度与高度相仿，也是二丈四尺。在8米宽的城墙上开辟城门是一项较大的工程，因此整个工程是分阶段进行的。城门的开辟是要连接城内外的空间，牵扯到众多的利益，在解决各个城门增辟工程的费用问题上，采用不同的方法。

（1）小西门。在增辟小西门之前，将上海城大南门内凝和桥以南，及薛家桥以西至西城根之小浜填筑马路，作为西南城辟门的预备工程，"辟门时应先接通阴沟，以利便泄泻。城外沿城根亦已筑路，门右有箭台一座应行拆除，与城墙砌平，俾免障碍。城壕外为新筑之黄家关路，一建吊桥即利交通"[2]，工程由姚文相负责，工费32 346两，劝令路旁两面业户按门面认捐。

1.《同治上海县志》，卷二《建置》，第1页。

2. 杨逸 等撰，《上海市自治志 • 公牍甲编》，民国四年刊本，第33页。

（2）新东门。新东门的开辟之处位置略为特殊，它在福佑路之直东，外通法租界，为城门中最为繁盛的一处。在城内马路都已筑就的情形下，开辟城门的"经费先由各公所、各绅商认垫，归果育堂收支，并向福佑路一带店铺、居户、各房主筹募，并不请支公款"[1]。

（3）小北门。小北门的开辟最为困难，因为这里是政府公地，沿岸并没有居民商户可以认捐，所有的经费只能由政府想办法，最终采取售卖九亩地公地的方法来筹措经费。

增辟城门之后，对于城门的管理也开始逐步完善，以前各城门在晚上的闭门时间不固定，导致商民来往十分不便，考虑到往来人流巨多，经过商议，新北门、小东门、新西门晚上十二点闭门。其余的城门仍然按照以前的时刻[1]。

2. 九亩地开发

芮沃寿在《中国城市的宇宙论》中提到，城市择选地址与建城规划上随着文明的发展，古代信仰的权威逐渐衰落，经济、战略与政治等世俗利害关系逐渐上升至主导地位。从世界范围来看，早期宗教的影响仅在后来的城市中偶然显现，而中国的城市显然是个例外，在中国漫长的历史发展过程中"存在着一种古老而烦琐的象征主义"[2]，一直在中国城市选址和规划中留存，它没有阐述原因，只需要谦卑的态度与坚定的服从。

在中国的城市宇宙观中，各个方向都有不同的含义。北方一般代表着死亡，是不祥的方位，这也许与阳光照射的方向有关，在讲究方位的说法里"坐北朝南，负阴抱阳"是好风水的象征。"负阴抱阳"来源于《老子》，在风水中有两层意思：一是背负高山，面对江河；二是坐北朝南。古人将其作为选择宅址、村址、城市的基本原则，"向阳"是成为"吉地""吉宅"的必要条件。上海县衙与学宫等布局上能找到证明，所有重要的建筑物的大门都开向南侧。

在城市各个方向的象征手法上也遵循此观念，在一个正好有4座城门的城市中，各门的意义被纳入同五行和五方位有关的象征系统中。在明显的象征手法

---

1. 杨逸等撰，《上海市自治志·公牍甲编》，民国四年刊本，第18页。

2. [美]施坚雅著，《中华帝国晚期的城市》，叶光庭等译，中华书局，2000年，第37页。

中，东南西北四门分别同春夏秋冬四季相联系。南门象征着"暖"和"生"，北门象征着"冷"和"死"。因此城市北侧的用地一般都被限制在一定的范围内，在那里布置某些能够遏制住北方煞气的内容。上海城外荒凉的北侧用地设置的是厉坛，是知县为那些游荡的鬼魂举办仪式的地方，以确保这些孤独的灵魂能够不危害和骚扰民众[1]。人们很少会选择不祥之地建设居所，这就造成英国人在设立租界时所看到的荒凉景象。就连城墙内部的北侧区域也较南侧发展得缓慢，西北区域最初有明代顾氏的露香园，在其没落后就一直荒废下去，后来还设置了小演武场与义仓——都是人员稀少的城市功能，直到民国初期地方自治运动时，这里还是一片荒凉景象。四明公所依附于城墙的西北侧设立，如果考虑到其大部分面积是作为宁波同乡寄存棺椁与丙舍的地方，就可以理解其为何在此选址。

在小北门的修筑中，由于通向城门道路的两侧都是九亩地公地，缺乏商户进行收捐，因此工程经费由变卖九亩地公地而得。地块上的道路是当局在进行地块售卖之前先行规划的，1910年辟筑大境路、露香园路，在《1917年法租界分区》图上也能看到初具形状的道路网格与较为平直的道路形态，与城内大部分弯曲狭窄的街巷具有不同的图形特质（图3-11、图3-12）。

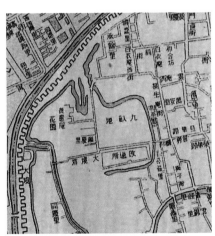

图3-11　1910年九亩地地区城市肌理图
说明：底图截取自《1910年上海县城厢租界全图》。

图3-12　1917年九亩地地区城市肌理图
说明：底图截取自《1917年法租界分区》。

---

1. [德]阿尔弗雷迪·申茨著，《幻方——中国古代的城市》，梅青译，中国建筑工业出版社，2009年，第432页。

　　通过丈放局的统计，九亩地一共65亩9分8厘。32号地块（5分6厘）与33号地块（6亩1分9厘）一起用作公立小学；83号地块（2亩）用作小菜场，剩下进行出售的土地共57亩2厘4毫，用6亩土地建成的小学即为后来的万竹小学。公地于1908年12月出售予兴市公司，约50多亩，卖地所得款项用于勤生院改良监狱学务的经费和修路辟城门的工程款。兴市公司以每亩2550元购买，并先行交付给总工程局1万元定金[1]。这些出售的空地上马上进行房地产的开发，建造了不少旧式石库门里弄，旧仓街的和平里、春源里；露香园路的聚鑫里、敦顺里；阜春街的同福里、三德里、蓉兴里，以及万竹街、怀真街的许多里弄。开明里即是其中一组里弄住宅。

　　由于是在荒凉的土地上进行房产开发，用地限制条件较少，而街块的面积又很大，于是出现十分典型的里弄住宅。开明里即是一组典型，里弄单元种类只采用了两种里弄住宅类型单元——单开间单元与双开间单元，整排的建筑也出现明显的重复性。这一切都是进行快速房地产开发建设的标志性特点。通过对比九亩地的开明里与法租界建国中路的建业里，可以看到两者相似的重复性行列，只是建业里的重复性更加纯粹（图3-13、图3-14）。

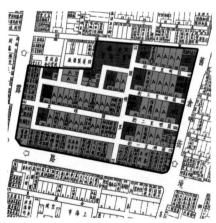

图3-13　开明里类型单元分类图

说明：关于里弄单元类型的分类与图例，见第六章。底图截取自《1947年城厢百业图》，作者自绘。

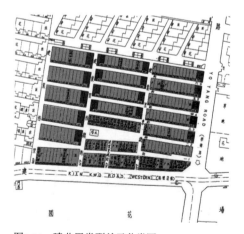

图3-14　建业里类型单元分类图

说明：关于里弄单元类型的分类与图例，见第六章。底图截取自《1947年城厢百业图》，作者自绘。

1. 杨逸 等撰，《上海市自治志·大事记乙编》，民国四年刊本，第10页。

　　这一类型的里弄住宅在老城厢地区为数不多，且大部分分布在新开发的区域，都是以光复前后急速城市化时出现的大面积土地为基础的。《1947年城厢百业图》对每条道路的形态都详细描绘，通过整体比较发现有两处的道路形态与路网结构较其他部分更为规整，一处是九亩地地区，另一处则是县署旧址。通过土地的商业开发，九亩地迅速繁华起来，在关于九亩地大火的信件中，都提到这一点：

　　……惟查九亩地一带，本为荒僻去处，从前所定路线，初不料有今日之兴盛。而自开辟市场后，商铺云集，人烟稠密，户口繁多，且有戏园在彼。是以车马行人拥挤殊甚，即如此次火警，两面延烧，实因路不过宽之故……。[1]

　　……况九亩地一带，毗连租界，先为热闹市场。新建戏园商肆林立，防维火患，更宜加意。且为人烟稠密之处，留此不急之障碍物，与火政交通两有妨碍……。[2]

　　九亩地快速繁华的原因，正如信中所提："毗连租界，先为热闹市场"，大量的人流促使本地区商业价值提升，吸引更多的商业设场发展，"新建戏园商肆林立"，并且聚集大量人口，"人烟稠密，户口繁多"。这些市面的繁华光景，起始点是九亩地一带在增辟城门的时候进行的土地开发。信件是民国四年书写，距离开发也就五六年的时间，在短时间内就可以达到车马行人拥挤殊甚的场面，可见北部地区因为靠近租界而带来的巨大商业利好。

3. 拆除县署

　　长期以来，县署都是上海县的重要政治机构，在雍正八年设置上海道署之前是最高的行政机关，在道署设立之后，县署依旧负责全县的司法与民政。在地理位置上，县衙位于城内最核心的位置，占地面积广大，并由两侧与正南方的宽阔道路强化县署的政治威严。自元朝上海县署从宋代榷场故址搬迁到市舶司之后，

---

1. 《救火联合会条陈造屋顶防火灾办法案》，卷宗号：Q205-1-163，上海档案馆藏。
2. 《沪南工巡捐局关于救火联合会函请移建大境牌坊的文件》，卷宗号：Q205-1-160，上海档案馆藏。

在650年里一直没有搬迁过。

表3-9是从明朝洪武二十五年到县署拆除前的记录，灰色区域标识的是县衙建筑受到损坏的事件。由表可知，在县衙存在的六百多年里，只有三次受损：城墙修筑前的倭寇之乱，鸦片战争时西兵进驻和小刀会起义。其余都在不断地加建与重新修葺，直到光复前夕还加建，"东北隅建统计调查处房屋十间"[1]。

由于知县在明清时期担负众多的职责，县衙内设置多种政府职能部门，因此一般都占据较大地块，官员均在衙门内工作与生活，很少会外出。比较上海县衙图与山阴县衙图内部机构，发现一些相同的原则（图3-15，图3-16）。衙门大门内即是一处宽阔的广场，整组建筑群的正中间是几进的院落，安排着从司法大殿到生活房间的内容。两侧是附设的政治机构，知县所养的整套政府班子成员在其中办公与生活。上海县衙在正德七年进行加建，"厅西为典史厅架阁库，两庑为六房仪门，东为土地祠，西为狱舍"。山阴县衙的狱舍与土地祠也位于相同的位置，这可能是一种遵从阴阳五行的标准化的布局方式。这种复杂的内部布局，约翰·瓦特认为其"反映城市发展的组织特征和文化特征"，提供了一种"比以下各级紧密得多的职能协作"[2]。

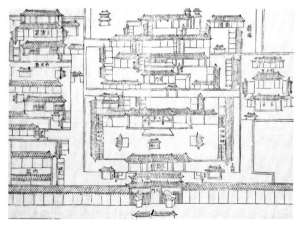

图3-15　上海县衙图
来源:《同治上海县志》卷首附图,作者整理。

---

1. 吴馨等修，姚文枏等纂，《上海县续志》，1918年刊本，卷二《建置》，第4页。
2. [美]施坚雅，《中华帝国晚期的城市》，叶光庭等译，中华书局，2000年，第419页。

表3-9　洪武二十五年—宣统三年县署建筑变化情况

明朝	洪武二十五年	知县重建鼓楼
	洪武二十九年	知县建穿堂
	正统四年	知县重建仪门、中堂署后寝
	正德七年	知县建新厅，厅东为銮驾库，厅西为典史厅架阁库，两庑为六房仪门，东为土地祠，西为狱舍
	嘉靖三十二年	倭寇毁厅宇
	嘉靖三十三年	知县重建门庑堂寝库狱及东西衙署
	嘉靖四十二年	知县建迎宾馆，重建土地祠
	万历五年	同知建东西南三坊
	万历二十六年	知县重立戒石亭
	万历三十六年	知县重建内衙厅事
开埠前	康熙九年	知县建堂于内衙之西
	康熙二十年	知县改建内衙额曰问心堂
	乾隆十三年	知县筑月台，重建吏舍
	嘉庆二年	知县重建自新所
	嘉庆十七年	知县改修大堂
	道光十五年	知县在署东箭道建问耕亭
开埠后	道光二十二年	西人入城，半遭毁坏
	咸丰三年	闽广会匪作乱，县署俱被毁
	咸丰五年	知县重建
	光绪三年	知县重建三堂及幕僚，增建监狱围墙与戒石坊
	光绪三十四年	知县于宅门东增建
	宣统二年	知县就旧监狱地址建改良监狱，冬天修大堂，改建两廊
	宣统三年	署内东北隅建统计调查处房屋十间

资料来源：《同治上海县志》《上海县续志》。

　　县衙具有较一般建筑宏伟得多的体量，是复杂结构在物理空间上的反映。历史地图显示，县衙在城市北侧的中心区占据最大的地块。对于县衙范围的定位是通过多份历史资料推断的结果，本书附录中有详细的说明。与县志所附的县署图不同，上海县署并不是一处规则的地块，造成这种异常现象的是紧张的城内空间。

县衙在六百五十年里，在城市中心占据比道署大得多的地块，处理县城日益庞杂的事务，并在历代王朝更替中屹立不倒，直到上海光复改变了一切。据《上海研究资料》记载，辛亥革命之后，上海县署开始并没有要搬迁，只是要将原县署内的司法署搬出，因为民国政府改变了政体，县行政司法划分独立，原来县衙是合署办公，司法署（后改组审检两厅）和县民政长公署两个机构一起设在原来的县衙里，导致办公空间十分局促。时任县官吴馨于1912年8月5日致电苏督程德全，获准将审检两厅改设于前清海防同知衙门。但是后来吴知县又改变计划，迁建县署，将旧县署让给审检两厅，再经省方核准。吴知县不久去职，直到1914年11月，知县沈宝昌完成这项工程。[1]（图3-17）

县署迁建并且在原址开辟马路是一项耗资巨大的工程，首先因为县署的西、东、北三面都被民宅包围，要达到道路的畅通需要拆掉大量民宅，所需的征地费用相当高昂，《民国上海县志》有记载：

初非本厅长个人私事也，葡萄衖钱汪翁等各业主，乃主张仍以此次召变县基地，无拆让葡萄衖民房之必，要现在欲令拆让者，

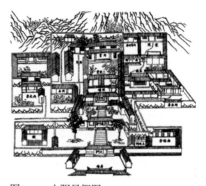

图3-16　山阴县衙图
来源：[美]施坚雅著，叶光庭等译，《中华帝国晚期的城市》，中华书局，2000年，第421页。

图3-17　县署区域空间变迁图
说明：上图截取自《1910年实测上海县城厢租界全图》，下图截取自《1917年法租界分区》。

---

1. 上海通社，《上海研究资料》，中华书局发行所，民国二十五年五月发行，第53页。

无非增县基地价额之收入，与地拆屋收让情者形不同。现查拆让房屋约计三十间之多，损失财产在万金以上，本难从命。第辟路为地方公益，不得不勉为其难。但所让之地，其价额须每亩银四千两。拆屋以楼房不分上下，每幢一百元；平房不分上下，每间五十元。其地价如以为太大，即请将收让之地若干，由县公地内不论何处，调拨若干，照易地让地之法亦可以。[1]

为筹集搬迁县署的费用，当局采取变卖公地的方法，《民国上海县志》介绍了详细的财务情况：

县知事公署在二十五保十图蓬莱路，基地十一亩五分四厘五毫。改革之初，行政司法两机关并设旧知县署。元年八月，知事吴馨议以旧参将署改建县知事公署，腾出县署基地筹建审检两厅。并以海防同知署召变，得价充县署建筑费，……，参将署址六亩二分七厘四毫，不敷应用，复价购毗连民地五亩二分七厘一毫。所有旧海防署基地，连照墙隙地，共五亩八分四厘，变价得银四万四千二百十六元六分三厘。除支添置房地各价银一万一千一百一十三元，运砖填泥修路，筹费银六百七十一元七角九分七厘外，存银三万三千余元，而建筑估价需银三万五千元。[1]

本来费用基本够用，但是工程中途受到一些影响，在民国四年五月被飓风毁坏，导致"贴还工头耗费银三千二百六十九元"。后来还因为续添了器具，花费"七千二百五十元"。工程在民国十一年完成，"建洋式楼房前后进各七幢，东西二十四幢，公寓一所前后各五幢"。

最终建筑工程部分花费"银四万五千五百十九元"，与开始的估价相比，"收支相抵，不敷银一万三千元"，这些费用通过"变卖旧县署基地"来补足。

随着新政权在城市管理上日趋精细化，传统的政治庞然大物——县衙不见了，取而代之的是小体量的行政机关，它们呈散点分布，彼此连成网络，并受到

---

1. 江家瑂等修，姚文枬等纂，《民国上海县志》，1936 年排印本，卷十一《工程》，第 27 页。

上级政府的统一调配。网络化的管理显然比原来的单一中心要有效得多。

（1）县衙解体而成小块行政机构。

作为政治权力中心的县衙解体，就像巨石崩裂一样，原来依附于权力中心的政治机构如碎片般散落在城厢内外（图3-18）。县衙被分解为新的县民政长公署与司法署（后改组审检两厅），新县署搬迁到原右营游击署旧址。这块土地在右营署之前是广安会馆，在平复小刀会起义后被惩罚性充作公产。有点宿命论的味道，曾经几乎将县治推翻的地块，最终被县治占有。审检两厅因为对办公面积需求增大，又搬迁到城南火车站附近，只留下监狱与粮仓在县城中心。县署的搬迁产生一场连带交易，位于小东门的海防同知署，因为迁建的工程款缺口较大，于是政府"以海防同知署召变，所得钱款以充县署建筑经费"[1]。

（2）救火会的九区制

救火会原来由同仁辅元堂负责办理，缺少系统的组织性，在管理上十分混乱，各个救火会各自为政，以至于在救火时都发生冲突。光复之后将所有的救

图3-18　县署功能分散图

说明：左图为原县署功能分散成各个政府机构的位置，右图为县署拆除后政府机构的城市布局状态。

---

1. 江家珣等修，姚文枬等纂，《民国上海县志》，1936 年排印本卷十一《工程》，第 27 页。

表3-10　救火会各区分布情况

名称	地址
第一区	总汇龙设在邑庙东首，价购宝带路城壕地4分2厘，并建市房收取租金，并奉财政部拨给南城壕地1亩3分2厘
第二区	总汇龙在紫金路，并奉财政部拨给南城壕地9分5厘
第三区	总汇龙在安澜路基地1亩2分，丈放局详准财政部划拨
第四区	总汇龙在旧县署班房基地，2分5厘
第五区	总汇龙在大码头接官亭旧址
第六区	总汇龙租用王家码头北首第四公共码头
第七区	总汇龙在海神庙
第八区，第九区	未筹办

资料来源：《民国上海县志》。

火社按区划分为九个区（表3-10），于每区适中地点建总汇龙（即今日的消防总局），本区内的火情都由总汇龙来进行调度。民国二年九月，原本救火会计划请求县知事兼城壕事务所所长指拨城壕基地来建设各区龙所，但是城壕事务所改丈放局，镇守使以救火会可移至冷僻之处，不必挤在最优市场为言，取消拨地。于是各区救火会另外选择地点设立，设区事务由各社公所会长主持。

　　需要特别提一下道署的命运。作为上海县城政治级别最高的政府机构，道署在开埠后一直代表中国官府与租界的最高行政长官频繁往来。随着涉外事件的增多，道台需要更多的幕僚和官吏来处理事务，开埠之后道署几乎每隔十年左右都会购买民地进行扩张，并在光绪二十年达到最终的规模，"直达道前街"（表3-11）。在上海光复之后，最后一任上海道逃往租界，原来的道署旋即被占领，被改为上海革命政府警察厅机构。相对于县衙，道署的转变对城内城市结构的影响要小得多，因其设置比县衙晚了三百年，且不处于城内地理位置的中心点上，占地面积也小得多。在光复之后，道署的改变只发生在内部，办公人员由道台衙门官吏转化为国民政府警察。

表3-11 咸丰三年—光绪二十年道署变化表

咸丰三年	寇毁; 咸丰五年, 巡道重修
同治三年	购署西民地
光绪十三年	购署西民地, 扩充关科房
光绪二十年	巡道复购西首民舍, 直达道前街, 添建办公室

资料来源: 《上海县续志》。

县署的搬迁是上海县内政治机构进行的最剧烈的一次调整, 因为县署的行政机构依然存在, 频繁的战事造成的巨大财政负担无法支持大规模的工程。虽然在较远的历史上, 改朝换代经常引发旧的政治中心的破坏, 但多是发生在国家政治中心。民国从清廷手中相对和平的权力转移并没有引起政治性的拆建行为, 北京故宫并没有改变, 同样作为开放口岸的广州府建筑也在, 只是内部办公的人员与名号变化而已。因此上海县署的迁建, 不能简单地将其与政治体制的变化划上等号。沪南工巡捐局的来往书信可以为这次重大的迁建行为作出解释:

是查上海城内道路狭隘, 市面穷败, 较诸租界判若天壤。本厅署地处城市中心, 若不迁徙, 是南北永无交通之望, 即城市永无兴盛之日。是以本厅长不惜繁费, 决计将厅所监狱悉数迁让, 牺牲多数地亩, 开辟马路, 以为建设市场之用。均属地方公益之举。

⋯⋯⋯⋯⋯

平允等语, 是以地方公益之举, 视同本厅长私人之事, 未免误会。夫开通马路之地约去六七亩之多, 辟路费约需数千元之巨。其中出入仅足相抵, 非有得无失也。况该衔附近民地, 除悉数充作马路者外, 则有余剩部分者, 亦必因辟路之结果, 增高其价。⋯⋯

上海地方审判检察厅 厅长 检察长 民国四年四月二十九日[1]

---

1. 《沪南工巡捐局关于上海县署基地开辟马路案》, 卷宗号: Q205-1-58, 上海档案馆藏。

信中所述的迁建原因散发出强烈的新思想的味道。

县署的迁移也是受到租界经济发展与地理位置的影响。北侧租界现代城市面貌带来的巨大城市活力，引发新政权对改善城厢面貌的迫切需求；加强城市北侧的交通发展，是老城厢向北与租界形成经济共同体的诉求。可以想象的是，如果租界设在上海老城的南侧，那么县署根本没有拆除的必要，县城南侧的大部分地区可以通过县衙南侧的大街穿过大南门直通城外。

位于老城厢北侧的租界就像巨大的"黑洞"一般，将周边的一切向它吸引，其产生的力量是如此之大，以致挡在其中的任何事物都被碾压过去。这是资本自然流动的力量，也是自治团体中强烈的民族主义情感产生的加持效果，在双重作用之下，老城厢的城市空间发生的变化远超所需，这次是代表传统政治权力中心的县署，下次是代表传统城市统治界限的城墙。

四、城墙的道路化

城墙的拆除是老城厢城市空间几百年来最为剧烈的变化。1911年上海光复之后，地方自治团体由于政治博弈的成功，问鼎更高的市政管理权，趁着新时代的精神鼓舞与西方势力催生的民族主义情感，1911年11月24日，李平书召集南北绅商于救火联合大楼开会再次提出拆城问题。他说："今日时机已至，欲拆则拆，失此时机，永无拆城之望矣。是否主拆，请公决。"拆城得到全体赞成，之后经过一定的法定程序，便开始施行。

城墙的拆除是一项浩大的工程，分为拆除城墙、填没城壕、设置排水管、修筑路面四部分。工程牵扯到众多的复杂情况：原有城壕的处理、城壕与城墙之间的空地权属问题、城墙本身的空间、城墙毗连的房屋的处置，除此之外还有北半城外的法租界与一处英国兵冢也须妥善安置。每段城墙两侧都包含不同的情况，直接影响到拆城后的城市空间形态。通过分析每段城墙原始地理信息与对应拆城之后的城市空间，发现在信息的转换中存在相对固定的规律。

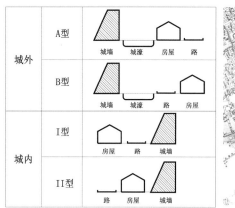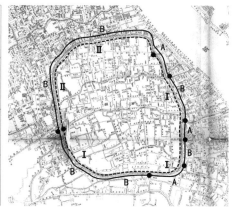

图3-19　城墙空间类型布局图

1. 四种典型空间的转译

1）原始地理信息的分类

"城墙区域空间"并没有固定的宽度，也没有明确的界限，是本书为讨论拆城导致空间演变所使用的一个概念，泛指受到拆城影响的两侧的空间范围。将城墙区域空间以城墙为界，分为城内与城外两个部分。由于在城市空间的演变中，河流与道路的形态往往在历史中能留下痕迹，因此在空间分类中，以城壕、道路、建筑三者的关系为依据。这样城墙区域空间理论上就出现四种：AⅠ型、AⅡ型、BⅠ型、BⅡ型，但是将空间模式落位到地图上时，发现并没有AⅡ型（图3-19），下面分别分析其他三种类型城墙空间的典型转译方式。

2）AⅠ型

对AⅠ型城墙空间区域的研究选取大东门与小东门之间的部分。城墙内紧贴道路，东姚家衖、孙家衖等街巷直接连通到城墙下。城墙外有一定宽度的空地，城壕的东面是里咸瓜街，里咸瓜街与城墙东侧的空地处有数座小桥相连。

拆城筑路之后，城墙内的小路与原有的城墙一起并入中华路，因此在中华路的西侧形成较大的地块。在城墙外，原有的里咸瓜街依然不变，与新筑的中华路之间形成一条狭长的街块。城壕上的桥梁空间依旧在新的城市空间中留下来，形成几条与中华路连接的小巷，如图中箭头所示（图3-20）。城壕被填埋并在上方修建房屋，形成一排沿街商铺。

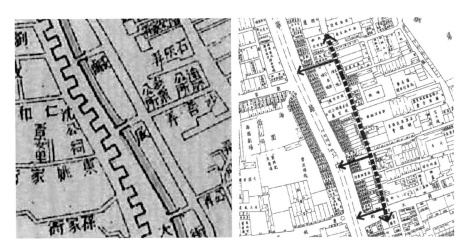

图3-20　大东门附近城墙拆除前后空间比较图

说明：左图为城墙拆除之前，底图截取自《1910年实测上海县城厢租界全图》。右图为城墙拆除
后，底图截取自《1947年城厢百业图》，作者自绘。

　　3）BⅠ型

　　对BⅠ型城墙空间区域的研究选取小南门到大南门的一段。原有城墙紧贴道
路，永兴桥南街、小南门里街等街巷与城墙相连。城墙外侧为较宽的城壕，城壕
南侧即为道路（图中实线），在小南门北面段道路为小木桥街，小南门南侧的道
路并未标出名称。

　　拆城筑路并没有简单地将城壕与相邻的道路直接合并成中华路，城壕外侧的
道路留下来，原有城壕的位置上建设房屋，这样就形成糖坊北街、小关桥街（图3-21
右图中箭头线）与中华路之间窄长的条状建筑。原来城墙内侧的道路消失了，推断
是被并入中华路。说明在南侧的拆城筑路工程上对成本的控制更加严格，道路的
宽度控制在不拆民房的范围，同时还多出填没城壕而成的可售地块（图3-21）。

　　4）BⅡ型

　　BⅡ型城墙空间区域全部出现在与法租界相邻的部分。选取老北门与新北门
之间进行研究，此地块在城墙南侧为长条状，其间并没有断开，城墙外侧与法租界
相邻，城壕旁即是法租界的道路。城墙南侧在拆城筑路之后，原有的障川街没有
变化，街道与城墙之间的区域依旧为两面临街的窄长地块。如果空间完全转译，那
么障川街北侧的地块应该是一条完整的地块，但是它被几条小巷分割，小巷与民国

图3-21　小南门附近城墙拆除前后空间比较图

来源：作者自绘。

说明：左图为城墙拆除之前，底图截取自《1910年实测上海县城厢租界全图》。右图为城墙拆除后，底图截取自《1947年城厢百业图》。

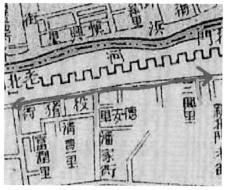

图3-22　新北门附近城墙拆除前后空间比较图

来源：作者自绘。

说明：左图为城墙拆除之前，底图截取自《1910年实测上海县城厢租界全图》。右图为城墙拆除后，底图截取自《1947年城厢百业图》。

路连通，虽然没有与法租界的道路对位，却是障川街南侧道路的延伸，这充分体现出在重新规划城市空间时，政府加强老城厢与租界联系的强烈意愿。（图3-22）

　　城墙外侧为法租界，从结果来看，空间变化的原则很简单，即城壕与原法租界道路合并成为新的民国路，但是此事关系到政治层面，是华洋两界共同协商的边界问题。

2. 对空间形态的影响

1）华洋合作模式

从老西门到小东门这一段城墙的外侧与法租界接壤，城壕的北侧即为法租界的道路，华界计划拆城之后修筑道路，那么未来的华界道路与法租界的道路之间的关系处理就成为最核心的问题。

上海县民政长吴馨和法国驻沪总领事经过商讨，制定此路的七条"联合办法"：①两界道路为彼此便利起见，合成一路；②华界一侧新辟之路和法租界一侧原有之路的分界，以旧时界限为准，于界线地下埋设界石，上面盖以铁板，另制作界石分布地图，作为分界凭据；③此路地面、地下的各种工程建设，双方各就本界办理，不得侵越到对方界内；④华界填浜时，地下埋设大阴沟，考虑到从前法租界南部是排水于城壕的，故华界方面代法方将排水沟接于华界大阴沟，并不收法方费用；⑤在此路上，两界巡警各守界限值勤。如遇追捕匪类，对方应予协拿，如来不及通知对方而越界的话，不以越界论；⑥在此路上，在法租界公董局捐照的车辆和在南市市政厅局捐照的车辆，各可通行于对方道路的路面；⑦此路建成以后，两界各自负责自身的常年零星维修，如全路需要大修时，互相再协商合办之法。

两方达成共识后，新筑的民国路在此段为原有的法租界道路与城壕合并筑成，因此明显比其他段的路面要宽。特别说明的是，老北门处道路弯曲的形态源自这里河流的形态，因为老北门属于倭寇入侵的主要方向，原有的城门在修筑时扩大楼台，形成弧形的城楼，导致此段河流弯曲明显（图3-23）。

2）新型交通工具

新筑成的民国路与中华路是宽阔的干道，此时新的交通工具已经逐渐普及，如第一段法租界与华界所签订的条约中所述，这时候车辆已经比较普遍，同时有轨电车也已经开始发展，因此在城市道路的规划中，如何有利于车辆行驶成为一个重点考虑的问题。

作为城市主干道，民国路和中华路自然要求道路形状适于顺畅的通行，在北侧的法租界道路是沿着城壕筑成的，形态较为规则。原城壕在小东门处出现较为弯折的形态，必然成为交通隐患。在筑路过程中，以小东门为界，北侧部分依旧

图3-23　与法租界毗邻城墙拆除前后空间比较图
来源：作者自绘。
说明：上图为城墙拆除之前，底图截取自《1910年实测上海县城厢租界全图》。下图为城墙拆除
后，底图截取自《1947年城厢百业图》。

按照直接填埋城壕修筑道路的方法，在南侧部分则进行调整，城壕在填埋之后上
方不再修筑道路，而是建造房屋，例如肇嘉浜与城壕的连接处，根据档案馆的民
事纠纷地图可以断定这是相当一部分城壕的做法。1910年与1947年的历史地图对
比也能看出里咸瓜街西侧的街块明显变宽，这就是建筑地块将城壕区域并入的结
果。通过此种做法，此段区域的道路曲折处变得十分平缓（图3-24）。

　　在方浜的城墙外区段也因为交通因素而进行城市空间层面的调整。根据城
内填筑方浜的历史资料，可以推测方浜城墙内区段是在狭长街块中间的窄弄北
侧。1947年图上东北部分法租界的区域，建筑的轮廓基本上与1910年的地图相
同，只是在形状上有些变化。最初法租界此处的区域是狭长形的，而1947年地
图上这片区域较1910年要宽，整体街块形态不规则，同时中间还有一条窄巷，

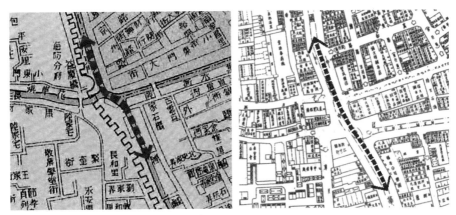

图3-24 小东门附近城墙拆除前后空间比较图

来源：作者自绘。

说明：左图为城墙拆除之前，底图截取自《1910年实测上海县城厢租界全图》。右图为城墙拆除后，底图截取自《1947年城厢百业图》。

这些痕迹说明这个街块南侧的小组建筑（图3-25中斜线填充部分）是后来添建的，所用的土地是原法租界的道路。这样，将原集水衖与方浜之间的建筑（图3-25中虚线填充部分）迁移到北侧法租界的道路上，与法租界的地块连成一个整体。而地块原址与方浜，还有原来的集水衖，三者共同组成新的宽阔的东门路，以利交通（图3-25）。《申报》数次就此项工程进行说明，所强调的观点是在原有的两条窄衖中之所以选择将集水衖拓宽，是因为其距离北侧法租界的道路较远，利于车辆转弯。

　　3）官方认识的转变

　　政府官员在推进拆城筑路工程中，对城市总体规划的概念也逐步形成，在局部城市空间的处理上显示出愈加成熟的考量。从大东门处两次不同的规划线路即可看出政府的进步。

　　大东门处的肇嘉浜与城壕的交汇处属于较复杂的地理情况，居住在此的王氏因为规划线路的变化而向政府抗议："……贵局为改正路线起见，致将敝处之地冲开。现在敝处正在建筑之时，木料早经做齐，一经改变，损失甚巨"[1]。

1.《沪南工巡捐局改正肇家浜路划用王姓基地案》，卷宗号：Q205-1-203，上海档案馆藏。

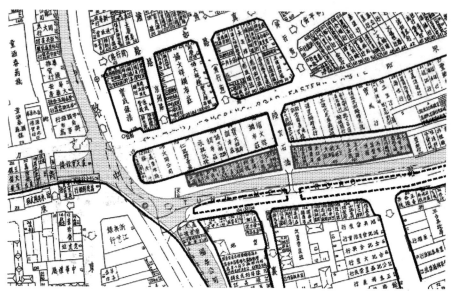

图3-25　小东门外城墙拆除前后空间比较图

来源：作者自绘。

说明：图中点状填充为原城壕，黑线为原建筑，斜线填充为新建建筑，虚线为拆除建筑。底图截取自《1947年城厢百业图》。

根据书信附带的地图，图3-26中的虚线为工巡捐局第一次规划的道路线，道路与的东侧利用了肇家浜，但绕开一些沿浜的房屋，道路西侧与中华路连通，并有一定宽度。不过实线所表示的第二次规划道路比第一次的还要宽，东侧也保持了一定的宽度，西侧与中华路相接的部分较第一次规划道路要宽一些。此举便导致王姓的房屋用地后退，尺寸减少，以致已经加工好的房屋木料作废。

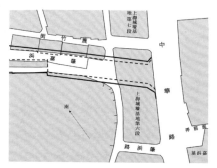

图3-26　小东门外官方两次规划线路示意图

作者参考上海档案馆图片绘制（《沪南工巡捐局改正肇家浜路划用王姓基地案》，卷宗号：Q205-1-203）。

这说明在进行道路规划时，官员的思想也在不断提升。从最初对城墙两侧道路的贯通考虑较少，仅仅是将河道填埋，到后来思路调整，将关注点放在城内外道路中间的连通，并有意增大新筑道路的宽度，开始考虑现代交通工具通行的要求。

拆城运动工程浩大，并且耗资甚巨，对于城墙两侧原有的住户，市政府施行一套补偿方法："楼房每幢偿拆费洋三十元，新建或工料较市者洋四十元，平房每间贴偿拆费洋十五元，新建或工料较市者洋二十元"[1]。经过两年的努力，城墙于1914年冬拆除完成。

长时间的工期必然引发阶段性的矛盾，例如在拆到南半城时，城壕两侧众多住户对原定的宽度有强烈的异议，导致工程一度停滞，最终迫于压力将中华路的宽度减小。在拆城期间还牵扯到复杂的土地产权关系，尤其是政府与军队对公产还是军产的定性问题进行过强硬的争夺。

伊莎贝拉·伯德在1898年对老城厢的印象是"它是一座繁忙而令人生厌的商业城市，按中国人的方式生活着，仿佛遗世独立，没有外国租界存在一般"[2]，如果她几年后再访，一定会震惊于整座城市在求新求变风潮下的巨变。

上海地方自治团体更没料到眼前的划时代变革。1907年，外商保险公司试图拓展老城厢内的保险业务时，向上海县政府提议向救火能力有限的老城厢内引入租界的救火力量，这促进华界消防意识的觉醒，知县拨出小南门的粮仓废址来建造10丈5尺8寸高的钢结构警钟楼。城市原来的高点是城墙上带有景观及精神意义的楼阁寺观，作为新的高点，警钟楼标志着老城厢在城市空间的垂直方向上也完成现代市政功能的转变。巧合的是，在塔楼竖起的第二年，李平书和陈其美敲响警钟楼的大钟，在以钟声作为暗号的军事行动中，包围了困惑于新型市政火警的清军，完成上海的光复，将这市政建设行为本身所负有的代表意义，转化为真实的社会剧变。

从资本扩展的角度，拆城运动与之前的开辟城门运动、县衙的拆除活动，都是资本的强力需求对沿途阻碍的暴力破坏。城市南部的发展促使资本打通与城墙内的管道，位于北侧的租界资本产生的巨大膨胀力量更将城墙击打得千疮百孔，并最终挟裹着民族主义的浪潮迫使古老的城墙轰然坍塌，这一曾经老城厢城市空间中最重要的象征主义元素随着新时代的到来而消逝。

1. 《拆卸城垣之手续》，《申报》，1912 年 5 月 24 日。

2. [英] 伊莎贝拉·伯德著，卓廉士、黄刚译，《1898：一个英国女人眼中的中国》，湖北人民出版社，2007 年，
　　第 27 页。

1914年城市平面格局图

1927年城市平面格局图

第四章　官民共导的特色系统化建设

（1914—1927）

　　城墙倒塌后，密集凌乱的内部城市形象毫无掩饰地袒露在光鲜的租界面前，向内修正成为新阶段的目标，经过之前十多年的探索性实践，光复后上台的地方官员已经在相当程度上习得租界的城市管理技巧，但是与荒芜空白的滩涂不同，面对老城厢几百年来形成的错综复杂的底图，官方与民间将导演怎样一出关于改革与建设的历史戏剧？

一、整体稳定与局部开发

　　1914年至1927年的十三年间，城市的市政掌权者发生变化，《上海研究资料》对这场市政变动有简单的介绍："上海自陈其美于一九一三年辞去沪军都督，沪军都督府解散以后，政权落于袁系政客之手。上海地方绅士的抬头，很早就引起了官方的关注。加以二次革命在上海爆发，袁皇帝准备登龙种种原因，一九一四年，北京政府就不顾一切，解散地方自治。上海南北两市政厅分别由官方接收，南市改称为上海工巡捐总局，闸北改称为闸北工巡捐分局，属总局管辖，继又紧缩范围，改设闸北分办处。上海市政在此动摇时期，屡经挣扎奋斗。一九一八年，地方人士屡次请求恢复自治，政府均延迟未准。沪南、闸北分治问题，总算接受地方人士的请求，而将沪南、闸北两局分别改称为沪南工巡捐局、沪北工巡捐局，仍恢复其各自独立的状态"[1]，从此，工巡捐局正式登上历史舞台。

1. 教育的公共化投资

　　这段时期城市功能布局的变化是微弱的，1914年与1927年城市的功能分布基本一致（本章首页1914年、1927年城市平面格局图），在清朝建国、上海开埠之后都经历过类似的城市停滞期。政治建筑已经在上海光复三年内完成改建，同乡同业团体正处于政体变动后的观望期，寺观大多数都已经被学堂占据，唯一活跃的就是自科举废除就异常活跃的教育建筑（图4-1、图4-2）。

　　这13年共新增12所学校，且县教育局作出卓越的贡献，开设从市立第一小学到第七小学，除了市立的七所小学，其余的学校都开设在城外，并且办学内容向专业化方向发展（表4-1）。

　　同样在城外的还有南市公共体育场的设立，这是老城厢从单纯知识教育到接受"身体培育"观念的转变。进行体育锻炼来强身健体并不是中国一直都具备的观念。在上海各类地方志中，没有提到过任何关于普通公民专门进行运动的场所，《上海研究资料》中对国民与体育的关系做了阐述："我国以前的传统

---

1. 上海通社，《上海研究资料》，中华书局发行所，民国二十五年五月发行，第82页。

图4-1　1914年文化教育建筑分布图　　　　　图4-2　1927年文化教育建筑分布图
注：圆圈标注出1927年新增的建筑。

表4-1　市立第一—第七小学名录

名称	时间	地址
市立第一小学	民国九年	西城小学大礼堂
市立第二小学	民国九年	文庙崇勉堂
市立第三小学	民国九年	教育局东偏余屋
市立第四小学	民国十年	乔家栅民房，后迁麦家街
市立第五小学	民国十一年	沙场街民房，后迁谈家衖
市立第六小学	民国十一年	陆家浜三角街
市立第七小学	民国十一年	在东唐家衖，后迁鱼行桥南堤东首

资料来源：《民国上海县志》。

制度，把文武的界限分得过于清楚，所以运动竞技的事情，唯有属于武的方面的将士去练习。当时国家所办的操场，即所谓演武场和演武厅，也只供给军士们应用。至于一般民众，既无人去鼓励他们学习健身的技能，也没有共同健身的机会与地点。"[1]一般民众以前并没有进行体育锻炼的概念，在身体上进行的精进都带

有明确目的，或是进行武考，或是军队为了提升战斗力。在开埠初期，中国官员曾经对租界的西人热衷的各项体育运动表示不解：这些劳累的活动让下等人去做不就好了，为什么要亲自上场？随着西方卫生与健康观念的发展，体育锻炼能够强身健体的思想也逐渐得到华界的认可。1915年中国运动员在第二届远东运动会上的出色表现，在上海掀起一股体育热潮，促进政府下决心建设体育场。上海县知事沈宝昌响应江苏省公署要求各县筹办公共体育场的指令，委托教育会会长吴馨等筹集经费，选定斜桥北面（今方斜路与大吉路路口）上海慈善团公地二十六亩有奇，建筑办公楼房两座，健身房一座，布置三百米跑道一圈，足球场一座，网球场二座，室内篮球场一座，排球场一座，名称为"上海市立公共体育场"，并于1917年3月30日开幕，成为上海第一个由国人创办的公共体育场[1]。

南市体育场不仅是举行体育活动的场所，对于建筑稠密的老城厢来说，它还是难得的一处城市开放空间。上海在1911年光复之后始终没有学习租界设立广场，而武汉、广州都为了纪念辛亥革命建设了颇具规模的市政公园，这与老城厢在租界环伺下紧张的用地有关，也与城市更急迫地想通过促进商业振兴市面以和租界抗衡有关。在体育场建成之后，正值国内政治局势动荡时刻，这里成为举行政治集会的绝佳场所，从成立到1937年被日军炸毁，举办过众多集会。1919年5月7日，聚集2万人声援北京学生的爱国行动，反对签署巴黎和约；5月26日，5.2万名学生在此进行罢课宣誓大会，会后游行；1925年4月12日举办孙中山先生追悼大会；1927年3月22日举办欢迎北伐军的大会，并要求正式成立市政府；1932年1月30日举行抗日大会等。公共体育场举行的集会活动所反映的历史事件几乎就是一部中国近代史。

2. 土地的商业性开发

对于这段时期城市建设停滞的情况，不能忽略一个因素，就是功能变迁图是以县志与地方志的资料整理绘制的，自然缺乏对商业的记载。老城厢在建筑类型上一直受到租界的影响，从里弄住宅到商业建筑形式都是如此，租界地区从1914

---

1. 上海通社，《上海研究资料》，中华书局发行所，民国二十五年五月发行，第 447 页。

年开始的四大百货时期开启商业地产开发的新局面，两年之后传到老城厢，形成豫园旁"小世界"的商业项目。

1）"小世界"的商业地产开发

城隍庙作为中国传统城市的市民聚集场所，向来是小商业的主要营业场所，而直到清末民初，上海的游艺仍多以游园以及分散在福州路上的茶楼为主。在小刀会起义与太平军东进时期的严重损坏后，同业公会在官府的指导下购买原来所租用的地块，这反而加剧剩余场地上小摊贩的活动。

1916年，上海振豫公司向工巡捐局申请长期租赁豫园花园西南侧的饼豆业公所萃秀堂使用的一块土地，用来建造劝业场，在"新世界"开创将全部游艺集中于一处的"游艺场"之先风[1]。最初周围商家怕抢了自己的生意而强烈反对，并控诉劝业场以"劝业"之名，实则进行商业开发。针对这些意见，劝业场最终以加高3尺，做10尺深为修改条件而建成。商场总共七层，底层是游艺场，二层为商品陈列室（为了满足劝业的内容要求）、餐饮和商铺，三层及以上为游艺场，屋顶露台架设远眺黄浦江的望远镜。营业一年后，将二层的陈列室拆除，并改名为"小世界"。张晓春认为："民国以后，公历时间的普及，以及一些传统农历节日的节庆活动逐渐衰退（例如城隍庙最为热闹的三巡会活动，在清末民初逐渐废止），使得城隍庙商业、娱乐因农历时间计算的季节性和周期性特点逐渐减弱，而与整个近代上海的城市生活方式融为一体。"[2]

在1933年的《上海市土地局沪南区地籍册》上，此片区域的大小地产并没有在某家地产公司或者个人名下，而是都属于县教育局（图4-3），也许此处地块最初确实是县教育局计划做劝业所之用，只是在地产商的斡旋下最终开设为"小世界"，借用历史名园周边的地块，利用庙宇与名园的人流导入效应解决商业运营所需的人气。

1. 薛理勇，《老上海娱乐游艺》，上海书店出版社，2014年，第141-142页。
2. 张晓春，《文化适应与中心转移——上海近现代文化竞争与空间变迁的都市人类学分析研究》，博士论文，第46页。

图4-3　县教育局在豫园地区所占地块图

来源：作者自绘。

说明：底图为《1947年城厢百业图》，地籍线依据《上海市土地局沪南区地籍图》《上海市土地局沪南区地籍册》。

2）半淞园的娱乐地产开发

　　同时期的半淞园在开发过程上则更为纯粹，园林拥有者直接针对老城厢空缺的商业市场，通过规划建设来形成一片娱乐性地产，半淞园在今花园港西侧，望达路东侧。民国七年，邑人姚伯鸿将原沈家花园扩建而成，取杜甫"剪取吴淞半江水"诗意命名，是一座经营性私园。全园占地面积4公顷多，园内有人工大岛，四面环人工河，经陈家港和望达港引入黄浦江水。园内大假山基底面积0.66公顷，高约20余米。园林设计兼顾古今中西，亭堂廊榭结构精雅。半淞园从前期宣传、园内经营到后期土地开发，都显示出园主姚氏娴熟的地产开发技巧。

　　首先，公园用地的选址需要考虑周边交通条件。1915年3月，华商电车公司向工巡捐局申请拓宽路面，拟铺设自沈家花园至制造局之间的电车轨道。1916年，华商电车公司自小东门至南火车站的1路有轨电车全线通车，并在半淞园设有专站。待1916年12月9日沪杭铁路通车，连接南北两站，使南站的货运量快速增长，进一步加强此地的交通运输能力，铁路交通与市内轨交，节节畅通，高昌庙地区成为上海城南最重要的交通集散枢纽。

其次，半淞园内施行多种经营手法：①首先在园内景点规划上，布置荷花池、九曲小桥、藕香榭、群芳圃、江上草堂、剪淞楼、水风亭、湖心亭、长廊、碧梧轩、又一村、云路等游玩景点，还有弹子房、跑驴场、照相馆、素菜馆、茶室、中西菜馆、中西点心店等消费型场所；②园内还经常组织活动，常设活动有每年三次的花卉展，分别在农历正月、二、三月和九、十月举行，主题以时令花卉为主，因此也称之为梅、兰、菊展。而半淞园菊展则在沪上园艺界享有一定声誉，菊展一般为期一月，以该园所培育的佳菊为主，由于时值江南地区的大闸蟹上市季节，园内杏花村、剪淞楼等酒家也会在此时推出菊蟹宴以襄菊展。其余的活动还有端午龙舟竞赛、烟火汇演、曲艺展出等；③设置各种广告宣传，时人有评论："最触目的是安在路角池边的广告牌。什么Capstan香烟、美女牌葡萄干、柯达照相机——大块大块的画得五颜六色，这些广告，把半淞园点缀起来，使一般想避开都市的喧闹而来园林中精神修养的游者，反而更触起了烦嚣的苦闷。"

前来游园的不仅有官商士绅及中等收入以上的城市阶层，更多的是普通市民，乃至高昌庙工业区内胼手胝足的一般劳动者。门票定价2角，常年游览券2元，相比法租界公园门票1元，公共租界门票2元，半淞园的游览还是比较平价的[1]。

半淞园开幕后，直接促进周边地块的商业性开发，姚氏在园边的地产也水涨船高。《申报》报道，南车站前门自陈家桥至望道桥一段，"素甚荒野"，自半淞园开幕后，火车站的设置与半淞园带来的大量游客成为重大利好，"资本家近在该处荒地建造大批住房及沿马路市房，计有一百数十幢之多，顿成为热闹市面"[2]。

---

1. 马学强、龚峥主编，《上海的城南旧事》，上海社会科学院出版社，2016年，第99页。
2. 《申报》，1921年12月19日。

二、自然图景向资本通路的转变

　　老城厢内复杂的街巷与土地原有的地理信息有关，也在一定程度上受到民风民俗的影响。沿直线行走的迷信[1]造成对笔直道路的抗拒，丁字路口十分普遍（图4-4），甚至县衙门口的道路也不是十字交叉，东西方向的街道直接碰撞形成宽阔的通衢，然后仅向南做尽可能的延伸。这种错综复杂的街巷形态与中世纪的欧洲城镇十分相似，西方城市规划理论的解释是为了迷惑进攻的敌军，使其在内部无法辨明方向（图4-5）。

　　工巡捐局这段时期的核心工作，是对老城厢内主要的三条东西向河浜进行填埋筑路，与拆除城墙一样，都是资本为扫清流通的障碍而重塑城市空间，共同完成老城厢地区从自然图景向现代化交通网络的转变。

1. 从疏浚到填埋的策略转变

　　水网的退化是上海县长期存在的现象，早在清朝嘉庆年间，历史地图中的蜿

图4-4　老城厢地区的道路形态图　　　　图4-5　锡耶纳的城市道路形态图
说明：以《1947年城厢百业图》为底图绘制。　来源：作者自绘。

---

1. [美] 施坚雅著，叶光庭等译，《中华帝国晚期的城市》，中华书局，2000 年，第 107 页。

蜒街巷即表现出明显的河浜填埋痕迹，只是近代之后这个现象随着人口的阶段性剧增而愈发紧迫。

上海持续增加的人口造成城内逐渐拥挤的居住环境，大量的生活垃圾按照旧时习惯被投入到河浜内，以期潮水将其净化带走。但是人口的剧增所要求河浜的清淤能力远远超过其荷载，加之市政系统的不完善，导致河浜环境不断恶化。同时，生活空间的紧张导致居民争夺一切空间资源，占用河浜的事情屡见不鲜，甚至在1949年后，还有大量难民住在船上，这些简陋的小船就停泊在陆家浜上，生活垃圾直接倾倒在脚下的河道里。在这种情况下，水网系统的退化成为逐渐加速的过程。主河道的阻塞会导致其支流成为一潭死水，总水道的数量越少，平均每条水道所要负荷的清理任务就会越多，就越容易超越上限从而造成新的淤塞，吴俊范在《从水乡到都市：近代上海城市道路系统演变与环境（1843—1949）》中对公共租界水网系统消失过程的研究就清楚地展示了这一规律。

对于城内的主要河道，上海当局一直以疏浚为主。工巡捐局在民国四年的信件中写到"……查卢家湾电机厂前河道，即名肇嘉浜，绵长三十余里，四年前曾大浚一次"，可见疏浚河道是一项频繁进行的工程。有学者认为由租界传播而来的现代卫生观念是促使老城厢开展填浜筑路的主要原因，这点值得商榷。水环境的恶化会导致饮水生病与疾病传播，这并不难意识到，中国人在文明的早期就懂得将水烧沸饮用。一直阻碍大规模填浜筑路工程实行的，应该是河浜在人们生活中不可替代的作用：饮用。无论河水多浑浊，因为与黄浦江相通，涨落潮时还是具备一定的净化作用，并将相对清洁的江水引入河道，居住地点远离黄浦江的人们可以利用河水完成生活所需。因此，为填浜筑路提供可能的，是从租界市政系统引入的自来水系统，人们的生活用水有了新的保障，摆脱了生活上对河浜的依赖，这时在他们的眼里河浜已经满是缺点，将其填埋的呼声越来越高，并很快在舆论与行动上达成共识。

老城厢内的河浜从历史角度来看是逐渐被填埋的，城内城外自然地景的巨大差别说明其改造程度的剧烈。在1933年南市地区的地籍图上，在城市开发还没有波及的区域，仍然保持着传统江南水乡的自然景观特征，在小河

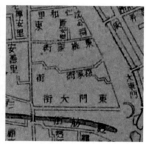

图4-6　城内街巷形态比较图

说明：从左至右，地图中的张家衖、赵家衖、火腿衖、孙家衖都具有相同方位的蜿蜒形态。底图均截取自《1913年实测上海县城厢租界全图》。

浜穿流而过的土地上，圩田系统依旧发挥着作用，形成大量细小的、狭长的地块，都十分规整。城内的地块相比而言就凌乱得多，但是这些弯曲的窄巷无法简单地全部归结为地籍变动，有些街道形态从形状上可以判断就是由小河浜填筑而来，否则无从解释，例如张家衖、赵家衖与火腿衖，都是向东南方向弯折三次，同样方向与形态的小巷在老城厢中还有多条，大量相似形态的街巷已经无法用地产的多次买卖来解释，唯一可能的就是由小河浜填埋而来，这些小河浜在同样的地质条件下形成相似的形态（图4-6）。可以推断，填浜筑路这一做法并不是从租界学来，而是上海县城从乡村地景到城市景观转变过程中的经验技巧。

　　从经济角度去想，将河道填埋似乎是一箭双雕的好事：①利用浜基修建道路，拓宽原来狭窄的街巷，便于交通出行与沿街商业的发展；②将污秽之河填埋，可以减少病菌的传播。在这两个原因的驱使下，老城厢在地方自治时期开展大规模的填浜筑路工程，将城内的河道悉数填埋，极大改善了交通状况（图4-7）。

2. 填河移屋

　　"填浜筑路"是租界惯用的城市化技巧，在河流稠密的田地中，直接填埋原始地景上纵横的河浜，避免与周围土地权属人发生纠纷，以较低成本完成较宽道路的建设。上海县城内则面临完全不同的原始条件，早期填埋的都是细小水沟，当效仿租界进行大规模的填浜筑路时，稠密的建筑环境迫使其采取特殊的复杂策略。

在沪南工巡捐局的档案中，并没有填浜筑路的具体实施方法细则，通过大量官民纠纷来往的书信，再结合历史地图，笔者发现这并不是填埋河道那样简单，而是有两方面的考量：一是如何利用原有河道空间，二是如何利用原有街巷空间。这是为应对老城厢内复杂建筑环境而采用的特有方法，简单来说，就是填河移屋。

具体的实施过程是：用界桩标记浜基范围，然后将河浜填埋，将界桩内由浜基产生的土地分给"面北"的住户，这些住户将房屋拆掉移建到被分予的土地上，新造房屋的界限是已经规划完成的，于是新造的"面北"房屋就与原来的"面南"房屋之间产生出宽阔的道路。通过这样复杂的操作，新的道路宽度就借用原有的河道，还有河道北侧建筑之间的小巷，将两者的空间相加，得到比直接填浜筑路更为宽阔的道路。图4-8是方浜填筑过程中在现有建筑底图上的规划路线，可以看到中间标记A、B、C、D、E等房屋均在规划线路之内，需要拆除。

这个复杂方法是十分机智的，它成功地在拥挤狭窄的老城厢中开辟出相对宽

图4-7 河浜变化图
说明：上图为1904年河浜形态图，中图为1914年河浜形态图，下图为1927年河浜情况。

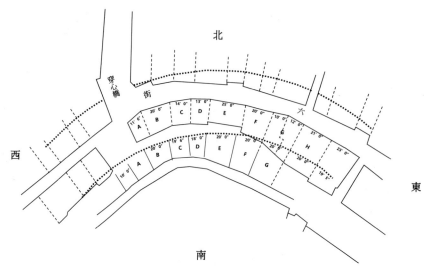

图4-8　方浜路局部规划控制线示意图
来源：作者参考上海档案馆图片绘制（《沪南工巡捐局关于顾式章于小东门街第五段让屋纠葛卷》，卷宗号：Q205-1-17）。

阔的道路。在老城厢填浜筑路[1]过程中，发生过众多民事纠纷，其原因多是房屋移建导致的土地产权界定不明；并且"面南""面北"的住户，所面临的结果也大不相同。在一篇争论退让尺寸的书信中，护军使卢永祥的一段话揭示了这种差别："城内方浜路，自小东门起至紫金桥止，计分七段，此七段内两边房屋一系坐南面北，一系坐北面南。在坐南面北一带，当时仅让二丈，且有屋后所填之浜基补偿，绝无损失，至坐北面南一带，房屋退，无隙地可以补偿，让一寸即损失一寸之血产。"[2] 大多数情况下，面南的住户都无须变动，直接享受道路拓宽的红利，但是面北的住户需要迁建房屋，不仅房屋要重建，占地也可能因浜基不够而变小，可谓损失巨大。具体执行工程的政府部门，在工程推行的前期，并没有预料到之后发生的众多情况，只能通过一件件具体的纠纷事件来逐渐修正法案。

　　老城厢地区最主要的四条河流由北向南依次为方浜、肇嘉浜、乔家浜、薛

---

1. 虽然上文已经详细阐述过老城厢的道路工程不是一般意义上的填浜筑路，而是填河移屋，但是其最终结果也是将河浜填平，并修筑出宽阔的马路，所以为了人们的认知习惯，这项工程还是用"填浜筑路"来称呼。

2. 《沪南工巡捐局关于顾式章于小东门街第五段让屋纠葛卷》，卷宗号：Q205-1-17，上海档案馆藏。

家浜，填埋也是按照这个顺序进行，说明北部区域较之南部区域在区位上更为重要，迫切需要填浜工程带来新气象。

　　如此大规模且复杂的填浜筑路工程在老城厢第一次开展，在工程初期明显经验不足，从来往信件中大量的民事纠纷就可以看出。随着工程的进展，市政管理机构不断积累经验，对整体工程的细节控制比初期要好得多。河道本身条件的不同与工程开展的时间不同，导致这四条河浜的填埋工程面临不同的挑战，即使在同一条河浜的填筑中，每段工程也因为地理条件与先后次序的因素而不尽相同。因此对填浜筑路的论述，不再像拆城工程那样利用原始地理因素分类的方法，而是按照具体工程顺序来论述，以历史图纸的对比结合官民来往的信件，详述城市空间在微观层面的变化过程。

3. 方浜的填浜筑路过程

　　《同治上海县志》："方浜，东引浦水，由学士桥下入宝带门水关，经益庆桥、长生桥、馆驿桥、陈士安桥、广福寺桥、东马桥，西至方浜稍傍城脚而止，此经流也。"[1] 方浜横贯老城厢东西，处于城内的核心位置，道路两旁坐落县署、城隍庙等重要建筑。作为第一条开展工程的河流，工程进展中暴露出来的问题也是最多的，沪南工巡捐局档案中有8份卷宗是关于方浜的填筑工程，有关肇嘉浜填筑工程的卷宗为6份，有关乔家浜与薛家浜填筑工程的卷宗分别只有1份。

　　上海北部几百年来一直是最繁华的区域，故工程牵扯的河岸两旁住户颇多，为保证工程的有序推进，沪南工巡捐局，以河浜上的桥梁作为节点，由东至西将城内河道分段推进：第一段，益庆桥至长生桥；第二段，长生桥至如意桥；第三段，如意桥至馆驿桥；第四段，馆驿桥至陈士安桥(陈市安桥)；第五段，陈士安桥至侯家路口[2]；每段河道的地理情况都不相同，如在第七段道路即是方浜的北岸，而第三段道路距离河岸有几十米的距离，两者中间是沿河的房屋。不同的民宅与浜基的位置情况，直接反映在工程结束后不同的城市空间形态(图4-9)。

---

1. 《同治上海县志》，卷三《水道上》，第19页。
2. 《沪南工巡捐局关于小东门街第一段让屋筑路卷》，卷宗号：Q205-1-13，上海档案馆藏。

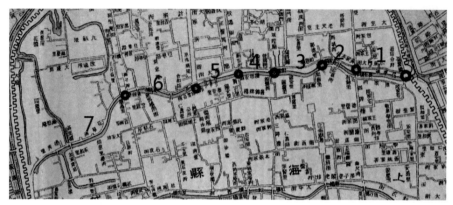

图4-9　方浜填筑工程分段图

说明：具体分段地点根据《沪南工巡捐局关于小东门街第一段让屋筑路卷》，卷宗号：Q205-1-13，上海档案馆藏。底图截取自《1910年实测上海县城厢租界图》。

1）第一段：益庆桥至长生桥

作为城内大型填浜筑路工程的首次推行，第一段工程的实施完全是在摸索中进行。工程最初是由上海救火联合会推进的，《上海救火联合会公函》第五十三号文如下：

> 敬启者，据第一区救火会函称，经查小东门内方浜（即花草浜）前因淤塞，由同人等帮同前市厅等，填筑拟改马路，后因救火车辆改用马力，小东门大街太狭，进出诸多不便，由会中发起邀请该路面北下岸一带各业主一百三十余户，在救火会开会说明退屋之五大利益，劝令将下岸房屋一律退建浜基，俾得宽放道路以利交通。[1]

这130余户是"面北下岸一带"位于河道南侧的住户，争取这部分受影响最大住户的支持是工程顺利推行的首要条件。

填筑前这一段河流的名字为花草浜，在河流被填埋后，原来浜北的房屋移建到浜基上，并与原来位于浜南的房屋之间留有一条窄巷，这条窄巷的轮廓应该就是原花草浜的南岸。浜北的房屋移建后，原来的小东门大街被并入方浜中路，实现道路扩展的最大宽度。在花草浜的南侧也有一条小巷——康家衖，在1947年还

---

1. 《沪南工巡捐局关于小东门街第一段让屋筑路卷》，卷宗号：Q205-1-13，上海档案馆藏。

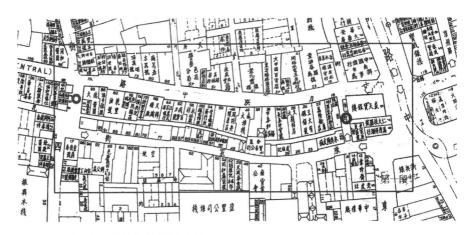

图4-10　第一段填浜筑路后的城市空间
来源：底图截取自《1947年城厢百业图》。

图4-11　填浜筑路前的城市空间
来源：底图截取自《1913年实测上海县城厢租界全图》。

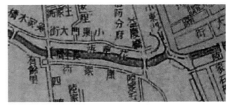

保留着。同样保留着的还有两座桥梁：益庆桥与长生桥，它们由桥转变为短巷，继续连接两侧的交通（图4-10、图4-11）。

　　方浜路和康家路在填筑道路之后出现一条窄巷，由于窄巷基本上无法通行，只能作为两侧房屋进行通风采光之用，并且在中间的部分被后来加建的房屋所打断，几乎成为废巷。于是两侧有住户来信申请将此改公地为公弄并封锁：

　　商等自益庆桥至长生桥，各家户后留有余地。前既临街，后余空地。夜间门户防守难周，设有既虞，所关非浅，用特环请将各户后余地作为公衖，平日将两端加以锁闭。设有意外，仍可公开公用，冬防藉防窃贼。至于公家道路南首，已有康家衖可通行路，阻碍毫无，谨特环乞。

　　庆云银楼　周益大布号　协顺祥皮货号　鼎丰洋货号　等　民国三年十月三日[1]

---

1. 《沪南工巡捐局关于庆云银楼等禀请公地改作公弄严加封锁卷》，卷宗号：Q205-1-152，上海档案馆藏。

　　工巡捐局对此作出回复，同意住户所请平日封锁，并且提出要求："惟不准盖棚筑笆及堆积货物，将来如须通行，开放以交通便利"。这条窄巷是填浜筑路过程中特殊的产物，具体来看是河浜与南侧道路稍远的距离导致的，在以后的河段中并未出现。

　　针对面南（居住在河道北侧）、面北（居住在河道南侧）房屋的不同政策，从实施的一开始就遇到两岸住户激烈的反应，档案中记载"种种为难"。由于移建房屋导致面北的住户拆除原有房屋，除去可再利用的原有建筑材料，还需要购置新材，再加上工费，是一笔不小的数目。同时由于工程复杂，耗时较久，原来街道两侧的商铺皆因工程而停业搬迁，"双方损失为数甚巨"，无疑面北的房屋所遭受的损失要远远超过面南房屋。但是由于填浜筑路工程会拓宽路面，有利交通和商业，对道路两侧的店面都是巨大利好："曾经倡议请退屋辟路，不独可以振兴市面，抑且使两旁房产因以增贵其租值。"因此在工程开始之前的预想中，作为共同受益的群体，受到损失很小的面南住户，不应该"坐享其利，只令下岸业主单独受损"，此项工程的损失应该由两旁业主共同担负。工巡捐局提议"由上岸业主赔偿下岸之办法"，以求两侧住户的公平，但是始料不及的是，面南住户拒不配合，"第一段租业两主提起行政诉讼"，导致这个办法被叫停。[1]

　　工程在一开始就遇到民众的反对而受阻，这说明在大型市政工程推行的初期，机构缺乏市政管理经验。在推行事关民生的事务时，他们缺乏对民意的直接调查，更多的是依靠自己对所谓"公平"的判断："义务自应由两旁业主共同担负"[1]。这种天真的想法很快就被现实泼了冷水，在任何许诺的美好都未发生时，民众是极其讲求现实的，不会为未来可能兴盛的市面而买单。

　　此项设想遇到阻碍后，只得放弃对道路两侧房屋户主实行互相补贴的办法。在以后的工程中，都是面北住户单独受损，工巡捐局只得在后续工程中加入其他条款，使两侧的利益稍显平衡，以平息社会上的众多不满，在后续分析中再做论述。

1.《沪南工巡捐局关于小东门街第一段让屋筑路卷》，卷宗号：Q205-1-13，上海档案馆藏。

2）第二段：长生桥至如意桥

与第一段不同，填浜前道路与河岸的南侧紧挨，因此在房屋迁建到浜基之后，原来的道路就变成两组建筑之间的窄巷，就是后来的花草衖。填浜工程之后的花草衖十分狭窄，最窄处只有1米（图4-12），且十分曲折。而在填浜前的地图上，这条街道比较宽，几乎是附近街巷的两倍。在如此近的距离内有三座桥与花草衖连接，可见此路的重要程度。从这两点可以推断，在房屋向南迁建的过程中，部分道路连同浜基被补偿给民宅，由此形成后来的窄巷（图4-13，图4-14）。

图4-12　花草衖　　　　　　　　　　图4-13　填浜筑路前的城市空间

来源：作者自摄。　　　　　　　　　来源：底图截取自《1913年实测上海城厢租界全图》。

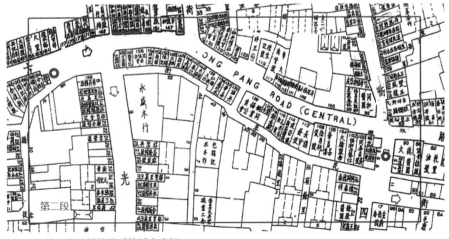

图4-14　第二段填浜筑路后的城市空间

来源：底图截取自《1947年城厢百业图》。

由于原来河浜南侧的道路关系，后来形成的建筑街块十分狭窄。原来河浜上的万家桥与如意桥之间在1947年的历史地图上已经成为一处方形的广场。这处较为开放的空间似乎与南侧光启路的修筑没有关系，因为在《1917年法租界分区》上，光启路已经因为县衙的拆除而建成，但是地图上并没有将这块广场特意标出，反而是标出城隍庙南侧的一处空地。所以很有可能这处空地是由后来的光启路拓宽时形成，作为南北向最重要道路的最北端，加上特殊的街巷形状，都使其成为一处特别的空间节点，并在今日的老城厢空间里继续得到强化（图4-15）。

图4-15　方浜路口戏台
来源：作者自摄。

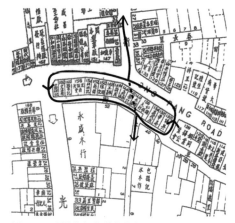

图4-16　马姚衖与花草衖的错位关系图
来源：作者自绘。底图截取自《1947年城厢百业图》。

在桥梁变化的过程中，似乎可以发现老城厢错杂城市肌理的一个缘由。填浜之前奚家木桥与浜南的花草衖有一定的错位，这是十分自然的城市景象，花草衖只是一条民宅间的小路，老城厢内有许多这样河流旁边的小巷，大部分与桥梁并没有相对。当河浜上建起房屋，密集的桥梁都成为短巷后，这种空间上的错位就显得有些突兀了：北边的马姚衖与南侧的花草衖是相对的，但是这种近在咫尺的连接却被狭窄的一条民房隔断，只能从东西两侧绕道而过，形成令人困惑的城市空间（图4-16）。

第一段工程完竣后，民众对填浜筑路工程的态度发生变化，之前对城市效果的担忧消除了，开始积极加入整改工程中。

公民等世居沪上，于小东门大街各有祖遗房产十间，钧谕以方浜前由市厅填筑，预备开放道路，振兴市面，曾经划分七段，除第一段业已完竣。……公民等房产均在第二段界内，前经具禀自愿遵退建，当蒙批准，复奉示谕，限期退建等。因各在案思房屋退建浜基，旧有阴沟适在墙角之间，或在屋心之中。于公民等建筑房屋既感恐碍及沟道，并应将来通沟修沟等事亦多未便，自应将此项沟道移设与路之中心，以期一劳永逸。惟移设阴沟筹工费……一再商酌，拟每移建房屋一幢，出资银二十两，以资补助。

具禀 长生桥至如意桥止 业主 刘传经等12名居民 民国四年三月二十日[1]

居民的书信表明，在第二段工程开始时，住户一改在第一段工程时的对立态度。已经"自愿遵退建"，并且愿意对个人额外的要求进行工费补贴。针对移走新屋"墙角之间或屋心之中"的阴沟瓦筒，愿意每幢房屋出资二十两雇匠人来做，而每间房屋进行移建，官府的补贴款才每间洋三十元。

3）第三段：如意桥至馆驿桥

第三段是方浜在城内最核心的部分，北侧是城隍庙，南侧是县衙；也是原有道路与河浜距离最远的一段。地图上在方浜南侧并没有标出通往鸿安里的小巷，在《同治上海县志》上，河浜南侧的小巷清楚地标示出来，并且如果没有这条小巷，地图上的鸿安里就无法进入。因为《老上海百业指南——道路机构厂商住宅分布图》上鸿安里的入口是开向北侧的馆驿东街，由此推断馆驿东街在填浜之前是河流南岸，房屋移建后成为细长的窄巷（图4-17）。

值得注意的部分是中部较宽的区域，在移建之前，这些房屋的入口是从北侧的庙前街进入，南侧直接临河。从河道的北侧移建到浜基上后，建筑的入口自然还应该位于北侧，从新建的方浜路进入。从形状推测，在完成移建后，由于这部分进深过大，在长期的土地产权转换过程中，一种更好的方式逐渐形成：将其分为南北两部分，南侧建筑在馆驿东街入户，北侧建筑在方浜路入户。而图上仅有方浜中路218号地块保留了最初移建的形状（图4-18，图4-19）。

1.《沪南工巡捐局关于小东门街第二段让屋筑路卷》，卷宗号：Q205-1-14，上海档案馆藏。

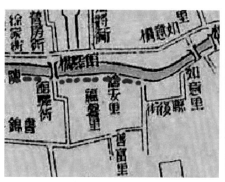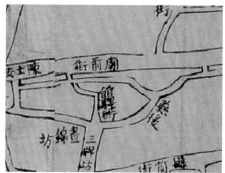

图4-17　两图街巷的不同之处

说明：左图截取自《1910年实测上海县城厢租界全图》，可以看到虚线处是没有小巷的，而《同治上海县志》附图（右图）上明确画出小巷。

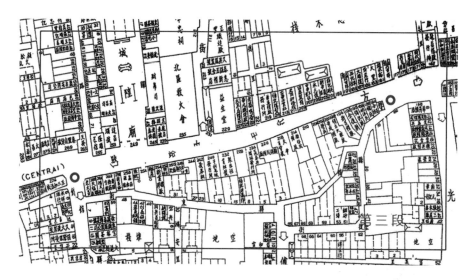

图4-18　第三段填浜筑路后的城市空间

来源：底图截取自《1947年城厢百业图》。

图4-19　填浜筑路前的城市空间

来源：底图截取自《1913年实测上海县城厢租界全图》。

　　第二段工程中出现的新屋基地下的阴沟瓦筒问题，在第三段同样存在，但是此段民众采取的方式却不同。商人何少寅向工巡捐局来信，颇有些抱怨：

　　……惟瓦筒阴沟前于填浜时安排在浜内，现既退让房屋，则浜基已移做屋基，而浜内所排瓦筒阴沟若照各章程，由各地主出资将浜内阴沟起出，移至街下，将来应需疏通等情，与房屋毫无阻碍，不亦一劳永逸乎。乃本段各地主竟不然，仅图目前省费，不顾久安……然此非个人之事，无可强也。第以阴沟而论，事关公益，阴井既在（我）屋内，自有保存之责任，无可推诿。虽屋基地位实在狭窄，然而公益起见，不得不于无可设法之中，勉为设法。兹拟于阴井地位用作天井，平时自当谨慎保存，决不糟蹋，并于阴井旁边开一门户，以备日后钧局或有派匠沟浚情事，得以随时任意出入，为特其禀请求。

　　具禀商人 何少寅 民国四年七月二十一日[1]。

　　此段区域内的住户不同于第二段，并没有就共同出资移建阴沟瓦筒一事达成一致。第二段工程的住户对新屋基下原有的阴沟表示担忧，工巡捐局专门派去工匠进行检查，结果经"悉查，长生桥以下浜基，前厅排阴沟瓦筒颇为坚固，盖造房屋并无危险"[2]，因此移建阴沟之事就不属于官府的负责范围。当第三段的住户没有统一申请匠人来移建时，有此意的住户只能自己采取措施，如本案中的何少寅，便只能将阴沟上方作为天井，并留门以备后续的疏浚工作。在第二段工程中的群体性事件，在第三段又变为个体案，民众之间的分歧在市政工程推广中经常会出现，需要市政管理机构建立正规的机制来迅速处理。此案中工巡捐局回复："天沟围入墙内，即由业主保护，已有前例可援，似可照准。"[1]即是在处理大量事务中所总结出的一套评判准则。

　　4）第四段：馆驿桥至陈士安桥

　　第四段河浜与北侧道路之间的区域是扁长的，同第三段一样，在地图上漏画

1. 《沪南工巡捐局关于小东门街第三段让屋筑路卷》，卷宗号：Q205-1-15，上海档案馆藏。
2. 《沪南工巡捐局关于小东门街第二段让屋筑路卷》，卷宗号：Q205-1-14，上海档案馆藏。

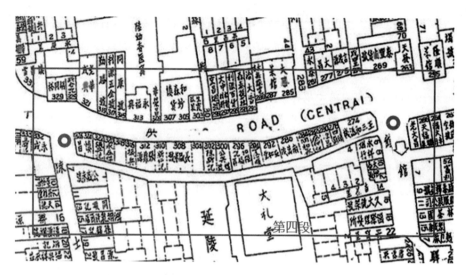

图4-20　第四段填浜筑路后的城市空间
来源：底图截取自《1947年城厢百业图》。

图4-21　填浜筑路前的城市空间
来源：底图截取自《1913年实测上海县城
厢租界全图》。

了河浜南岸的道路（图4-20、图4-21），这条漏画的道路即是《1947年城厢百业
图》上扁长区域南侧的小巷。第四段工程与第五段在区域形状上类似，将这两段
互相比较，能够看到不同的条件对后续城市空间的影响。

此段工程在官民来往信件上没有独立的卷宗，在卷宗Q205-1-16《沪南工巡
捐局关于小东门街第四段让屋筑路卷》上，收录的是胡少耕等人的信件，但是
经查这些住户的位置在第五段工程处。因此放在第五段工程里论述。

5）第五段：陈士安桥至侯家路口

此段情况较前几段更为复杂，同样根据《同治上海县志》的附图，可以确
定在此段河浜的南岸没有道路，但是1913年的地图上清楚地标出三条没有名称的
小桥（图4-23），说明桥南具有一段较短的道路，并且没有与东西两侧的大道相
连接。这点从陈士安桥西南侧的宝仁里与锡安里就可以看出，这一片区域的里弄

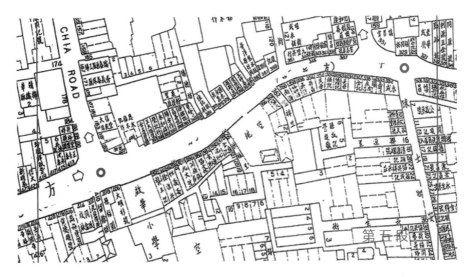

图4-22　第二段填浜筑路后的城市空间
来源：底图截取自《1947年城厢百业图》。

———————————————

图4-23　填浜筑路前的城市空间
来源：底图截取自《1913年实测上海县城
厢租界全图》。

都是从南侧或东侧道路进入，在北侧并没有开口。1947年此处的巷弄形态也可以证实这个推断（图4-22），在第五段的东半部分，最终沿街的商铺紧挨南侧的住宅；而西半部分，原来小桥对应的位置出现一条被包裹在建筑中的窄巷，这应该就是填浜之前桥南的小段道路。

此段政府对方浜上三座小桥的处理也很有趣，这些小桥甚至在1913年的地图上都没有名称，但它们的空间痕迹在1947年的地图上清楚地保留着，成为三条建筑中的窄巷，这反映出市政工程中对公产的极力保护。还有一个原因是这些桥梁本来是河浜南侧居住区的入口，如果填浜之后将桥梁改建房屋，那么原来的居住区就没有道路可以通达。

这些肌理形成过程的比较，说明老城厢在城市空间的演变上是严格遵循原始城市条件的，它的变化是基于城市复杂的地景特点与对土地产权的充分尊重之上的，它缺乏城市管理者强有力的规划，因此无法形成规则流畅的现代交通路网。

当工程进展到第五段时，填浜筑路工程所带来的巨大经效益，沿浜住户们已经有目共睹。在充分认识到工程利好的情况下，对于自家能够参与的填浜筑路工程，民众十分积极响应。以胡少耕为首的第五段住户共同写信：

> 禀为自愿退屋，开放道路，以利交通。求请鉴该事。（我）等均有业产坐落治下邑庙西首陈士安桥至侯家路止，坐南朝北门面。本年七月间谨读钧示，以方浜业由前市厅填筑，预备放阔马路，所有该处一带下岸房屋一律退让改建浜基，俾得交通利便，振兴商市。仰见我总局长规划周翔，莫名钦佩，惟公民等所有之屋均在退建之例，是以于本月三十日，假广福寺邀集该处一带业户开会，筹议查陈士安桥至侯家口止，合计房屋三十八间，计共业主一十五户，是日到会者签谓，退建房屋，开阔道路……果能一律退后建筑，使曲折窄狭之路，成为大道康庄，则商业之发达可操左券，于租业两主均有裨益。当即一致赞同，愿成斯举，为此联右，具禀请求。
>
> 总局长电鉴准予派员规定路线，俾得即日退屋，实为公便，尚有宝善堂等五户，计房屋九间，当时不及来会，业已分投往劝，以期一致进行，合并声明谨禀。
>
> 具禀 庙西陈市安桥至侯家路口止 面北业户：郑云舫、程炳奎、金继昌、胡少耕、韩子卿、胡鹿湘、陈继荣、卫吉甫、华润生等。——民国三年九月一日[1]

在信中，胡少耕等人极力夸奖填浜筑路工程带来的"振兴商市"，并主动提出"自愿退屋"，除此之外，还代替工程当局积极地进行民间的劝解，促使大家统一意见，以快速推行工程——"尚有宝善堂等五户，计房屋九间，当时不及来会，业已分投往劝，以期一致进行"，除此之外，在书信之后还"附草图一份"（图4-24），表现出其先进的思想与突出的组织力。孙倩将此现象归结为"除了民间机构，传统社会公共事务的核心——乡绅等精英人物在市政建设中的主动意识"[2]。

---

1. 《沪南工巡捐局关于小东门街第四段让屋筑路路卷》，卷宗号：Q205-1-16，上海档案馆藏。
2. 孙倩，《上海近代城市建设管理制度及其对公共空间的影响》，博士论文，2006年，第185页。

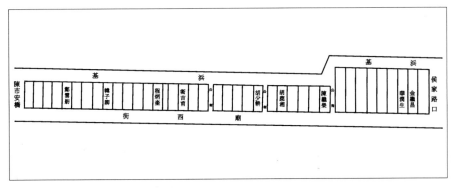

图4-24　胡少耕等人所绘图纸示意图

作者参考上海档案馆图片绘制（《沪南工巡损局关于小东门街第四段让屋筑路卷》，卷宗号：Q205-1-13）。说明：各户人家的姓名都标记出来，其中能看到胡少耕自己的房屋位于中间。

前文已论述过同乡团体与善堂领导人、社会商业与文化界精英的崛起是上海有效管理城市的保障，此时更不乏以胡少耕为代表的民间士绅阶层对市政项目热心的出谋划策。以下是一封对填浜工程提供详细建议的书信，从用词的语气与表达方式来判断，此人是具有一定社会地位的精英。

总局长关怀商市，俯顺舆情，无任盛颂。当即通告各租户限于旧历八月十五日一律迁移，以便动工，嗣颁发图样一份，又经邀集各业户开会，因限期适逢旧历中秋，节账归束之期，商业习惯不得不并，愿是以展至旧历八月底为限，实行动工，分东西两处，先行拆建，以期迅速。恭阅图式所定路线甚属允，尤为钦感，念第一段退建工程将次告竣，而所造铺面，虽依定路线而定磉差，以致屋檐高低形式不一，公民等有鉴于此，拟请总局长规定磉标准，俾有遵循，以归一致，惟查方浜之填筑下岸房屋之退建，租业两主迁拆及公家填河筑路约费二十余万，该路共计五百余丈，昔年曲折隘窄之处，今后忽成大道康庄，气象更新，市廛必盛，实为我沪城从来未有之首倡也。但该路现既规定二丈八尺，而东西路口丈放局于东口宝带路规定二丈四尺，西口方浜路只定二丈，是不特路线不符，于事实上殊非一致，则官地与民地恐多藉口，虽蒙俯念民难，由公家给价，而同一干路尺寸分歧形式不一，商业交通两有阻碍，况该东西与租界密通，观瞻所系，尤宜注意，为敢沥陈下情仰乞。

总局长迅赐察核，派员规定定礅标准，一面据情咨请丈放局将该路东西路口援照潼川路即新北门口路线三丈二尺，办法以示大公而归一律想。

丈放局陶总办对于扩充道路、车马交通，素所注意，并好在该路东西两口虽已规划，而尚未确定。事关公众利益，定蒙俯如所请，临颖不胜迫切，待命之至，谨禀。——民国三年十月八日[1]

在信中主要提到两个问题：一是填浜筑路工程所修建的新房屋"屋檐高低形式不一"，影响城市面貌，希望政府能制定统一标准；二是道路宽度问题，提出道路宽度按规定是二丈八尺，但"东口宝带路规定二丈四尺，西口方浜路只定二丈"，这会造成不利的交通局面，并希望借路口处还没有开始施工的机会，将路口放大到三丈二尺。这封书信已经超过民间对自身利益的情愿范畴，各项提议都是从市政管理的角度进行的思考，充分证明当时积极参政议政的社会精英的高瞻远瞩。

6）第六段与第七段：侯家路口到紫金路

沪南工巡捐局档案中并没有关于第六段与第七段的来往书信，有可能出现遗失，也有可能是因为工程开展十分顺利，并没有需要书信解决的问题，通过对比这两段的历史地图，发现工程的开展确实比较容易。这两段在填浜前，河浜与道路的关系简单明确，就是河浜的北侧紧贴马路，因此只需将河浜填埋，与北侧道路合为一体，就完成填浜筑路从狭窄街巷向宽阔道路的转变（图4-25、图4-26）。

通过分段阐述城市空间的变化与民众对工程的态度转变，可以发现老城厢在城市微观层面的动作，城内错综复杂的肌理不仅是街巷形状依原有弯曲河浜导致，还因为在老城厢不得不实行的复杂工作方法导致。在方浜还未全部填筑完成之时，肇嘉浜的填浜筑路工程也就启动，先前的工作经验避免了填埋肇嘉浜的过程中遇到的麻烦。

1.《沪南工巡捐局关于小东门街第四段让屋筑路卷》，卷宗号：Q205-1-16，上海档案馆藏。

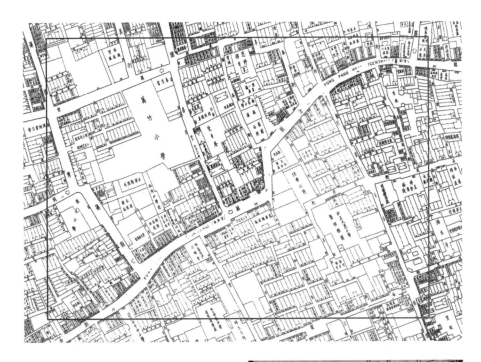

图4-25　第七段填浜筑路后的城市空间
来源：底图截取自《1947年城厢百业图》。

图4-26　填浜筑路前的城市空间
来源：底图截取自《1913年实测上海县城
厢租界全图》。

4. 肇嘉浜的填浜筑路工程

肇嘉浜是老城厢内最重要的东西向河流，填浜后筑成的也是唯一一条连接着大东门与西门的道路。《同治上海县志》记录："肇嘉浜，此县治正中大干河。东引浦水，从郎家桥下入朝宗门水关，经蔓笠桥、鱼行桥、县桥、虹桥、登云桥，出凤仪门水关，西过万胜桥，经罗家湾、陈泾庙，西南出刘泾桥，入蒲汇塘。计浜长十八里。"[1]

1.《同治上海县志》，卷三《水道上》，第19页。

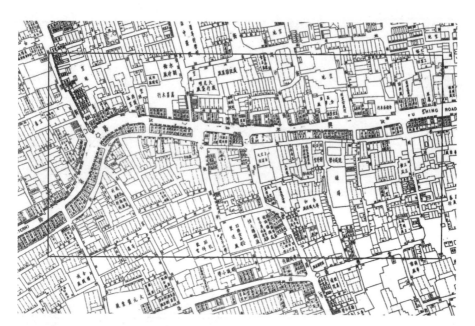

图4-27　肇嘉浜填浜筑路后的城市空间
来源：底图截取自《1947年城厢百业图》。

图4-28　填浜筑路前的城市空间
来源：底图截取自《1913年实测上海县城
厢租界全图》。

　　仿效方浜的填埋方法，肇嘉浜也是分段进行工程，总共分为九段。根据历史地图的比较发现，肇嘉浜被填埋前后的区域同方浜遵循相同的城市空间变化规律：填浜之前道路与河流的关系、桥梁的位置与方向等地理信息都映射在填浜之后的城市空间中。为避免繁赘，本书不再逐一展开比较分析。值得注意的是在同一时期，当局对肇嘉浜城内与城外河道的不同处理策略（图4-27、图4-28）。

　　查城内肇嘉浜河道淤积污秽，有碍卫生。经本局逐段挑泥填平，现在先经大东门起，排筑三尺径，瓦筒填沟砌路，以便交通。惟该处两岸房屋均搭有水阁旱

桥，侵占浜基。拟及路线，亟应限期拆除。——上海工巡捐局 民国四年十月九日[1]

……查卢家湾电机厂前河道，即名肇嘉浜，绵长三十余里，四年前曾大浚一次。嗣于民国二年间，前上海县知事令行前市政厅勘估续浚，旋因需费甚巨，未及举办。自应移缓救急，先行开浚。即派员测勘估计。东自黄浦江起，迤西至日晖港止，逐段开挖，共计土方筑坝汲水等，费约二万四千余元。于筑路案内拨款开支，业已核准，于民国三年十二月三十日开工。——上海工巡捐局 民国四年二月五日[2]

从这两封信件可知，同是在民国四年，城内肇嘉浜已经被填平，进入排筑瓦筒的阶段。而城外的肇嘉浜河段，淤塞情况也是十分严重，"河道淤塞，小潮不通"，在"四年前曾大浚一次"，后来在民国二年"前上海县知事令行前市政厅勘估续浚"，既然市政有所考虑，说明河道的淤塞情况已经比较严重，影响正常的用水和航运。河浜的淤塞速度很快，根据信件所述，在四年前曾经大浚一次，民国二年的勘查表明又出现淤塞，两次淤塞的时间仅相隔两年，而疏浚工程耗资巨大，这种情况对政府财政的压力可想而知。

同是肇嘉浜，城内外的河道所处的情况完全不同。城外河段的两侧还是少有人烟的乡村地貌，没有需要争夺的城市空间，也没有对现代路政的交通需求，因此疏浚工程就成为城外河段首要选择，况且填浜筑路工程耗费巨大，本来对于疏浚工程就捉襟见肘的地方当局，更无力去支撑填浜筑路的做法。

5. 乔家浜的填浜筑路过程

1）填筑过程

乔家浜位于城内东南区域，是一段连续弯曲的河道，具有蜿蜒的形态。乔家浜的名称应该来源于河道旁边自明代起就居住的乔氏家族。这里一带长期以园林大宅为主，远离城北繁华的热闹场所，并且相对于方浜与肇嘉浜要短得多。

1.《沪南工巡捐局填筑城内肇嘉浜河道卷》，卷宗号：Q205-1-56，上海档案馆藏。

2.《沪南工巡捐局奉镇道署饬浚肇嘉浜案》，卷宗号：Q205-1-53，上海档案馆藏。

　　治下大南门内东西乔家浜，自小南门稍北水关城壕填筑后，东段已截来源；而西抵也是园前亦早填平，是西段亦无宣泄。惟剩中间一段，臭秽淤积，垃圾灰粪、孩尸猫狗等骸充仞其中。嗟次两岸民居鳞次栉比，臭秽蒸腾，值此霉雨积潦，附近各家小孩脏腑娇嫩，遍发红疹，喉涨等症。急求补救。……今此淤浜一段，若不急速填平，恐酿疫情起点……禀请局长迅委工程师赶拨工匠，立往填平，以清积恶而重卫生。

　　具禀 商民郁懋培 民国四年七月二十日[1]

　　乔家浜的淤塞情况，也在一定程度上反映出当时城内河道水环境整体退化而造成的不良影响，因为西侧的也是园被填，东侧的城壕被填，乔家浜剩下的一段成为无源死水，在通潮的肇嘉浜都严重淤塞的情况下，乔家浜的糟糕处境自然不难想象。两侧居民将大量的生活垃圾倾倒其中，致使产生极其严重的卫生问题，因此将其填埋是燃眉之求。

　　然而由于河道较短，只牵扯到部分民众，填浜筑路工程的当务之急是要完竣方浜段与肇嘉浜段，地方当局掣肘于财政的紧张，自然不会在城内迅速开展所有河浜的填筑工程，但是城北区域填浜筑路工程的成果激励了其他河浜两侧的住户，基于切身的利益，他们开始向当局频繁地发出填浜的请求。

　　……查乔家浜中段，淤积已久，本应拨款筑路，以重卫生。惟经费甚巨，应由该处住户筹集贴款，方可兴办。——工巡捐局 民国四年八月九日

　　……惟地方上受累已久，急待观成。因纠沿浜各户凑集银元2000元，以助工费。一俟开工之后，即当集成送缴。——郭延珍等六人[1]

　　这两封来往书信揭示乔家浜填筑工程的最终解决方法，是乔家浜一带的沿浜住户自凑工程资金银元2000元作为填浜筑路经费，委托工巡捐局进行施工。这个做法与方浜和肇嘉浜对两岸住户进行贴费施工的做法大相径庭：一是源于沿浜住

1.《沪南工巡捐局关于郁懋培禀请填平乔家浜案》，卷宗号：Q205-1-72，上海档案馆藏。

户对于工程的急迫需求与市政财政紧张的矛盾；二是源于乔家浜与旁边街道的简单关系，只需填埋河道即可，仅对两侧商户的营业有影响。

这里还存在一个可能，乔家浜两侧住户向来都是商贾人家或士族门阀，附近的乔家、郁家和郭家都是沪上名门望族，和工巡捐局来往书信的郁懋培、郭延珍都是这些大家族的成员。在工巡捐局的回信中清楚地指出"应由该处住户筹集贴款，方可兴办"，这种言辞上的表达在档案中并不多见，也许工巡捐局会利用住户急切的需求，引导富商对工程进行贴费，从而缓解地方财政的压力。

2）根据交通需求调整局部空间

乔家浜的填筑时间较其他河道稍晚，在道路具体形态的规划上开始考虑现代交通的影响。因其形态十分蜿蜒，故与两侧街巷所成的不规则形状较多，对于车马交通来说是不利因素。

> 贵局路工规定三丈宽阔，以利交通……惟查陈箍桶桥东首，近梅家衖一段现已铺就……该路竟宽至四丈以外。致将公民沿浜长七八丈宽一丈余之竹笆外余地侵占筑路。查该地出浜为公民住宅后门出入之路，故多留隙地，沿屋筑笆，笆外种树，系私人之产，并非公也。……
>
> ——公民 徐荫曾 谨上 民国六年四月一日[1]

住户徐荫曾来信声讨工巡捐局对于道路宽度的不同规划，致使自己蒙受损失。认为在同样宽度的河流两侧，却采取不同的退界规定。对此事件，工巡捐局在民国六年四月四日给予回复，不同的退界范围是出于对交通顺畅的考虑，"开辟马路，系为行驶车马，利便交通起见"，在这个原则的指导下，妨害区域就要针对具体情况作出局部调整，这是在道路原本计划之外的，对此工巡捐局也做出解释："路面宽狭，虽有规定，但遇有转弯或原路凹凸之处，必须按照行车形势，裁取斜直线。未能一律以若干丈尺。乔家浜梅家衖一带，因有裁取斜直路线之图条形势，故于南岸酌量放款，此南岸收让多半之理。"[1]

---

1. 《沪南工巡捐局关于郁懋培禀请填平乔家浜案》，卷宗号：Q205-1-72，上海档案馆藏。

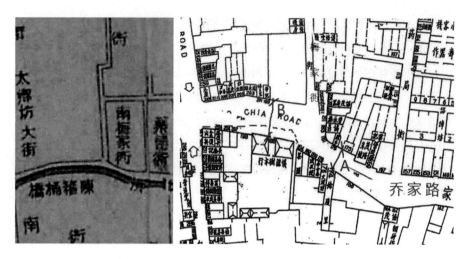

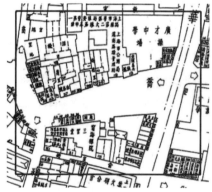

图4-29　乔家路梅家衖路口局部放大图

说明：左图为工程之前的地图，乔家浜与北侧的道路宽度较为均匀。右图的底图为《1947年城厢百业图》，A点与B点宽度差别很大。

———————————

图4-30　乔家浜路中华路路口局部放大空间

说明：截取自《1947年城厢百业图》。

图4-29对此案进行图示，乔家浜在陈箍桶桥一带宽度没有大的变化，但是填筑而成的乔家路A点与B点宽度相差很大，徐宅位于B点，根据徐荫曾所称其被多余占用的筑笆隙地是后门出入之路，可以推断徐氏住宅在河浜南侧，屋后的隙地即为图中所画虚线范围。工巡捐局信中所称的按照行车形势裁取斜直线，形成最终的道路空间形态。

在工程实施中，对道路实用性的考虑是优先的，工巡捐局对徐氏称："诚属吃亏，然因路线关系，实出于万不得已，无可迁就。"并且对此占用之举有些不以为然："在收让之交，本属笆外余地，只甫出入之用，现维划筑马路，不过改

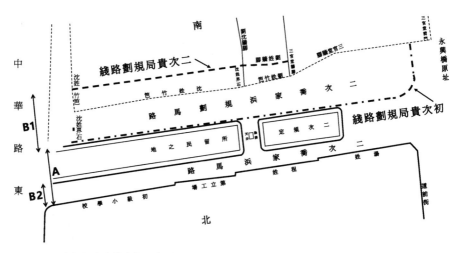

图4-31 两次规划路线的变化示意图

说明：底图为沈氏所绘的说明地图，图上标出两次规划线路与自家竹篱的位置关系。作者参考上海档案馆图片绘制（《沪南工巡捐局关于乔家浜筑路案》，卷宗号：Q205-1-97，上海档案馆藏）。

私为公，于实际上似乎无甚吃亏。事关道路公益，务希赞同。"[1]这在一定程度上反映官府对住户地权的漠视，以推行公益之名迫使住户的权益被侵害。

　　另一处较为宽敞的开放之地也有相似的做法。乔家浜在填筑前，与其他河浜相比在宽度和形状上相比并没有特殊之处，但是根据1947年的地图，乔家路在与中华路相交的路口处异常宽敞（图4-30）。这一段乔家路在修筑时没有仅仅填埋河道，而是在原有河道范围上进行加宽。沈氏对工巡捐局的做法表示不满，情况与上文的徐氏相同。官民双方进行数次书信来往争论此问题，为此事沈氏还专门绘制地图，清楚地展示在市政工程推行中当局的做法（图4-31）。工巡捐局两次规划道路的范围不同，第二次规划的线路明显加宽，B处（B_1+B_2）较A处要宽阔许多，乃至将沈氏的一部分竹篱围起的空地纳入道路内，这也是争执的源头。工巡捐局的回信对规划的改动作出说明：

1. 《沪南工巡捐局关于郁懋培禀请填平乔家浜案》，卷宗号：Q205-1-72，上海档案馆藏。

……该处初次所定路线，以原有浜北小路。与对面中华路东小九华路口相衔接。因就原有小路展宽，藉取直径，旋以永兴桥北堍转弯之处，形势逼窄，车辆往来，恐有不便。只约茫远处截取斜直线，俾于弯角处可免碰撞，因将路头移向浜南，此动路线之原因也。

工巡捐局　民国七年十二月十九日[1]

在信中工巡捐局又提到"转弯之处，形势逼窄，车辆往来，恐有不便"，因此对场地进行二次规划，将用地变宽，使"弯角处可免碰撞"。

从原始水网的自然地景向道路的转变，是老城厢内城市空间发生的重要变化。从根本上说，它源于资本的流通性对城市空间的要求，在民众眼中，此番动作可以使"市面兴盛，地价日昂"，并且可以向租界展示华界的新气象，这是资本主义与民族情感混杂在一起形成的推动力，但是老城厢本身狭窄弯曲的城市肌理与这股力量形成对立，在以填浜筑路为主的市政工程中，数百年作用所形成的琐碎凌乱的地籍划分与资本通路要求的顺畅直接冲突，任何在老城厢中依照新的城市管理思想——防火、商业、交通所做的努力，都会引发土地权属的激烈争夺。

三、对土地产权的争夺

在刘震云的《一地鸡毛》中，中产阶级小林认为，他家的一块豆腐馊了，比八国首脑会议更重要。但是在社会发生翻天覆地的变化时，作为关系到切身利益的底层人民的感受总是容易被忽略，不仅各版上海县志没有对市民生活做记录，连《上海市自治志》上千页的详尽记录也只是刊登的官府公牍资料，而鲜有普通市民的记录。

《沪南工巡捐局档案》的5000多份信件浮现出在史料中难得的烟火气息，从书信的具体内容到措辞态度可谓千姿百态，有争论、有抱怨、有夸张、有欺骗。

1.《沪南工巡捐局关于乔家浜筑路案》，卷宗号：Q205-1-97，上海档案馆藏。

这些信件内容庞杂琐碎，有一些甚至缺乏官府最后的处理意见，但是透过其对细枝末节的争执，恰恰能将老城厢这段剧变时期发生种种事件的起因与经过表现得最为透彻。在官民的争执中，最核心的问题就在土地产权的划分与归属上。

1. 官民之间引发的争议

原有的河浜宽度与小巷宽度并不能满足预想的道路宽度，多出来的道路宽度就需要两侧的房屋进行退让，通常的做法是河道北侧的房屋不动，仅河道南侧的房屋进行拆让；在部分的路段也出现两侧房屋一起退让的情况。无论是哪侧房屋退让，其退让的尺寸都与规划的道路宽度直接相关，而大量的民间诉讼就发生在规划线路由窄变宽的过程中，道路宽度每增加一寸，两侧的住户就"损失一寸之血产"。这段时期总共出现两次较大规模的道路拓宽计划。

1）规划道路的宽度变化

由于河道较长，填浜筑路工程采用分段推进的方法，前段工程积累的经验会在后段施工中采纳，这是市政推行中的聪慧之举，但是有一项调整却引发民众强烈的反对：方浜路后段的规划线路变宽。这次调整引发大量官民之间的书信纷争，摘取顾式章的一份书信作为总体情况介绍：

> ……贵局路政处领取营造执照，遵谕翻建，贵局将图样中划示路线，以该处定三丈四尺，除街面二丈一尺一寸外，须收进一丈二尺九寸。（我）阅之不胜骇异，查庙前街路线，于前年退浜筑路，经董事会之议决，规定以二丈八尺永为标准，曾经公布遵行在案。
>
> 公民 顾式章 民国七年七月十七日[1]

顾氏的房屋旁边的道路颁发新的规划线路图，新的道路宽3丈4尺（约11.33米），按照退让线来计算，顾氏的房屋要退让1丈2尺9寸（约4.3米），这更让他十分惊骇，因为去年公布的路线规划宽度为2丈8尺（约9.33米），而新的规划房

---

1. 《沪南工巡捐局关于顾式章于小东门街第五段让屋纠葛卷》，卷宗号：Q205-1-17，上海档案馆藏。

屋需要多退让6尺（约2米），这对于地籍普遍细小的住户来说是极大的距离，有可能新的地块因为多让6尺（约2米）而完全无法建造房屋。

　　既然规划线路的宽度调整对住户的影响甚大，为什么会产生这样一个变宽的过程？在住户对工巡捐局的申诉并没有得到满意的回复时，有人直接将申诉信送到护军使处，在更高级别官员的诘问下，工巡捐局做出详细的解释：

　　查放阔路线，曾视市面繁盛，交通重要，以为标准，沪南方浜路原路约阔十尺左右，先经朱前局长，与该处绅商提议退建为二十八尺。当时城内均系小街，该路为往来通衢，自退建后，稍觉便利，商市日见兴盛，去岁开阔县署马路，阔三十四尺，及三四牌楼路线，并规定放阔至三十尺。查新阔路与三四牌楼支路，尚放宽至三十尺及三十四尺，况方浜路为城内要干路，路线既长，市面又繁，不得不比较支路，略为放阔。复经朱前局长钧，改为三十四尺，有改正路线图，可以覆按。

　　又肇浜路于前年退建时，鉴于方浜路二十八尺之太狭，经朱前局长钧规定阔四十尺。各界均表异词，肇浜路市面交通，均不及方浜路，而路线放阔，通于方浜路，双方比较，是方浜路放阔为三十四尺，实未为多。[1]

　　可见拓宽的道路立即收到成效，交通更加便利，商业比以前兴旺许多。这给予官府放宽道路的信心，因此在之后的肇嘉浜填浜筑路工程中，就将28尺的宽度改为40尺。并且肇嘉浜路的宽度既然是40尺，那么重要性更大的方浜路规划成34尺自然合情合理。而且县衙搬迁后修筑的新路宽度为34尺，原县署两侧的三四牌楼路都放宽到30尺，通过这些道路宽度的对比，方浜路第一段实施放宽的28尺明显已经不满足需要。在另一封往来书信中，当地士绅也证实了这个过程，"由朱前局长查勘小东门内大街，交通繁盛，较大南门街增数十倍，在事实上，小东门街应比大南门街宽阔，方为正办。因将该路暂定之二十八尺，改为三十四尺，与大南门街同一阔狭，并将原图加划一线，作为确定在业"。

　　在进行方浜路工程之前，28尺的宽度规定也是经过权衡得到的尺寸。填浜

1.《沪南工巡捐局关于顾式章于小东门街第五段让屋纠葛卷》，卷宗号：Q205-1-17，上海档案馆藏。

并放宽道路工程在老城厢从来没有实施过。老城厢内本就人口众多，建筑稠密，为了保证工程的顺利推进，减少工程初期来自社会的压力，于是决定以相对保守的政策来实行，将道路的宽度定为28尺。现在通过其他线路的对比，34尺的宽度对于方浜路来说就显得合情合理了。由28尺改为34尺的事情，工巡捐局已经预料到将会有住户的强烈抗议，对于要面对的官民纠纷，工巡捐局也有充分的心理准备，"明知业户不免藉口，但因地制宜，自不能拘泥成案等"。而对此事的结果，工巡捐局毫不妥协：

> 是朱前局长将方浜路路线规定为三十四尺，理由充分，不能擅改，上月间同在方浜路之四方堂杨姓及夏应堂两户建造房屋，均已遵照三十四尺领照，顾式章一人似未便独异。若不遵章退建，则先领照之杨夏二姓亦将起而抗议。
>
> 全街姚 民国七年十月十二日[1]

2）街巷整体拓宽计划

另一项道路拓宽的计划来源于救火会的要求。民国九年的《测绘南市路线章程》中，第八条："繁盛之处原路狭窄，或能繁盛而有交通关系，应行放宽者。分别干路支路规定，测狭丈尺，标于图内。"这是针对整个城市的救火道路拓宽计划。因为老城厢稠密的建筑与兴盛的市场容易引起火灾，而狭窄弯曲的街巷导致救火会的车辆无法及时通过，以致发生几次救火延误造成的重大损失。鉴于这种情况，在现代市政—管理思想的影响下，经救火会的要求，工巡捐局开始对城内狭窄的街巷进行有计划的拓宽。

这项拓宽计划虽然涉及整座城市，影响的范围要比拓宽方浜路大得多，但是因为所采用的方法较为温和，并没有引起大范围的质疑，仅在局部出现一些争议。

> 敝宅居于新码头小桥南首生义弄口，日前因拟于宅内增加建筑，曾向贵局领取照会。……该生义弄原系私弄，局其北者为吴姓房屋，其南侧敝宅于沪上光复

1.《沪南工巡捐局关于顾式章于小东门街第五段让屋纠葛卷》，卷宗号：Q205-1-17，上海档案馆藏。

之前，弄之两端各有栅门，今虽造毁而弄口犹存连接两姓房屋之门楼，亦足为私弄之明证。且尤有进者，该弄内居户除吴姓与敝宅外，仅二家。既无贸易之市，更乏通行之车马。较之公行闹市，其冷热情况相殊远甚。……今以景况冷落、行人绝稀之私弄，一旦遽令放宽地面，较原有路线约超过四倍，则居户之深感不便。……请允予暂时收缩原定尺数之半（3尺），俟将来敝宅改造时再当如数收足。[1]

在这封书信里，住户的房屋位于生义弄口，生义弄原系私弄，有弄口两边的铁栅与房屋的门楼为证明。在进行房屋翻造的时候，工巡捐局发给的照会上标出将巷弄放宽，导致住宅可用面积变小。据推断，这即是救火会提议在全城进行街巷拓宽计划所带来的连锁反应，这份计划并不是要大兴工程将现有街巷统一放宽，而是采取较为柔和的方法，只有在业主进行房屋的翻造改建时，政府才会将新的房屋用地轮廓在照会上标出，逐步地完成城市整体拓展街巷的计划。在此案中，因为生义弄原为私弄，比较冷僻，住户希望此次翻造工程中能减少退让的尺寸，下次翻造时再补足。工巡捐局照准此申请，可见在处理具体事件中也显示出手段的灵活性。

3）士绅积极的配合态度

在进行房屋退让的政策中，并不是所有的住户都会与政府就退让尺寸进行争论，许多开明的士绅表现出因公不惜损私的态度。

在方浜第五段的填浜筑路工程中，户主胡少耕的房屋是"坐落治下邑庙西首陈士安桥至侯家路止，坐南朝北门面"[2]，所以道路放宽对于他们来说等同于用地面积的损失。即便这样，他们"自愿退屋，开放道路，以利交通"[2]。胡氏等人受到市政工程的鼓舞，并对其前景表现出坚定的信心："该路共计五百余丈，昔年曲折隘窄之处，今后忽成大道康庄，气象更新，市廛必盛，实为我沪城从来未有之首倡也"。[2]所以他们对此项工程的进行十分关注，甚至数次提出自己的

1. 《沪南工巡捐局建筑收让路线卷》，卷宗号：Q205-1-218，上海档案馆藏。
2. 《沪南工巡捐局关于小东门街第四段让屋筑路卷》，卷宗号：Q205-1-16，上海档案馆藏。

建议："念第一段退建工程将次告竣，而所造铺面，虽依定路线而定，致屋檐高低形式不一，公民等有鉴于此，拟请总局长规定定磉标准，俾有遵循，以归一致"。[1] 希望通过建设法规的控制，保证新造房屋在高度和形式上的统一。对于现在道路实施的情况，他们提出自己的看法：

> ……该路现既规定二丈八尺，而东西路口丈放局于东口宝带路规定二丈四尺，西口方浜路只定二丈，是不特路线不符，于事实上殊非一致，则官地与民地恐多藉口，虽蒙俯念民难，由公家给价，而同一干路尺寸分歧形式不一，商业交通两有阻碍，况该东西与租界密迩观瞻所系，尤宜注意。为敢沥陈下情仰乞。
>
> 总局长迅赐察核，派员规定定磉标准，一面据情咨请丈放局将该路东西路口援照潼川路即新北门口路线三丈二尺办法以示大公而归一律想。[1]

作为道路放宽的利益受损者，胡氏等人却要求工巡捐局要注重道路放宽为城市和社会带来的利好，现在路口比预定的宽度要窄，而道路宽度的大小会影响往来的交通，作为投资几十万两的重要市政工程，应该充分发挥其作用，建议放宽路口以保证路面的畅通。

救火联合会也表现出相同的态度，会长毛经畴在填浜筑路过程中作为表率以牺牲会所的面积来支持市政建设，在发布的第五十三号《上海救火联合会公函》中写道：

> ……肇浜路既已规定为四丈，该路极应比例办理，况从前退屋放宽时，惟下岸业主租户受损至数十万之巨，上岸业主并无丝毫碍及。届时翻造即使收让稍宽，亦为理所应。且经朱前局长仿照大南门路线确定为三十四尺，该业户何得妄希破坏。（我们）会业产亦坐落该路面南，将来改建，均在受让之侧，事关路政大局，其可以私废公，是以不避嫌，恕函。[1]

士绅阶层这时已经深入地参与到市政建设的讨论中，地方自治运动时保留下

1.《沪南工巡捐局关于小东门街第四段让屋筑路卷》，卷宗号：Q205-1-16，上海档案馆藏。

来的官商对市政共同商议的习惯，促使士绅阶层十分积极地进行社会建言，展现出他们在市政建设中的主动意识。

但是也要看到，士绅阶层毕竟在社会地位与财力上都远高于普通民众，在脱离了生计顾虑的情况下，士绅阶层将是否热心社会公益，是否能因公损私上升到道德准则的层面，这种做法难免带有一丝道德绑架的意味。对于自身社会责任的坚持与放大，会导致他们忽略其他人的实际诉求。救火会表示自己的会业将在改建中受到损失时，认为同是士绅的顾氏应该也有同样的牺牲觉悟，不应去质疑工巡捐局改变道路宽度的决定，而应该毫无异议地服从："今顾君自命为地方绅董，理应力为提倡，以资表率，兹不独不遵划定路线，受让反将朱前局长确定之路，希要求改狭小，不顾公益莫此为甚，夙仰"。[1] 对个人的需求进行道德审判，也将本应该商讨的事情烙印上强烈的感情色彩："贵局长对于路政素所注重，自必依据前业切实照办，想决不至因顾君一人利己之主张，即变更前局长确定之路线也"。[1] 这种言辞完全忽视个人提出的正当疑问，而将其置于道德的对立点来抨击对方的主张，已经脱离了士绅参政议政、自由发表观点的精神。

除去这种带有强迫感的态度以外，士绅阶层热心公益的态度确实为市政建设扫清诸多障碍，并且在具体的操作方法上给予许多中肯的建议：

并祈将上海全市区域内各处道路通盘筹划，分别规定，某路预备若干宽，某街预备若干阔，先行详细出示公布，一面呈报省署军署，一体备案，庶使将来人民造物有所遵循，地方绅商无可请托，而局中办事亦省却无数曲折也，此致。[1]

2. 对地权的极力争夺

在拓宽道路过程中，个人补偿很难从数据上达到绝对的公平，个人产权的受损与公众不可计量的受益该如何平衡，是极难处理的问题。根据实行的政策，坐南面北的住户必然要承受社会公认的损失，在抗议无效的情况下，这些住户只能将关注点放在如何将受损的利益控制到最小。于是在退让的住户之间，重新划定退让界限就成为人们最关注的部分，也是在产权问题上产生矛盾最多的地方。

1. 《沪南工巡捐局关于小东门街第四段让屋筑路卷》，卷宗号：Q205-1-16，上海档案馆藏。

1）局部受损与整体公平的博弈

在整排房屋都要进行退让时，退让之后各户的界线是最敏感的问题。根据将房屋利用浜基进行再分配的方法，正对桥梁的住户受损最为严重。因为桥梁的空间属于公产，在退让之后还需要利用这个空间作南北向的交通，因此桥梁空间往往直接变为窄巷，不被计入再分配的浜基之中，这就导致正对桥梁的住户在退让时要将桥梁空间也让出，从而造成该区域住户的巨大损失。

似乎有一项十分公平的做法：将桥梁空间去除，剩下的浜基按照原住户的面积配比进行再分配，但是此举并没有得到民众的认可。因为在向南退让时，常规做法是各户依据自家东西原有的界限进行退让，退让本身已经导致住户的面积减少，因此他们绝不愿再分摊别人的损失。《沪南工巡捐局放宽大东门马路案》记录此类民间纷争。

……嗣闻人说蔓笠桥堍（桥两头靠近平地的地方）有叶姓地一方，因收进太巨，商准贵局允将各业户地平均推派等语。……贵局工程科据称肇浜路退建房屋，未便令桥堍两边业户独自吃亏，不得不通盘筹划，将两块中间之屋，统行丈见扯匀建筑。庶桥基之南北通衢放宽，而业户不致偏受少地之累。……骤闻之下，更形骇诧。开路退屋原为地方自治中交通行政之一，市民无不乐为之退让，至东西间址原为所有权者之私产，第三者要无非法干涉处分之权。……

具禀　王树功 等

对于蔓笠桥堍收让路线，表面观之虽无直接关系，而事属公益，自亦未便专使邻右吃亏。况照现今规定退建界址，叶姓仍当缺地一厘二毫四，其右邻各户依次退建，互相抵补，较诸原地均有盈无绌。是又公私两便，并无窒碍之处。兹特绘图送上，即希照顾全公益。

工巡捐局

……况如侯家路、穿心街、长生桥等处亦有给价征收之成案，在蔓笠桥事同一律办法，苟能一致……

具禀　王树功等 民国六年八月二日[1]

---

1. 《沪南工巡捐局放宽大东门马路案》，卷宗号：Q205-1-86，上海档案馆藏。

这是一次影响颇大的关于地权的纠纷，此案留存的往来书信有十几封之多，牵扯到多方人员。在工巡捐局的回复并不能满足民众需求时，民众直接向护军使卢永祥上书，其中卢永祥又与工巡捐局进行几次通信。工巡捐局秉承的理念是整体公平，希望大家共同平摊蔓笠桥的空间给叶氏带来的损失，但是其他的住户坚决反对。最终事情经过两轮诉讼，"……该民等乃赴司法机构，与叶聘候涉讼，经上海地方审判厅判决，将其诉讼驳回，后又赴高等审判厅控诉"[1]。高院判定撤销对于王姓等人全部进行用地调整，以让出叶姓用地的决定。在行政审批阶段，以王姓等人维持私产而告终。

行政的审判结果是处理事情的一方面，但是中国的民间纠纷的解决还是以调解为主。在高院的审判结束之后，名为顾馨一的绅士再次进行调停，最终当事人进行和平解决，叶氏向其他人进行补贴600银元，王姓等人进行基地范围调整。这600元里顾绅承担一半，即300元。

最终判决的原文档案中并没有记载，只能在工巡捐局与卢永祥的通信里找到结果。但是法理上的判定与工巡捐局开始提倡的整体公平是相冲突的，整体公平只有在政策与口号中可以进行宣传，但是一旦涉及住户的实际利益时，所遇到的只有激烈的抗争。工巡捐局在此次事件中的作用甚微，只能提倡大家发挥公德心，并不能解决实际问题，在王氏等人提出其他相似事件的"给价征收"时，工巡捐局只能敷衍了事。最终还是士绅出面将事情解决，所依靠的是真金白银。这是老城厢艰难的生活环境造成的，也是人们对自有产权的意识形成的。与士绅阶层利用道德高点来互相点评与讥讽不同，普通民众对切身利益表现出毫不掩饰的争求。

2）对浜基的认定

在退屋浜基上，对于浜基的控制范围界定得非常严格，退让的住户本来就有损失，因此在退让过程中不按照原有浜基范围而侵占邻人的土地是绝不允许的。

居住在西门大街曹家桥东首的住户遵照路线进行退让时，发现在房屋的南

---

1. 《沪南工巡捐局放宽大东门马路案》，卷宗号：Q205-1-86，上海档案馆藏。

侧是静室庵后界，在界外种有大树一株，距离庵界约4尺有余，这导致房屋退让的范围被一棵大树占掉一部分，于是与庵尼商讨将大树拔掉，但是对方坚决不允许。这种差别在与隔壁的对比中显现出来："查东首张姓，西首程姓退屋均与静室庵后界相接"，所得土地面积变小导致住户的强烈不满。工巡捐局经过调查裁定："据悉查静室庵后面大树，系在浜边，并不在浜基之内。该商人退建房屋，应以浜基为限，所请拆除之处应毋庸议。"这显示出对退让之地界定的严格，在退让中并不以住户认定的建筑界限为准，而是以能够成为分配用地的浜基为准[1]。

　　在填浜筑路工程开展以前，大家并不关心浜基的界定，因为河浜从社会公认的角度来讲是算作公产，对于公产的侵占与私人并无关联。但是一旦公产与私产发生关系，那么之前模糊不清的问题就要迅速解决。邢氏在投诉信中指出，他的住宅位于肇家河畔面北平屋楼房，因为放宽街道，房屋需要向南退到旧有河面，但是河流的南岸是静修庵，在宣统二年部分建筑客厅向外挑出，出河面1丈有奇，并且向东西延伸。当时这个扩建是侵占到公地之上，但是本身与邢氏并没有关系，就没有报官："当时以其占在官产，与公民无相干涉"。现在这条河浜要用作旁边住户的退让补偿之地，静修庵搭设的平台就成为不能容忍之物了[2]。（图4-32）

　　不仅寺庙会侵占河浜之地，普通住户也会趁着战乱等社会动荡时期，人为扩大自己的用地范围。在乔家浜的填筑过程中，沈氏提出规划路线占用自己的笆地，经过调查发现沈氏现在的地产界石都是自己私自设立的，因为附近有水关桥的旧石基，据此可以复原河浜的原始界限。通过与沈氏自立的界石相对比，发现沈姓地系购买于民国二年，后来战争引发社会局势动荡，沈氏趁此时机擅自筑笆，占及浜基，并且没有向前市政厅领执照。工巡捐局勘现筑竹笆之处，核查出与城壕丈放局民国三年间测定濠基马路图不符。通过对比发现沈氏又将界石越出原笆7尺，经推断现在的界限是民国三年之后私自移动[3]。

---

1. 《沪南工巡捐局放宽大东门马路案》，卷宗号：Q205-1-86，上海档案馆藏。

2. 《沪南工巡捐局放宽大东门马路案》，卷宗号：Q205-1-85，上海档案馆藏。

3. 《沪南工巡捐局关于乔家浜筑路案》，卷宗号：Q205-1-97，上海档案馆藏。

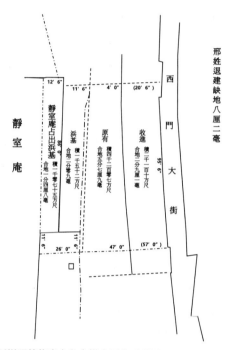

图4-32　邢氏绘制地图以说明静修庵有私自搭出平台示意图

来源：作者参考上海档案馆图片绘制（《沪南工巡捐局放宽大东门马路案》，卷宗号：Q205-1-85）。

在沈氏的案件中，来往书信还提到居民的土地产权具有半河半街的说法："惟上海县署旧有城厢内分地亩，单地多少不一，且有半河半街之习惯。沈姓实地，自亦不免缺少。但民间承粮，虽有半河半街之说，无造屋可以占用半河半街之例"。[1] 关于河浜与土地所有人的关系，在中国并没有明确的划分准则，一直处于模糊的地带。居民的承粮是按照半河半街的面积来计算的，但是在用作私人居住的时候，半河并不能计入造屋的范围之内。这个规定是比较模糊的，因为此事从逻辑上很难讲通，也与西方对土地权的规定不同，这点在求新厂私填庙桥港案中会进行讨论。

3）数据上的精密计算

由于用地紧张，民众对数据极为敏感。在浜基的分配上，最公平的原则为按照住户原来土地产权的面积大小来分配，民众并不会直接听从官府的安排，而是再次针对数据进行复核。在一封书信中，吴氏控告地块补偿不公，因为吴家和朱家相邻，吴家二间房，朱家一间房。因为填筑肇嘉浜路，两户都要退界让地，而后面的浜基进行填埋作为补偿。两户后面的浜基地有二丈四尺长，一丈一尺宽，按理应该吴家补偿这块浜基地的三分之二，但是实际上这块浜基地全部划归朱家所有。吴家不服来申诉。[1]

同样敏感的还有对补偿款的不满。周氏等住户认为政府最初拟订的每户30元补贴过少，希望得到追加。

> 贵局前准贴补商等迁移损失费，每间门面洋三十元，商会专知商等，因所贴太微，禀请酌加在案，未奉批准。查本年欧战发生，商界受亏甚巨，何堪再遭迁移损失，万不得已，为再恳求局长念商艰难，准予加贴给领，无任迫切待命之至。
>
> 具禀铺商 周益达 祥生奉 等十七户 民国四年一月五日

工巡捐局对于此请求同意"批准酌加十元"，最终每户的补偿款为40元。上海市南商会执行新的补偿措施，"小东门内大街铺商高三益等十七家，迁屋贴费，每间四十元，计三十一间，共应领洋一千二百四十元，请即一并核准到会……"。[2]

3. 华洋对河浜产权的分歧

产权是指由物的存在及关于它们的使用所引起的人们之间相互认可的行为关系。对于水路的产权问题，吴俊范以太湖地区塘路系统为例，认为在农业经济条件下，水利系统的经营需要雄厚财力、物力做后盾，只有国家力量才可充分组织资金与人力，国家法令也为该系统的正常运行提供保障，因此，水利系统表现出很强的公有性特征，其中又以河浜体系的公有性为核心[3]。河浜的公有性与民众

---

1. 《沪南工巡捐局填筑城内肇嘉浜河道卷》，卷宗号：Q205-1-56，上海档案馆藏。

2. 《沪南工巡捐局谕催小东门街让屋请求贴费卷》，卷宗号：Q205-1-20，上海档案馆藏。

3. 吴俊范，《从水乡到都市：近代上海城市道路体系演变与环境（1843—1949）》，博士论文，第153页。

的使用性交织在一起，导致所有权与使用权的分离，极易造成河浜资源被民间侵占为私产。

　　而西方的产权意识与中国不同，按照近代西方经济学的概念，私有产权是一种完全的私人财产权，不仅包括所有权，也附带业主对财产的自由处置权和收益权，受国家法律的严格保护。西人认为支付就导致所有权，只要出钱购买，就应该得到自由处置的完全权利。因此，近代西方城市模式下的河浜利用方式，与传统江南农田形态的河浜利用方式存在着严重对立。这也是造成求新厂在庙桥港的填埋上与华界当局产生冲突的重要原因。

　　查求新机器厂与生大面粉公司之间向有出浦公浜一条，上经里马路，通至沪军营。现查求新厂私于毗连公浜内排沟填没，显有侵占公浜之意。……
　　——工程处 一月十九日
　　……查机厂街庙桥港，为通行出浦河道，原属公浜。接近居户，均不可任意占用
　　……函请贵厂查照，即行停止填浜。——工巡捐局 民国九年五月五日
　　……查该浜地已于民国七年五月添租时，归并入契。惟契内批明添租之浜，虽归入契内，不能阻塞，如将来此浜填泥应用时，下面须筑宽大沟筒，以通水利等语。……该浜基2亩5分6厘8毫，当时系由业主向敝局缴价升科。
　　——曾勉济 民国九年五月十三日
　　查敝公司购买求新厂基地亩，道契上并无公浜字样，且贵局对于此厂厂外之浜基久已安置阴沟瓦筒。原来不是公浜，不是通行出浦河道。可知现下本厂将工程仍为继续，已告成。
　　——上海求新制造厂 民国九年五月十三日[1]

　　工巡捐局发现求新厂对与生大面粉公司之间的出浦公浜进行排沟填没，认为这是对河浜的侵占，于是提出停止工程的要求。但是求新厂认为地契在民国七年添租时该浜地归并入契，并且地契上文字并没有注明是公浜，也没有禁止填埋，

1.《沪南工巡捐局关于求新厂私填庙桥港案》，卷宗号：Q205-1-238，上海档案馆藏。

只规定填埋时下方要筑宽大沟筒以通水利。并且这块浜基的面积有2亩5分6厘8毫，这个面积是已经缴费的。现在进行填浜，并且根据道契的要求在浜基下方安置阴沟瓦筒，符合道契的要求。

对于求新厂这样的辩解，上海当局为查明当时的情况，特调出当年加租时的档案记录。道契显示全地划租10亩2分5厘8毫，又缴价添租中间水浜地2亩5分6厘8毫。原租地块与添租地共43亩8分2毫。此契约是民国二年所立，后来又进行添租。添租之后，原本只在浜基一侧的地块，变为河浜两侧用地，原本河浜是两边地块所有人各半，现在都为同一个产权人。求新厂是中法合办，主事为法国人，求新厂又是英契添租，依照西人地主依照各得半浜习惯，请求将该浜入契。所以按照租界颁发道契的习惯，都要将河浜的一半归入道契中。在中国并没有这种习惯，但是为了尊重法国人的要求，就将河浜的一半归入地契中，并且既然地契都加入了，自然在缴费时将其算入。又按照中国人的习惯，这处河浜的本身的属性仍是公共资源，不能擅自阻塞，所以有所注明。但是并没有考虑到以后会发生填浜筑路的情况，所以并没有详细写出，只是表明水浜有关水利不能阻塞，如将来此浜填泥应用时，下面须筑宽大沟筒以通水利等字样，从而造成求新厂进行填浜工程。

此事的根本源头在于中西对道契中河浜的所有权的理解不同。在中国将河浜作为公用的共识下，并没有考虑过需要特别注明河浜的使用权。从西人对于写入道契的使用权的理解，有权对其所有的地产做任何的处置，只要满足道契中的要求就可以。

为了说明该处河浜虽然没有标出公浜字样，但是实为公浜的事实，工巡捐局特意将庙桥港将要修筑的主要干道交通路线都绘制出来（图4-33），并且作出说明："敝局浜地，小东门有方浜路，自黄浦滩起至方浜桥止；大东门有肇浜路，自黄浦滩起至斜桥止，均系浜基筑路。此但指其最大者而言。其余各浜，不胜枚举，均属有案可稽。庙桥浜自黄浦滩起，向西通过沪军营、火车站，业经敝局董事会议决，建筑马路，并达制造局路、徽宁会馆等处"。[1] 以此证明求新厂围笆

1.《沪南工巡捐局关于求新厂私填庙桥港案》，卷宗号：Q205-1-238，上海档案馆藏。

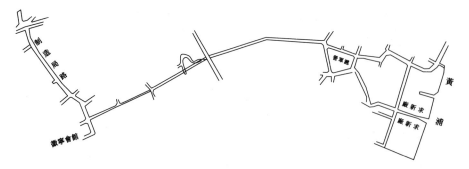

图4-33　庙桥港至制造局路之间计划修筑的道路示意图

来源：作者参考上海档案馆图片绘制（《沪南工巡捐局关于求新厂私填庙桥港案》，卷宗号：Q205-1-238）。

之处是浜口重要的地点，并援引工厂的营造章程：第四条：不通之衖有两家以上出入者，一律收进；第五条：凡一家出入之衖，而两端朝夕有关闭者，即往通行，不得阻塞。以此说明该浜为过往通衢，更不能将其占据。

4. 官方对规划路线的强力执行

在修筑城南的道路时，面对的是平坦的自然地貌与稀疏的建筑，这容易使官方规划笔直的道路网时忽视地籍条件在平面上的反映。在城内的工程所引起的纠纷一般是政府与个体之间，在城外的筑路工程会牵扯到一些民间组织，甚至是西方教会的地产。此时工巡捐局面临的就是强大的社会力量，还有中西方对于产权理解的差异。本文选取四种情况来讨论道路实施过程中工巡捐局的态度，分别是私人用地、会馆用地、教会用地、军产。

1）私人用地

陆殿深有祖墓在本邑二十五保十三号肇家浜南首，总工程局开筑马路时，陆氏已将坟西靠浜余地让作公用，当时规划的道路宽为二丈多。这次工巡捐局修路，将其祖坟列入交通路线中，准备拆毁。陆氏表示非常不理解，认为原来道路的宽度已经可以满足马车的往来，此块土地是其名下的土地，既然经纳完职税，已经证明地权所在，即使没有坟墓也不应擅自将已经交粮税的土地随意充为公用。言辞激烈："即以前清之专制腐败，尚不致妄施压力，强夺民产，如今日之甚者"[1]。指责工巡捐局对国人强硬对西人软弱，对教民坟墓绕道保留，但是对国人在旧路线规定以外的坟墓反而充公拆毁。针对陆氏强烈的指责，工巡捐局强调整条规划的路线经过再三审度，所有应迁的庐墓，都是没有办法避让，万不得已才这样做。陆氏的坟墓在重要的路线上，更没有办法进行绕道。希望："该民须顾念公益，赶紧择地迁葬，以便工作"[1]。

在卷宗《沪南工巡捐局关于开筑斜徐等路拆迁庐墓交涉案》中，收录大量关于民间坟墓因为修筑道路而需要进行拆迁的事件。事情的起因有工巡捐局发文请让地的通知，也有民家祖坟直接被钉上代表路界的木桩。民众大多来信请官府将路线进行少许弯曲调整，以避让自己的祖坟，也有的是因为占用祖坟的道路很宽，对比其他较窄路面提出异议。对于所有的请求，工巡捐局给予的回复皆为拒绝，维持原有的线路规划。

2）会馆用地

工巡捐局开筑的斜徐支路穿过潮惠会馆的塚地，在庄内塚地以南北向穿过，并插有标识等语通知会馆中人。对此事潮惠会馆表示质疑，认为公家筑路俱有规程，如规划路线经过庐墓、民田均应先期知照地主，并援引西人在筑路时所遵守的规章，"如新定虹口租界章程第二条，倘工部局欲筑公路穿过华人产业，则须于动工之前预先商议购地及搬迁房屋，或坟墓之在路线上者"[2]。但是工巡捐局此次规划南草堂南北支路，穿越山庄的塚地，并没有提前发文照会，这个做法引起会馆的不满。会馆是旅沪乡人慈善公产，塚地是同乡公共慈善之业，并不是个人私有之产，认为工巡捐局"万难于寒碑荒塚之业，横施马骤车驰之路"，希望筑路的工程马上停止，双方进行会面以商讨路线的更改。

工巡捐局在对没有提前通知会馆做简短的解释之后，以"开筑马路，必须裁取直线"为由，认为规划路线是由斜徐路直达龙华路，潮惠会馆地产正好位于规划路线上，只需要迁移两旁的坟墓即可，如果要更改路线，那么筑路的工费会成倍增加，并且由于营房的阻碍，会馆也会受到影响，"两害相衡，当取其轻，照现在路线"[2]。

1.《沪南工巡捐局关于开筑斜徐等路拆迁庐墓交涉案》，卷宗号：Q205-1-26，上海档案馆藏。

2.《沪南工巡捐局关于开筑斜徐路收用潮惠会馆地产案》，卷宗号：Q205-1-29，上海档案馆藏。

3）教会用地

斜徐路在规划线路中，穿过教会坟园角边，需要使用一小部分土地。由于牵扯到涉外的事务，因此华界的总务处长向台维司直接致函，希望教会能够秉承一贯的公益为心，将坟园角上树木找工人移植，以让出地块来筑路。

致台物史君函：

敝局建筑斜徐路，函商让地，已承见后，具番一切，查该处路线，并不涉及坟园墓道，仅有西南边角栽植树木之处少许，而该路适在此处特湾西行，不能不斜取直线，业经再三审度，实属无可让迁。

因思租界筑路时，凡华人坟墓之在路线内者，迁让甚多。今贵教会坟园之碍路线者，仅系边角余地，倘能让出少许，于坟园仅所负，而于公共道路便益匪浅。……

总务处长核 民国三年十月八日[1]

在两次致信没得到同意之后，工巡捐局的语气越发强硬，甚至有一次回信直接指出教会办事"何须费如此周折"。第三次的信函中，工巡捐局指出租界在筑路时，凡是遇到华人的坟墓阻碍都得到迁让，如今华人筑路请教会也相应配合。按照另一事件的说法，租界在筑路时遇到华人墓地先会通知，继而赔偿进行迁移。如今工巡捐局几次与教会讨论需要让出一角地块，对于教会不配合的态度渐渐不再容忍，在进行各个方面的解释之后仍坚持按照原定路线推进。

4）军产

在前面的对于地产的争执中，政府一直坚持对最优路线的贯彻，但有一种产权他们也无能为力，即是军产。

世居二十五保十五图的公民周仲智等人上诉，这些公民的祖产位于外日晖桥东堤已经上百年，工巡捐局在规划路线上所插的标杆显示要穿过这些人的住屋及坟墓。信件上有附图，图上标注的"新辟之马路"在最南端与龙华马路的相交处

---

1. 《沪南工巡捐局关于开筑斜徐等路拆迁庐墓交涉案》，卷宗号：Q205-1-26，上海档案馆藏。

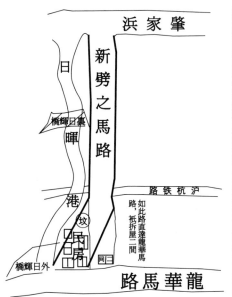

图4-34 周氏等的手绘地图
来源：作者参考上海档案馆图片绘制（《沪南工巡捐局关于开筑斜徐等路拆迁庐墓交涉案》，卷宗号：Q205-1-26）。

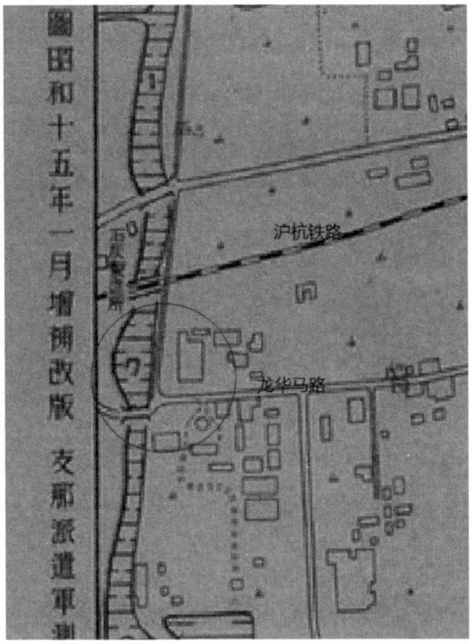

图4-35 此路最终的形态
来源：底图截取自《1940年日军测绘地图》。

向西弯曲了一下，避开两座小房，但是会穿过9户民宅与坟地。若取直而连接龙华马路，那么只需拆除两座小屋即可（图4-34）。工巡捐局经过调查称这两座小屋为看守龙华马路日晖桥口南卡房，虽然房屋现在是空废的，但是将来仍须修整驻兵，因此军方不同意拆除[1]，只能将大量的民宅与坟地拆迁（图4-35）。

从上海官方与不同群体之间对规划路线的博弈情况来看，除了特殊的军产，地方官员的态度是坚决而强势的，在以"照顾公益"之名的道路修筑中，以"公益"之名显然比以"资本"为名要有底气得多，对名节与荣誉的赞颂是中国上千年的教化主体，林立的牌坊就是证明。因此，在政治正确的工程推进中，官方一直表现出为国为民的强硬态度，这为市政的推行扫清了障碍，加快了速度，但是个人或者团体合法权益难免受到损害。

---

1. 《沪南工巡捐局关于开筑斜徐等路拆迁庐墓交涉案》，卷宗号：Q205-1-26，上海档案馆藏。

四、城市管理技巧

通过对比《上海市自治志》与《沪南工巡捐局档案》的市政工程内容，两段时期在工程类型与管理手段上呈现出很强的延续性。从城市管理技巧的角度，有些1914年之后采用的手段，在自治时期经过几次的摸索。

1. 新型金融手段

传统的中国市政建设主要由同仁辅元堂等善堂负责，所依赖的资金大部分来自社会士绅的募捐，这种资金规模对于市政工程来说杯水车薪，并且来源不稳定，这也是中国城市在市政建设上一直较为缓慢的原因之一。1911年上海光复之后，大家对新时代满怀期盼，因为紧邻租界，更急迫要振兴华界，因此计划同时推进多项大型的市政工程。而新时代的城市建设依靠现代金融业推动，只有利用金钱来组织物质资源与人力资源，才能保证大型市政工程的有序开展。

此外还有另一个考量。此时正值第一次世界大战在欧洲爆发，租界的商业受到重要影响，中国向西方出口的生意也迅速凋零。许多文章里指出第一次世界大战对于民族工业的重大利好，但是从官民信件中都是提及其消极的影响。此时上海在经济上早已不是华洋分隔的状态，西人开设的工厂与码头大量雇佣华人劳工，上海的经济已经与全球形成一个整体。因此第一次世界大战的爆发会导致上海出现大量的失业人口，"沪地挑夫二万余名，势必失业"，六十年前的小刀会起义正是由于没有处理好大批失业劳工所致。为防止这种情况再次发生，工巡捐局提出要开展修筑桥梁、马路、建筑、码头等多项工程，以达到"以工代赈"的局面。[1]

这一切的发生都寄托于雄厚的资金，大型市政工程对金钱的消耗是巨大的，于是当局将目光转向租界，向其学习市政资金的筹措方式。从地方自治时期开始，所用的金融手段也在不断发生变化，主要有以下四种。

---

1. 《沪南工巡捐局遵饬筹款建筑斜徐路等工程案》，卷宗号：Q205-1-2，上海档案馆藏。

1）捐税

在早期的市政机构马路工程善后局就开始使用这个方法。《上海研究资料》里面记载的华界第一次车捐、房捐等都是由马路工程善后局征收的（表4-2）。

表4-2　马路工程善后局征税情况

名称	起征时间	捐率
第一次南市车捐	1898 年 1 月 22 日（光绪二十四年正月初一日）	小车每月捐钱二百文，东洋车每月捐钱七角，单马车二元，双马车三元，野鸡马车三元一角，其余双轮货车等，概捐银八角
第一次南市地捐	1898 年 2 月 21 日	每地皮银一千两，年征规银四两
第一次南市房捐	同上	为每房租一百两，月抽捐银八两及清道燃油灯费二两
第一次南市船捐	1899 年 2 月 10 日	沿滩小船，每船每月捐洋二角半，货船视船身大小，另行酌定

资料来源：《上海研究资料》。

进入地方自治时期之后，捐税更成为主要的财务来源。数据显示，自治机构对税收的认识和掌握是一个渐进的过程。总工程局时期没有制定明确的征收捐税章程，征收捐税往往因事而设，征收的种类和收入的来源随着自治的进展逐渐扩大。

在城厢内外总工程局成立的第二年，就遇到经费问题，"试办以来已逾三月，徒以经费无着，未能实力举行"。董事会于是向苏松太道请求借拨公款，他们十分熟悉政府信用与资金流之间的关系："非集巨款不能大举利民之政，不举利民之政不能致民之财。"认为目前应办的第一要务是改良道路，整治沟渠，只有使老城厢像租界一样清洁，才能消除外人的鄙视之心，从而取得市民对自治的支持，以后再筹款捐也会变得容易[1]。

从总体看，总工程局征收捐税和收入的来源每年都有增加，第一年的主要来源是地方捐，此外还有车捐、工程捐、船捐、补助费、庄息、债款、电灯费七种；第二年增加了公地变价一项；第三年增加到十二种，新增种类是公产收

---

1. 杨逸等撰，《上海市自治志·公牍甲编》，民国四年刊本，第 62 页。

入、公物变价、杂收入；第四年取消电灯费，增加执照费和董事办事员捐薪两项，达到十三种。财政收入总额呈增长趋势：第一年为93 688.443两，第二年为144 217.224两，第三年为120 140.215两。在初期整体的收支是赤字，第一年度亏损26 493.239两，第二年度亏损4849.715两，第三年度亏损24 027.895两。到第六年度收入为255 696.022两，较之前有大幅上涨，并且当年盈利23 524.001两，显示出市政管理机构逐渐熟练的财政管理技巧[1]。

2）变卖公地

变卖公地是一项不可持续的金融手段，但是对于财政异常紧张的当局来讲，为筹措市政经费，数次进行公地的售卖。较早的一次是光绪三十二年（1906年），总工程局请求苏松太道将南门外校场公地变款充公，阻止由营中出售。校场公地位于小南门外，由提右营管辖，总工程局认为校场公地位于城墙边的繁华地段，在此操练绝无可能，这块地现在空置，被各方侵占，若及时出售，每亩可以达600元，对公益事业大有帮助。此请求得到两院宪的批准，由图书公司以2000元时价承买[2]。

工巡捐局时期也对城壕基地进行变售，与财政部一封往来的书信讨论南半段城壕基地的卖地方法：

南半城地价，约中估计，约可得银36万数千两。惟查南半城地点，不如北半城繁盛，以后丈放时，遇繁盛则争相承购；遇冷僻则无人顾问，稽延时日，不能结束，徒多靡费，殊非上计。现拟零售整卖两办法。其零售等，即照报银数为实价，倘有巨力将南半城地基一并购买，拟请照报银数改为洋数。但求收入迅速，不至延迟，价虽减折，于公家实无亏损。其三□□照费，仍按实数核收。……公用之地，如救火会、公园、小菜场、公厕、堆垃圾处，均酌量留出，以使分配。共应地亩若干，随后再行详报。——工巡捐局

所拟办法五条均属周安，估列地价亦尚适中，应准照办。至整卖、零售两法，以承总出售为宜。惟价格不可过低，应以报估数八折为限。——财政部[3]

---

1. 杨逸等撰，《上海市自治志·图表·会计表》，民国四年刊本，第1页。

2. 杨逸等撰，《上海市自治志·公牍甲编》，民国四年刊本，第88页。

3.《沪南工巡捐局关于南半城壕基丈放办法卷》，卷宗号：Q205-1-66，上海档案馆藏。

　　财政部对于整卖与零售相结合的售卖方式表示支持，并且认为整体出售是更好的选择，只是不要像工巡捐局提出的"一并购买，拟请照报银数改为洋数"，这个价格有点太低，建议应该以八折为售价的下限。

　　3）贷款

　　筹集贷款有两种方式，一是发行地方公债，第一次发行是在光绪三十二年（1906年），由上海城厢内外总工程局禀准上海道发行，债额规银三万两，分三年六期偿还[1]。但是地方公债发行的规模，显然远远不及市政工程所需。从沪南工巡捐局时期开始，利用银行贷款成为重要的金融手段。

　　市政工程牵扯的事项繁多，需要规划路线，并进行估计价值、绘具图说等繁多的手续，因此多项工程的"经费甚巨"，1914年工巡捐局计算了一下所需的工程款项：

　　　　逐路勘估，绘图列表，再行陈报，约计多项工程，除丈放局规定应筑南半城路工不计外，所有：沪南十六铺南头应筑码头，经费约十三万元；斜桥西南应筑干支各路及桥梁，约五万元；又应行翻修各路约三四万元；闸北应筑各路约十万元；推放吴淞土道约贰万元。共计各项非有三十万元之巨款，不能兴此大工。[2]

　　这些工程不只是南市区域的，还有闸北与吴淞等地的工程，可谓是百花齐放。经过统计，除去南半城筑路工程，其余共需费用三十万。如此巨款要靠发放公债与动员士绅进行募捐是不现实的，工巡捐局采用新型的金融手段——贷款来解决。

　　　　今拟借美款，一举两得，惟逐年交配本利恐不能支，拟请致电内务、财政两部，准予移缓救急，商借美款。暂以丈放局北半城地基指抵三十万元，俟丈放局得价，即日肆偿应出利息，由（我）局照数担任。（我）局向丈放局借用之

---

1. 上海通社，《上海研究资料》，中华书局发行所，民国二十五年五月发行。

2. 《沪南工巡捐局遵饬筹款建筑斜徐路等工程案》，卷宗号：Q205-1-2，上海档案馆藏。

三十万元，准由（我）局每年筹还三万元，以十年为还清之期。在未还清期内，丈放局以应办各事，一律办结……[1]

工巡捐局计划以北半城的城壕基地作为抵押向花旗银行贷款三十万元，并请内务、财政两部来共同完成此项借贷。对于贷款拟订了具体的方法：一、此项借款三十万元，为工巡捐局开筑马路桥梁工程之用；二、此项借款以满六个月为肆还之期；三、此项借款暂以上海相当价值之房地契作为抵押；四、此项借款于上海城壕北半城地亩售价内提还（查北半城城壕官地共计七十余亩，价值约共计八十余万两）。

此次贷款是上海为了维持社会稳定，大力推进城市基础设施建设的金融手段，它打破原来只借助积累的财富或民间借贷的手段，而是借助美国银行的资本来达到既定的目的。这是当地政府接纳新型资本手段的标志，整件事情是官府各个部门共同协力的结果，来往的书信是上海镇守使的道谕，所以这不是工巡捐局一个部门的事情，而是由上海道台所批准，由内务部、财政部与工巡捐局通力合作的结果。之后还牵扯到城壕丈放局，因为花旗银行对于要抵押的城壕基地需要道契为证，"须有道契为凭，方合借款格式"[1]，于是上海道与丈放局陶君湘协商，办理城壕地基的丈放。

4）政企联合模式

在市政设施的建设上，上海地方政府还借助民间资本的力量，主要表现为让渡经营权而获取分红。一个典型的例子是与华商电车公司的合作。民国元年时，陆伯鸿作为电灯公司总经理建议政府推广电车，并且以电灯公司的直流电机作为技术条件，向政府申请开办电车公司。此时政府已经先后拒绝过外商承办电车的申请，欣然同意由华商自行承办。在此后几年里，电车通行的路线不断建设，"自十六铺至董家渡设双轨，董家渡至车站设单轨，二年八月十一日开始行车。三年，与法租界电车公司订立合同，在民国路自小东门至老西门各置路轨，互相行驶，十六铺浜基同时由公司填筑行车。五年，中华路小东门至老西门通车，而

1.《沪南工巡捐局遵饬筹款建筑斜徐路等工程案》，卷宗号：Q205-1-2，上海档案馆藏。

沪杭车站亦通车至高昌庙，直达小东门。六年，小南门至老西门通车。七年，老西门至高昌庙通车，于是西门可直达高昌庙"[1]，通过合作，政府获得了现代交通网络的铺设，并且在经营上双方的利益也捆绑在一起。市政厅给予电车公司在拓展马路、新设电车、营业权、新的市政工程以及税收方面巨大的支持与优惠待遇，而电车公司按照合同的第十四条，"公司于每日进款毛数内抽提百分之三为市政厅之报酬金"[2]。

另外，在电车线路沿线的道路上，市政部门也与公司进行谈判与交易。陆伯鸿曾经在1915年7月1日致信工巡捐局，因为"沪杭甬上海南车站后东北一带，路途凹凸不平，马车经过因之掀翻者已有数起"，华商电车公司计划将道路修平，并要求沪杭甬铁路局给予路政工程的贴费，在铁路局不同意后，陆伯鸿进行辩解，认为该路确实是南码头沪军营至黄家阙路的交通要道，所有的车辆与旅客都从这条道路来往，因此铁路局本就该将此路修整。现在华商电车公司的电运货车也需要经过，"贵局承担修费一半，敝公司愿贴补一半"。此时通信是民国四年七月一日，五个月之后，工巡捐局又因为此事责问铁路局："车站路后门之东西马路，贵局远未修理，地方商民以此路年久失修，来局诘责。"铁路局给予的回复是经检查，之前与华商电车公司订有合同，写明"电车轨道行经土酥路、马路之处，全路归电车公司修理，每年至少修理一次"[3]。

这两则事例说明上海政府与企业合作的方式是多样的，既有以市政设施和营业权等政策利好来换取一定比例的经营利润，又有以道路使用权来换取企业对道路承担修理责任的方法。通过与企业的联合，政府将公共利益拿出来与私人企业合作，以换取市政推行的优惠条件。

华界主要使用的四项金融手段与租界类似，根据张鹏的总结，工部局所主导的市政建设资金主要有六种来源，分别是捐税、募捐、发行公债、贷款、出让经

---

1. 江家璓等修，姚文枬等纂，《民国上海县志》，1936年排印本，卷十二《交通》，第18页。

2. 江家璓等修，姚文枬等纂，《民国上海县志》，1936年排印本，卷十二《交通》，第19页。

3. 《沪南工巡捐局修筑车站路案（修筑车站路段东西马路附）》，卷宗号：Q205-1-7，上海档案馆藏。

营权和收费使用。占比最大的是捐税部分，占工部局财政收入的70%左右[1]。华详两方的金融手段基本是一致的，这说明在工巡捐局时期，华界的城市管理者已经完全掌握现代的金融手段，这是此段时期市政工程大力推行的主要保障。

2. 依据市政规章制度治理

上海城市管理近代化的一个重要表现，是通过法规的制定与执行来进行城市管理。租界在这方面很早就作出表率，1845年的《土地章程》通过多次修改并增加条款，从原先的以界域确定、租地办法、应守事项为重点转向以市政组织和市政管理为重点；1868年法租界颁布《公董局组织章程》。通过学习租界，华界的城市管理者逐渐意识到，要使政权的行政管理正常进行，需要从上到下地广泛制定各方面的具体法规，其中一些专项法规还是根据华界出现社会实际需要而专门制订的（表4-3）。

表4-3 上海地方自治事业专项社会性法规明细

机构	名称	数量
城厢内外总工程局	违警章程	1
上海城自治公所	周守公益特捐办事规约；城区域公立简易识字夜塾简章；设负贩团简章；征收城内外各区地方捐办法简章；征收各种车捐现行章程；征收各种船捐现行章程；征收免装垃圾照费现行章程；征收广告税章程；贷还地方公债章程；取缔各种车辆章程；规定食物店铺卫生规约；取缔押店并收捐章程；取缔戏园规则；取缔影戏场规则；取缔滩簧书场规则；取缔弹子房规则；取缔中区庙园设摊规则；管理渡船规则	18
上海市政厅	市立小学校章程；慈善团办法大纲；慈善团各种条约；征收各区公益税办法简章；征收车辆税章程；征收船只税章程；征收广告税章程；取缔各种车辆章程；取缔戏园规则；取缔影戏场规则；取缔滩簧书场规则；取缔弹子房规则；取缔中区庙园设摊规则；管理渡船规则；招设清洁所办法简章；地方公债贷还章程；市公报简章	17

资料来源: 张仲礼主编，《近代上海城市研究：1840—1949年》，上海人民出版社，2014年，第487页。

---

1. 张鹏，《都市形态的历史根基——上海公共租界市政发展与都市变迁研究》，同济大学出版社，2008 年，第 89 页。

在上海自治时期，颁布了许多专项法规，社会性的规章制度占绝大多数，城市建设方面的具体法规章程并没有。彼时新型城市管理体制刚刚建立，大量的精力放在如何保证众多市政机构能在权力范围之内按规章办事，对于城市具体建设的管理，则是工巡捐局时期当局根据长期的市政工作经验而来。

1）对防火的重视

关于防火问题的思考与规定，与1915年发生在九亩地的一场大火有关。《沪南工巡捐局档案》中数个卷宗都提到这场火灾。阻碍救火车通行的狭窄街巷成为主要改革的对象，各部门都积极进行提议，主要的做法从两个方面考量：救火与防火。

（1）疏通救火道路

对于救火，关键在于道路的畅通。在救火联合会民国四年（1915年）二月二十二日的一份报告中，指出"九亩地大境路西首失慎"，救火会在即将到达火灾现场时遇到阻碍，"该路中间有大境废牌坊一座，坊额甚低，柱石窄狭"，救火车辆无法通过。而"查驱车救火当以迅速为主义"，石牌坊对车辆的阻碍，导致近在咫尺的火场无法得到及时的救援，结果"贻误匪轻"。并且这座石牌坊是大境关帝庙的庙额，现在该庙之前本有空地，因此救火联合会提出"将碍路之坊柱移建于庙前空地上，以符合实而利交通"[1]。

（2）预防措施

对于灾后现场，救火会仔细地进行查勘，发现"具被灾之屋，大半楼下并未殃及，唯独屋顶全行焚毁"，分析这种情况发生的原因，"实由房屋平顶内山头并不每间砌断，以致火焰分飞，延烧屋顶极易"[2]。针对这个重要隐患，特别拟订屋顶防火构造的规定。

拟造屋顶防火患办法四条 录呈

一 平顶。以后建造房屋，如用灰平顶，其每间山头内必须用砖砌断，以防遇有火警时，火焰飞入，延烧隔屋。此次九亩地大境路即富润里两次失火，延烧房屋十余幢至二十余幢，多皆系此病。

---

1. 《沪南工巡捐局关于救火联合会函请移建大境牌坊的文件》，卷宗号：Q205-1-160，上海档案馆藏。
2. 《救火联合会条陈造屋顶防火灾办法案》，卷宗号：Q205-1-163，上海档案馆藏。

二 洋台。以后建造房屋，其挑出洋台，应规定二尺半，以柱中为准。但其道路不满14尺者，不得挑出。假使街道阔14尺，而挑出洋台二尺半，再加屋檐2尺，共4尺半，两面对距已占9尺。中间只空5尺可以见天。不特两旁店铺黑暗无光，一旦遇警，势必连绵延及。

三 砖墙。以后建造房屋，每幢应加一大墙，必须出顶。如挑出洋台，其大墙应随洋台砌处，以防遇火延及。

四 转角。内地街道窄狭者多，交通恒多不便。凡遇转角及十字路口，为尤甚。以后建造房屋，如有转角之处。应一律改为斜角，便利良多。

再，华界市房往往高低不平，现推原其故，实因业主散琐，难于划一。每见有房屋，街沿一级至三四级者，以后凡建市房，此项定碌高低，当于给照时规定，侧石以上应高若干，其楼房之高低，应规定下层13英尺，上层11英尺。给照时，由局知照匠头，照章建造。

上海救火联合会[1]

这篇《拟造屋顶防火患办法四条》里针对屋顶火灾发生与蔓延的可能性采取针对性的措施，每条都具有典型性，体现在处理事情时全面的考虑。第一条与第三条是具体的构造作法，规定平屋顶之间要加上砖砌的山头，并加上出顶的砖墙，以阻止火灾蔓延。第二条提出类似今日防火规范一样的具体数据控制，以道路宽度14尺作为界限，道路窄于14尺的不得挑出阳台，通过数据计算14尺的道路如果挑出阳台则中间只剩5尺宽的空间，极易造成火灾的蔓延。第四条是针对建筑的造型，提出在转角处的房屋应在以后建造的时候改为斜角，方便于车辆转弯。

此事说明市政机构处理事情越发精细，针对市政管理中出现的问题进行分析判断，由侧重事后的处理逐步转变为考虑事前的预防，并且将这些预防措施以规章的形式来推行。

2）对城市形象的把控

工巡捐局档案中有一项大型市政调查引人注目，是民国五年的卷宗[2]，将县

---

1. 《救火联合会条陈造屋顶防火灾办法案》，卷宗号：Q205-1-163，上海档案馆藏。
2. 《沪南工巡捐局测绘南市路线章程卷》，卷宗号：Q205-1-198，上海档案馆藏。

内所有道路的长度、宽度、修筑时间等信息都统计出来，这项浩大的市政调查是工巡捐局为进行城市美化运动而作的基础资料整理。

此案卷在开篇介绍调查的原因是南市糟糕的道路状况："原有路宽者丈矣，狭者数尺。相形之下，日见逼窄。在寻常车辆，经过其间，已觉万分拥挤。近来汽车盛行，占地宽而行驶速，尤属在之堪虞。每遇火警，水车驰救，又因路狭不能迅速开驶，影响尤巨"。并且因为河浜的填埋导致城市排水系统的不堪重负，"现在城内外原有河浜，每已次第填平。宣泄积水，全赖阴沟。而各处原筑之沟筒，筒径狭小，且每系旧式砖砌。尤非放宽路面，改筑宽大瓦筒，不足以资宣泄"。在这种形式下，南市整体道路的放宽计划显得极为紧迫，于是工巡捐局决定逐一丈量城内外原有街巷、河道、桥梁及其他关系交通。

《测绘南市路线章程》[1]

就管辖境内大街小巷、河浜桥梁及其他关系交通者，逐一丈量，绘具总分地图，为规划路线之标准。

（1）街巷土名及长短阔狭详注图内。

（2）街道原有弯曲处，绘明方向形势。

（3）房屋凹凸处，逐户丈量绘收图内，益按户注明门牌号。

（4）桥梁应注明阔狭长短，水面高低尺寸，桥门宽窄，及用何种材料建筑。

（5）河道应注明源流阔狭，两旁驳岸用何种材料建筑。遇有水步马头须注明。

（6）河道两岸如有按出水阁，注明图内，以凭限期拆让。

（7）庙宇、公所、会馆、公园、大坟墓、水池及其他公共场所之类，均于图内详细注明。

（8）繁盛之处原路狭窄，或能繁盛而有交通关系，应行放宽者。分别干路支路规定，测狭丈尺标于图内。

（9）图内于规定放宽之路，两边划线，中间划定中线。

（10）路旁小衖，因有交通关系，须开辟马路，或原系河浜，应填平筑路。须逐一测量规定。

---

1. 《沪南工巡捐局测绘南市路线章程卷》，卷宗号：Q205-1-198，上海档案馆藏。

（11）各处应行放宽路线，及拟辟之路，由测绘员开具，报告局长会商量事后勘核。

（12）自此次规定路线后，遇有请领营造执照者，均令照线，收让规定。

（13）本章程自呈奉核准并实行，其有未尽事宜，随时增订。

工巡捐局　民国五年十二月二十七日

　　从章程的内容来看，所统计的内容涵盖道路所有的物理条件，依次是原名、长度、宽度、转弯处方向、街道两侧房屋凹凸的尺寸、桥梁的宽度与水面高低、桥梁材料、河道宽度与驳岸材料等，后续附设的表格里主要记录了道路的信息，桥梁的信息记录得很少，只有道路连接桥梁时记录桥梁的名称，未看到河流的信息。章程的一个明显特点是目的性较强，第八条规定"繁盛之处原路狭窄，或能繁盛而有交通关系，应行放宽者。分别干路支路规定，测狭丈尺，标于图内"，将市面繁荣但是道路却狭窄的做特殊的标记；第十条规定"路旁小衖，因有交通关系，须开辟马路，或原系河浜，应填平筑路。须逐一测量规定"，针对要开辟马路的小巷做特殊的测量。

　　工巡捐局较早就对城市街道的面貌进行控制，发布路政章程：

（1）侧石上人行道，规定阔放至10尺。现时不满10尺处，俟翻造时照收；

（2）人行道暂用石片铺砌，如铺户愿做水门汀路面，应量见方数，照章缴费，由本局代做；

（3）旧房屋形式不一，凹凸不齐，造成马路后第一次加工，不准修理，均须翻造，以归一律；

（4）不准建造平房，其建造三四层楼者，听业户之便；

（5）空地上不准围筑竹笆，如开设板木行，不准建筑木栅，应造围墙；

（6）不准开设押铺，及有碍卫生如硝皮等店铺；

（7）建造楼房，楼底至低以12尺半为度；檐高至低以24尺为度。

工巡捐局　民国三年五月二日[1]

---

1. 《民国路路政章程卷》，卷宗号：Q205-1-139，上海档案馆藏。

对于颁布的规章，工巡捐局还表现出较强的执行力。例如对于第四条"不准建造平房，其建造三四层楼者，听业户之便"，在民国四年的一份来往书信上体现出工巡捐局办事的严格。长生寿材善会位于大南门城基，原建平屋十数椽，现在处于道路改造的范围之内。在申请新的建造许可时，因为位于迎勋路，按照规定只有建设楼房才能得到照给。但是现在该会的财务较为紧张，"敝会办理已二十余，频年经费极为支绌""财力竭蹶之实情"，希望官府能够通融，并许诺"他日敝会捐款得有盈余，则广厦高楼鸠工改造"。对于长生寿材善会的请求，工巡捐局予以拒绝："新筑马路之处，应一律改建楼房，以免参差而壮观瞻。贵会财力竭蹶，惟翻造旧屋，实于形式不合，尚希贵会勉力筹办，改造楼房"[1]。

3. 政府部门的协调

1）部门之间的脱节

并不是所有部门的意识都能随时代而迅速转变。江苏高等检察厅在1914年因为监狱的犯人已经过多，将上海第二看守所地址划归监狱使用。而两处看守所因为毗连，"前后墙壁相齐，中隔官路仅一小段"，为方便管理，也为节省经费，检察院认为"查此段官路之内，并无居民房屋""虽将此路隔断，而于交通上并无丝毫滞碍"，申请"将两界毗连之官路用墙砌断，二者合而为一"，并认为"监狱紧要，亦可昭管理之慎重。况以官街藉作官用，既不妨于众人之交通，而公家又可节省大宗经常费用"，并没有意识到道路本身并不是只为邻近的民房而用，而是为保证整个城市交通的便捷[2]。

而工巡捐局已经深刻认识道路的重要性，并尽力增强道路的通达性。在回复江苏高等检察厅的信件中，工巡捐局认为附近三牌楼街是原县署西侧的南北向道路，人流很大，道路拥挤，于是拆掉常平仓小屋，将墙收进，特别开辟出这条小路方便往来的行人。而从北侧来的路人需要通过昼锦牌楼、三牌楼街而进盛家弄，十分不方便。于是在北侧的傅姓翻造房屋时，与其商议退让房屋，以使道路能

1. 《沪南工巡捐局关于新辟马路应建楼房案》，卷宗号：Q205-1-175，上海档案馆藏。
2. 《沪南工巡捐局关于上海监狱请阻断官路案》，卷宗号：Q205-1-145，上海档案馆藏。

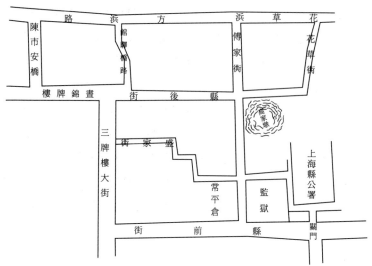

图4-36　检察厅欲封堵路段示意图

来源：作者参考上海档案馆图片绘制（《沪南工巡捐局关于上海监狱请阻断官路案》，卷宗号：Q205-1-145）。

直通方浜路（图4-36）。在经过这一番努力后，"现方浜路业已筑成，凡西北城南来之人，皆可由方浜路向南直达县前街。是此路实为交通要道，未便阻断"[1]。

面对监狱方的请求，最终工巡捐局提出两全之策："监狱防守固为紧要，而交通不得不为，陆军监狱本非常设之所，今为暂时防守之计，拟将该路南北两端装设铁栅，限时启闭。一俟陆军监狱移建时仍复原状"。[1]

2）部门间的配合

未能及时转变思路的政府部门还是少数，更多的信件体现出政府部门在市政建设中的互相配合。

同样是司法部门与工程局之间的书信往来，在民国三年五月十三日上海检察厅向工巡捐局建议利用犯人来进行市政工程的建设："上海监狱人犯拥挤异常，其中刑期较长者尤居多数。按之监狱规则，本应分别勒令习艺，如无财政支绌，该监狱尚未设有工厂，以致该犯等于每日坐食三餐以外无所事事。……惟有先使各犯以劳动之法，冀免间居生事之虞。"此做法有两点好处，一是可以省去筑路

1.《沪南工巡捐局关于上海监狱请阻断官路案》，卷宗号：Q205-1-145，上海档案馆藏。

工程的许多劳工费用，二是对于监狱可以缓解犯人较多的拥挤局面，同时让犯人将闲散的时间与精力通过劳动消耗掉，避免闲来生事。并列出具体的操作流程与注意事项："拟请贵局每日派员赴地方监狱，酌拨人犯数十名或百名，规定钟点押令在马路工作。所需押送督率之人，则商请警厅派拨警士数名，及局中工头沿路弹压。每晚工作完毕，即由警押回归监局中。只须按名预备饭食，似此办理。在贵局一方面，同一雇人作工，可免给予工钱，于工程费稍资节省。监狱一方面，日间既免拥挤之虑，藉可减支口粮，对于各犯则得以劳动身体于卫生亦有利益，免致久逸成疾，诚一举而数善"。[1]

上海制造局则为筑路工程提供了许多筑路材料，"新辟天钥桥及西庙桥两路，现须加铺煤屑，以利交通。闻贵局积存煤屑甚多，特恳转知分局，将积存煤屑拨归铺路之用"[2]。在这封民国五年五月三十日的信件中，上海制造局主动提供工厂内的煤屑来铺设道路，这对于本就财政吃紧的工巡捐局无疑是雪中送炭。

借助于现代城市管理技巧，老城厢在1914年到1927年完成近代史上最剧烈的城市空间调整。就像唯一的空格对于拼图玩具来说是得以成立的基础，原有的河道即是此次重建中无比珍贵的空间素材，通过填浜筑路，工巡捐局在隐含长期复杂产权信息的小巷之间，将城内三条东西向的主河道建设为宽阔的道路，与之前拆城墙而修筑的椭圆形环路共同形成现代道路网络系统。

大卫·哈维认为资本主义空间具有一个特点：城市空间中良好的交通设施能够促进剩余价值的移动、榨取和集中。为了更为便利和快捷的交通，往往修筑长长的大街、直线型的大道，而不惜牺牲居住区居民的利益[3]。正是这些利益冲突引发不计其数的博弈事件，官民之间经常就同一事件多次来往信件争辩与妥协，甚至护军使卢永祥也经常被卷入到这些争论之中。在这项螺蛳壳里做道场的操作中，规则的、宽阔的、新加的空间形态，与原有细碎的、狭窄的、复杂的土地产权形态发生直接冲击，这是资本主义空间与东方宇宙观空间冲突的缩影。

1.《沪南工巡捐局关于检察厅函请监犯拨冲工作卷》，卷宗号：Q205-1-33，上海档案馆藏。

2.《沪南工巡捐局函请制造局拨给铺路煤屑案》，卷宗号：Q205-1-88，上海档案馆藏。

3. 唐旭昌，《大卫·哈维城市空间思想研究》，人民出版社（北京），2014年，第103页。

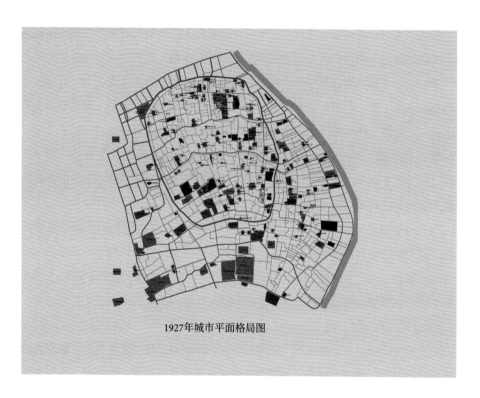

1927年城市平面格局图

1947年城市平面格局图

第五章　精细化开发的复杂图景

（1927—1947）

现代市政路网系统经过拆城与填浜形成后，老城厢内的建设工作逐渐下沉到局部地块开发，但是法租界西扩吸引走大量民间资本，上海特别市的设立又导致政治红利转移到江湾地区。财富与政治资本的双重缺失，对老城厢的城市更新来说犹如釜底抽薪，再叠加上复杂的产权形态与社会文化，"老城厢"一直为之奋斗的理想蓝图最终将何去何从？

一、城市功能向生活服务型转变

1. 双向孤立

自1911年始，上海既是国民政府"密迩京师，资为屏蔽"的门户，又是其财政支柱，还是政策制度的试验田，国民政府许多重要部门设在上海或在上海设办事机构。1927年5月7日，国民党中央政治会议通过《上海特别市暂行条例》，条例规定："上海为中华民国特别行政区域，定名为上海特别市"，"直隶中央政府，不入省县行政范围"[1]。1927年6月16日，国民政府通过了针对上海军、政各务提案，并提出整理上海措施21条，其中与城市建设有直接关系的是第5条：上海南北工巡捐局、警察厅、电话、电灯、自来水、电车公司、浚浦局、会丈局等均归上海市政府各局管理，他处不得干涉[2]。在此条例的基础上，改变了华界原先各不统属，各自为政的机构和传统道、县衙门的建制，设置"一处十局"[3]统摄行政，华界地区长久紊乱的行政权因特别市的成立而统一起来[4]。

1927年7月7日，上海特别市正式成立，第二天就发令接收上海工巡捐局，所有办理之事务都归并市政府，将文卷等项移交市政府。虽然工巡捐局在辛亥革命之后以上海地方自治机构市政厅的对立面出现，始终受到上海地方自治倡导者的敌视[5]，但是从行事方法与事务内容来看，工巡捐局在很大程度上是地方自治运动的延续。而新政府接收工巡捐局之后，沪南大力推行市政工程建设的历史时期宣告结束，突然提升的政治地位与强烈的民族自尊促使上海开展全新的城市开发

---

1. 熊月之主编，《上海通史·第7卷 民国政治》，上海人民出版社，1999年，第235页。

2. 熊月之主编，《上海通史·第7卷 民国政治》，上海人民出版社，1999年，第236-237页。

3. 秘书处和财政、工务、公安、卫生、公用、教育、土地、港务、农工商、公益十局。

4. 上海特别市的范围经市政府与江苏及有关五县代表商洽，至1928年7月，特别市政府实际接收17市乡，统一改称为区，分别是：沪南、漕泾、法华、蒲淞、闸北、引翔、殷行、吴淞、江湾、彭浦、真如、高桥、高行、陆行、洋泾、塘桥、杨思17区。辖境527.53平方公里（华界494.71平方公里，公共租界22.6平方公里，法租界10.22平方公里）。上海市的辖境后来基本上维持在这一范围。市政府在"各区设市政委员办事处，秉承市长意图办理各区行政事宜"。

5. 周松青，《整合主义的挑战：上海地方自治研究》，上海交通大学出版社，2011年，第29页。

模式，一直奋力追赶租界的老城厢在当权者心中无法承载民族复兴的远大图景。
"大上海计划"选择在遥远的江湾地区开展，并引入国外规划模式及理念，城市
发展重心随之迁移过去。

对比上海各个区域的城市路网
的形态特点，老城厢区域与江湾区
域可以说是两个极端。大上海计划
定位在江湾五角场区域，在上海东
北部形成一片相对独立的新城，所
采用的巴洛克城市规划手法极具秩
序感与仪式感，最适合新政权向民
众展示其政治威严，能够满足人们
对新世界的美好遐想（图5-1）。
建筑物总是政客最有力的宣言武
器，尤其是对新政府而言。大上海
计划既是这样一份有力的政治武
器，不仅体现在表现形式上，还体现在最初的选址工作上。

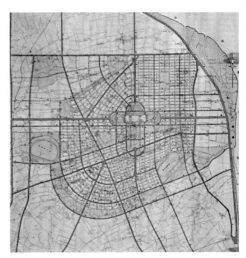

图5-1 上海市中心区域道路图，民国二十一年八
月一日公布

作为中国新政权的代表，如何处理与租界的关系是根本问题。此时租界已完
成最后的扩张，横亘在苏州河南北两岸。综合考虑可以挑选的华界区域：虽然历
经拆城与填浜筑路，南市整体还以拥挤凌乱的面貌为主；闸北虽有快速发展，但
距离黄浦较远，无港务之利；浦东虽然位列孙中山的建国方略中，但与主城区隔
江而对，并且时人认为浦东也是掣肘于租界势力。最终国民党政府将目光投向黄
浦江的最下游：浦西吴淞和江湾之间的大片未经开发的土地。在综合了与租界抗
衡，同时又占据海运之利的条件下，确定上海市区外东北方向的江湾区翔殷路以
北、闸殷路以南、淞沪路以东及周南十图、衣五图以西的土地约七千余亩，作为
新上海的市中心区域。

江湾五角场的选址在逻辑上与开埠时英租界的选址极其相似。巴富尔在
1845年为英租界的选址位于老城厢的北部，紧靠黄浦江与苏州河，以扼两江交
汇口。民国上海政府为大上海计划的选址同样位于租界的北侧，在吴淞江与黄

浦江的交汇处，并计划重点
建设吴淞港区域。从这两处
历史事件中看出，对立的两
者都划定相似的城市规模以
进行对抗。图面上穿越历史
时空的相似性，体现了出城
市级别的博弈中对出海口的
重视（图5-2）。如同在路
边叫出租车一样，人们都会
暗自移到别人的前方以占先
机，导致打车人群逐渐向车
来的方向移动，租界与华界
在城市区域的争夺中也表现
出明显的政治博弈，新建设
的区域不断向浦江下游移
动，以争夺长江口。

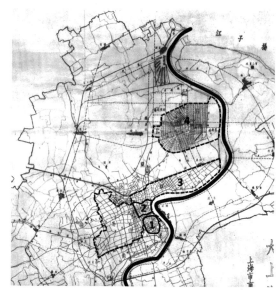

图5-2　租界与华界对黄浦江上游的争夺
来源：作者自绘。
说明：底图为1934年公布的《大上海计划图》。图中1为
上海县城，2为英租界位置，3为公共租界位置，4为上海
特别市位置。

　　在城市发展重心被"大上海计划"转移的同时，来自租界方面的影响也降至
最低。拆除城墙旨在与租界经济一体化，但1927年之后，两者之间的隔阂却逐渐
加深，主要源于两个方面：

　　（1）租界的式微。从1925年到1937年日本全面侵华战争爆发之前，费成
康将这段时期归结为上海租界的动摇时期。动摇力量有两股，一股是正在强烈
要求收回外国租界的中国民众，上海租界当局迫于时势，不得不有所让步：第
一，停止越界筑路；第二，废除会审公廨；第三，华人入董工部局、公董局。
另一股力量是日益猖獗的日本侵略势力，第一次世界大战爆发后，日本乘机扩
展其在公共租界中的实力：第一，破坏公共租界传统的中立政策；第二，破坏
公共租界的统一行政；第三，胁迫公共租界当局服从他们的意志[1]。华界从上一

---

1. 费成康，《中国租界史》，上海社会科学院出版社，1991年，第272-273页。

时期用筑路浚河的工程手段以提防租界扩张的被动作法，转变为民众主动的政治运动。

（2）中国动荡的政治局势加深了租界对华界的提防。华人的民族主义情感逐渐高涨，在一系列外交与经济事件引发全国规模的民众运动下，西人感受到强烈的恶意。尤其在日军开始侵华之后（图5-3），为防止受到华界难民与军队的冲击，租界方面开始进行有计划地华洋隔离行动。

从1924年齐卢战争和1925年五卅运动开始，租界当局对安全形势日益担忧。为防止败兵、宵小窜入，尤其是阻止日益壮大的中国民族主义力量有可能接收租界，从1925年末起，法租界当局开始陆续在从南市十六铺到斜桥的华法交界处各路口修筑大型铁门（图5-4）。这些铁门规模巨大，2.9米高，上有三角形铁刺，两旁则各有小铁栅门。铁门有军警驻守，昼开夜闭，对市民的自由交通构成颇大阻碍。1927年年初北伐军进抵上海，公共租界当局亦如法炮制，铁门从沪西直至闸北、虹口构成一线。1937年8月以后，鉴于斜桥至日晖港之间原先构成华法天然屏障的肇嘉浜东段已被填没，法租界当局为隔绝双方，沿路修筑一条砖墙，还在重要路口又增筑若干道铁门。1937年11月中旬淞沪会战结束后，上海南市以方浜中路为界，北部设立了南市难民安全区，南部则被日伪势力占领，警戒重重，如临大敌。此后，南市华法交界处的各道铁门实际上长期处于关闭状态。

图5-3　1945 Shanghai Area
图中可看到大量被炸毁的区域。

图5-4　A view of military defense along the Boulevard des Deux Républiques
来源：http://www.virtualshanghai.net。

　　在内外共同的孤立下，老城厢城市建设进入停滞状态。《申报》于1927年11月10日发行的《上海特别市市政周刊》报道《修建南北两市计划》，文中记载"南北两市工程大都年久失修，申请筹拨五十万元，作为本年内之临时事业经费，而经常事业费，仍请按照向额，月拨四万五千元"[1]，恒丰桥坍塌，唐家湾菜场倒塌，大部分公共建筑破旧不堪，这些经费远远不足，而最近连这个数额都达不到。反观"公共租界工部局工程处，本年度自一月起至六月底止，总支出为银1 289 587两；广州市最近数年工务局每年支出，亦恒在五百万元左右"[1]。

　　在财政如此紧张的情况下，工作的重点集中在六件事上：改建蕰藻浜桥、修筑大羊桥、修理新闸桥、修建新日晖桥、整顿民国路和修筑陆家浜路，其中与老城厢相关的是后两条。第5条：整顿民国路，"该路半属法租界，半属华界，中外观瞻所馨。现公用局已在该路装设新式路灯，公安公用卫生公务等局，会同取缔人行道上摊车，拟于路面加铺柏油，崎岖不平之处进行翻修，人行道上铺设水泥，估计工料共约4万元"[1]。第6条：修筑陆家浜路，"该路前上海市公所计划用垃圾填埋，并于路下铺设阴沟用来排水，但是多年仍未完工，垃圾都已经填满，污秽气体四溢，阴沟虽然埋设，但是填埋方法不当，遇到大雨，污水无法下泄，反而导致淤塞，污水四溢。现在计划将此路修筑完成，估计工料需要12万元"[1]。

　　上海特别市对沪南区所修订的建设目标为"南区道路系统。以整理旧路为主，开辟新路为辅。在东北方向确定统一路、肇周路、外马路、里马路为南北干道，方浜路、和平路为东西干道，中部和西部以鲁班路、天钥桥路为南北干道，康衢路、斜土路为东西干道，延长衢真人路和枫林路，于日晖港及肇嘉浜沿岸添辟路线以联络水运，在龙华港沿江辟一大道，以利木料的运输"。工作重心明显不在老城厢，原城墙范围内只是以修补旧路为主，新的道路工程只集中在遥远的日晖港地区，这与老城厢地区前二十年热火朝天的市政工程建设形成强烈的反差。

1.《申报》，民国十六年11月10日，《上海特别市市政周刊》，第二页。

2. 公共建筑的弱化

通过对比1927年与1947年的城市平面格局图，城市非居住功能的建筑物在分布上继续呈现碎片化的趋势（见本章首页两图）。虽然城墙被拆除，但椭圆形的民国路与中华路，还是清晰地将老城厢分为两个区域，为方便论述，本书称其为环路内与环路外。城北中心区与城西南文教区还依稀可以分辨出来，但是规模都出现缩小的情况，这二十年间城市结构并没有发生大的变化，大量的重要城市功能被里弄住宅取代。

1）政治机构

政治地位的转移导致城内政治建筑被清除或降级。上海的县治成为历史，原辖有的十一市乡，于1928年7月1日被上海特别市政府接收。相同名称的上海县衙，已经被降级为上海特别市下属的一个县政府，并被适时地移建到其辖区（图5-5、图5-6）。

关于迁移的地点，经过地方人士的讨论，决定在沪闵路以西，北汇路以北的北桥收买五十余亩的地块，县建设局负责新县治一切工程，最终由大方建筑公司设计，工程由仲华营造厂得标承造，于1932年6月11日，签订合同以后，即着手开工。新的县衙工程所用的经费，经上海县政府分别向省市双方几度筹议，最终决

图5-5　1927年官府兵防建筑分布图　　　　　图5-6　1947年官府兵防建筑分布图

定将原有的县政府房屋基地，由市方以八万元价买。此操作方式完全不同于旧时期政府机构之间的地块调拨，在民国前上海县志中记载的政府机构公地调换中，从未出现过不同级别的政府机构之间对公地进行买卖的过程，对于闲置的公地，都是售卖给私人公司以充公款。这次特殊交易的八万元，由市财政分作三期拨付如下：①第一期，1930年3月，拨给三万元；②第二期，同年9月，拨给三万元；③第三期，迁治日期决定的时候，拨给两万元。在新县衙完工后，本定于1933年元旦实行迁治，但延至该年1月9日完成搬迁[1]。《申报》也对这次迁移进行报道，在《上海县新治建筑计划》中提到上海县治迁到北桥，该处成为县的行政中心，北桥仍是农村面貌，但是行政地位却超过都市，这只是个虚名，各项建设还差许多。管辖地面积达20余万亩，但是只有10万人口[2]。上海县衙的搬迁标志着一段长达六百多年的时代结束，从社会城市空间的角度，老城厢地区彻底失去政治机构的存在，成为政治边缘地带的纯粹生活化服务片区。

由上海道署改建的淞沪警察厅，也因为城内住宅空间挤压而作出调整。最初警察厅占用道署的用地，随着管辖责任的加重，在计划警厅扩建时遇到麻烦，周围密集的居住建筑意味着扩建需要花费高昂成本，新警厅不得不选择别处进行建设，于是警厅只留下少量必要的功能，其余部分开发成集贤村里弄住宅。

2）宗教建筑

寺观与祠祀系统在这二十年间基本没有变化，在1906年和1911年两个历史时期，大量的寺观与祠堂都已经改建为学校，经过两次大的变革还能维持宗教功能的，都具备深厚的民众基础，或具备足够的运营能力将其维持下去。根据《民国上海县志》的记载，这段时期有所调整的只有海神庙改设警区分所的宿舍（图5-7、图5-8）。

3）社会团体组织

同乡会馆继续向同乡会组织进行转变，从1927年开始几乎没有新的同乡会馆设立，城内出现大量同乡会，这些同乡会的规模较小，大多利用里弄住宅作为活动场地。在城外区域新出现的大面积会馆也是以同乡会的名义进行购地建房。善

1. 上海通社，《上海研究资料》，中华书局发行所，民国二十五年五月发行，第53页。
2. 《申报》，民国二十二年十月十日，第25页。

图5-7　1927年宗教建筑分布图　　　　　　　图5-8　1947年宗教建筑分布图
注：宗教建筑指寺观、祠祀、教会建筑。

堂几乎在老城厢区域消失了，仅存药局衖同仁辅元堂与城南区域同仁辅元堂的义
塚，曾经遍布城厢内外，承接众多市政管理责任的时代已经过去。伴随着善堂的
退化消失，大量的医院诊所出现，也可能遍布在里弄住宅区内的小规模私人诊所
在以前也存在，只是因为各类地方志无记载而无法标明。医疗功能出现明显的细
分，小规模的诊所中专门的牙科或产科，都是西方医疗体系的分支（图5-9、图
5-10）。

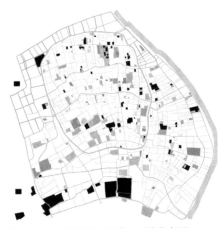

图5-9　1927年会馆、善堂、医院分布图　　　图5-10　1947年会馆、善堂、医院分布图

图5-11　1927年文化教育建筑分布图

图5-12　1947年文化教育建筑分布图

4）教育建筑

在所有的建筑类型中，教育建筑的增长幅度是最大的。学校容纳学生的数量固定，人口数量的快速增加直接对学校数量提出硬性需求。除了开设新的学校，许多学校还开设分部，例如清心中学在道路南侧开设清心女子中学。社会对教育机构的需求十分庞大，以至于在某些地区还出现教育建筑集聚和衍生的现象。例如董家渡天主堂，在地块内办正修中学，用地旁边还建有正修小学、上海福幼院、仿德女子中学与仿德女子中学体育场（图5-11、图5-12）。

3. 消费型建筑的影响显现

1）娱乐型建筑

老城厢在学习租界城市建设的过程中，一直缺乏对公共空间的开辟，在辛亥革命成功后，全国许多城市都建设市民广场之际，华界依旧没有任何开辟广场的计划，在《上海市自治志》与《沪南工巡捐局档案》中连如此的提议都没有出现过。这是城内空间极度紧张的结果，开辟广场势必需要极高的拆迁成本，对于财政紧张又计划开展多项工程的地方当局来说几乎是不可承受的。如同利用河道空间进行道路拓宽一样，市民公共活动场所也只能利用现有的场地来进行改造，于是当局开始关注占地面积颇大的文庙。

　　工务局认为老城厢具有长久的历史，却没有一所可供市民休憩的公园，虽然困难的市政财政无法建造一所大规模的公园，但也应设法补救一下。这时有少年宣讲团提议把文庙改为公园，"开放空闲，利用荒废"，是一条最简捷而最合实用的办法。工务局对此建议比较认可，专门安排人员去考察，并形成一份报告书：

　　文庙位于沪南区之中心，内分南北两部：北部系文庙本身，内有大成殿奎星阁，以及廊榭池沼之属，约计面积二十余亩。昔日布置固亦有相当之价值，第以年久荒废，以致多所坍毁，甚可惜也。南部纯系祭田，约计面积十四亩，其中一部分已经改建市房，及军事委员会借设之短波无线电台。

　　关于建设文庙公园，其南部因市房及无线电台关系暂置不论。北部因经费关系，约须分数期着手。内部之奎星阁，因有古建筑之美，大成殿因崇圣关系，均需修葺保存。其余或开池以植荷，或掘沟以通流。市民得于公余之暇，藉此为怡情养心之所。[1]

　　可见在1927年文庙已经处于闲置状态，园内已经有荒废之感。其实在1905年科举制度被废除之后，以学进士的途径被切断，文庙的地位已经开始逐渐下落。在文庙改建公园的计划确定后，无奈一万五千元的建设费用对于市库来说是巨大的压力，计划搁浅五年后，终于通过筹措的资金将文庙改建为上海市民众教育馆，并在"使之公园化"的标准下布置一切。文庙从传统城市中必备的重要祭祀机构走下神坛，成为公众接受通俗教育的公共空间。

　　1926年在文庙大成殿后侧创办的"公共学校园"受到市民的欢迎，园内展示各类动植物，来参观的各校学生络绎不绝。在具有广泛民众基础的情况下，1931年上海市教育局拟成"建设动物园计划草案"，市政府将文庙南侧的芹圃制定给动物园，请市工务局绘图设计建筑。

---

1. 上海通社，《上海研究资料》，中华书局发行所，民国二十五年五月发行，第472页。

1933年12月19日的《申报》报道《市立动物园近讯》："文庙路动物园，自本年8月开始建设，市教育局招标，三森建筑公司中标，工程费13 400元。动物园大门正侧各一，与市民教馆相对，四周围以短墙。办公室在园中央，周围有2丈深的水池饲养水禽，还有假山供游人休憩。预计明年元旦开放"[1]。之后的报道显示工期在拖延，元旦无法开放。1934年动物园完成建设，深受市民的喜爱。动物园内曾发生过几次动物死亡事件，如1936年4月22日大象因触电死亡，各类报刊皆有报道，曾在上海社会中引发强烈的反响[2]。

有观点认为中国城市中缺乏公共空间，这是以西方开放广场的标准来评判中国城市功能的错位比较。如果说公共空间是指居民能够自由出入、举行集会活动的场所，那么老城厢中大大小小的寺观都满足这个要求，甚至占地规模巨大、定期举行戏曲、祭祖等活动的同乡会馆也具有相似的特质。这两处公共教育机构的特殊之处，在于它们并不是传统的建筑内容，而是由西方社会传来。将原属于文化阶层祭祀的大殿开放为众识教育的动物园与教育馆，公共空间的主动推行为民众提供了新型的活动场所，它们本身具备明显的娱乐属性，新奇事物带来的感官刺激是人们走进展览馆与动物园的主要动机，教育作用只是附带的效果。娱乐性与商业性在真实的人工环境中很难分开，资本主义的运作方式决定了吸引大量人流的娱乐业不可能摆脱商业的渗入。

《近代上海城市公共空间研究》中将上海在20世纪20—30年代蓬勃发展的娱乐业归结于都市快节奏的生活模式，劳累工作之后对精神放松的需求催生娱乐业花样百出的新方式，甚至商业最终也将自身融入娱乐业其中。老城厢不断引入西方的娱乐内容，逐渐具备电影院、游艺场、戏院与茶楼这样中西混杂的娱乐方式。其实在开埠后不久，第一座茶园"三雅园"就在县衙西首由一家茶馆改建而成。上午照旧卖茶，下午演出昆曲小戏，这是上海有史料记载的最早的营业性戏园。该园建筑设施十分简单，其屋为沿街八扇门的高平房，一入门有小花园，戏台设于大厅中，观众围坐方桌看戏。此戏园在小刀会起义中被战火所焚。老城厢

1.《申报》，民国二十一年 12 月 19 日，第九页。

2. 许国兴、祖建平 主编，《老城厢——上海城市之根》，同济大学出版社，2011 年，第 168 页。

最主要的传统消遣场所是茶楼，老城厢地区遍布的大小茶楼是市民进行放松的主要场所。这是国人习惯的社交方式，直到1930年代，从沪上名人黄金荣每天早上都会准时出现在茶楼与人商谈交易即可看出。

从茶楼到戏园，再到由豫园部分地块改建的"小世界"游艺场，上海人的娱乐方式逐渐具体化。游艺场的黄金时代主要是在20年代，随着电影等新娱乐形式的兴起，上海中产阶级市民逐渐抛弃的游艺场，而选择戏院、影院等上流、时尚摩登的娱乐场所。而在失去中产阶级市民阶层的光顾后，游艺场也逐渐成为工人与都市底层平民的娱乐去处。

戏院与电影院是在20世纪30年代引入的。福安大戏院于1933年开幕，连同屋顶一共四层，设有597个座位；东南大戏院是1931年建造，由鸿翔股份有限公司集资建造，占地面积614.25平方米，座位963个；蓬莱大戏院建于1928年，无锡人匡仲谋创办蓬莱国货市场内增设的游乐说唱场，1930年改为电影院，1932年又改演京剧，在1937年七七事变之后，这里还上演了戏剧《保卫卢沟桥》，是第一家公演抗日救国戏剧的剧院。这些大型的戏院与电影院并没有在租界形成明显的集聚状态，而是沿民国路、中华路的环路分布（图5-13）。这种分布情况是商业经营诉求与建筑大体量要求相互平衡的结果，城内密集的建筑已经无法寻找到合适的"生存空间"，较大的体量会带来过高的租金或地皮交易金额。城南区域虽然有大片的土地，但是人口密度有限，居住的又大多是收入较低的阶层，不具备足够的消费力，于是沿环路就成为最好的选择。拆除城墙时出现一些较大面积的空地，恰好满足戏院大体量的需求；这里与城内居住区域距离适中，宽阔的民国路与中华路又带来交通的便利，因此形成大型娱乐建筑沿环路分布的状态。

在这些城市公共场所内，刚刚脱离乡村生活的都市人体验到以西方物质文明为表征的现代生活。这种现代休闲生活满足人们一天工作之后渴望放松的需求，在都市家庭私人领域之外创造开放性的城市公共空间，其提供的便利条件使人们消除往昔的成见，更易于接受新思想、新观念，城市生活中慢慢形成一种启蒙式的、更为敏锐、更为灵通的公众舆论。

2）商业型建筑

虽然士绅阶层涌现出大批的优秀人士，但是中国自古就没有给予商人应有的

图5-13　1947年娱乐建筑分布图　　　　　　图5-14　1947年商业建筑分布图
来源：作者自绘。
说明：上两图根据《1947年城厢百业图》中标明的建筑信息分类定位。

地位，在县志的记录中有一层无形的筛网，将商业建筑的介绍拦在外面。对于极为优秀的商人，大多会记录他们的生平事迹，但是基本不会介绍他们的商铺，因此无法通过历史地图将商业建筑的发展过程标识出来，只能根据《1947年城厢百业图》分析商业在老城厢中的布局（图5-14）。

老城厢的沿街商业类型分为两种：一为生活需求型，遍布沿街住宅下的底层店铺，经营各类生活所需的商品，一般都为单开间的店面，少数商铺占据两三个开间；二为生产制作型，一般布局为前店后屋，以五金、门窗、服装、酱园等为代表，这一类商业需要较大面积的加工场所。此两种商业构成老城厢地区绝大多数沿街商业界面类型。也有占地面积很大的商行，一般都分布在沿浦江区域，大部分用作货栈与库房。

将沿街商业全部标出后，一幅类似老城厢主要交通干道的图形也浮现出来。在东西方向，填浜筑路而成的方浜路与肇嘉浜路两侧遍布密集的商铺，这两条道路得益于地方自治时期完成的拓宽计划，形成信件里一直提到的"市面繁盛"之地。南北方向的情况有点特殊，沿街商业最繁华的并不是自古以来作为南北主轴的光启路（原县前大街），而是原县署西侧的三牌楼路。作为原县城南北向最重要的干道，光启路一直是较宽的道路。在1933年徐光启逝世三百周年时，上海举行规模性的纪念活动，将之前的大夫坊拓宽至10米，更名为"光启路"，为拓宽道路还拆除标志性的阁老坊[1]。光启路少许路段商业的凋零与日军的轰炸有关，在光启路从肇嘉浜路到西唐家衕段两侧皆为空地，出现的住宅部分也是极为简陋的平面，从形态分析是临时搭建的棚户区（图5-15）。但是即便忽略这一段的特殊情况，光启路整体表现出来的沿街商业密集程度还是不及三牌楼路。

　　三牌楼路是原县衙西侧的南北向干道，与四牌楼路并列强化县署的政治地位。1947年商业分布表现出来的重要地位，说明其是南北向最主要的商业性街道，一个原因是其南段为凝和路，填浜筑路带来较大的宽度；另外一个原因与城市整体结构有关，城北的核心区域与城西南的文教区域是老城厢长期保持下来的双中心，三牌楼路即是连接这两个中心的道路，于是成为城内南北向最繁华的沿街商业（图5-16）。

　　令人意外的是拆除城墙而成的环路，在商业分布图中完全失去标志性的形态。民国路两侧的沿街商业还算稠密，中华路段相比就较为稀疏，尤其在中华路的南端，道路南侧全部为学校或住宅，只有局部有单面沿街商业店面。环路内的支路系统也出现同样的情况，方浜路以北的区域沿街商业较为繁华，肇嘉浜路南

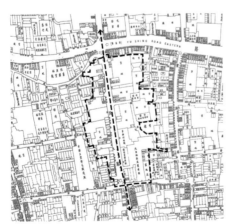

图5-15　光启路北段被日军轰炸的废墟

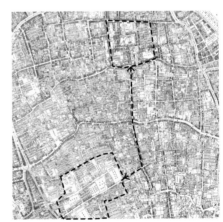

图5-16　三牌楼路连接两个中心区

1. 薛理勇，《老上海地标建筑》，上海书店出版社，2014年，第42页。

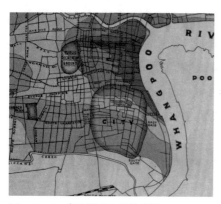 

图5-17　1927年上海市土地价格图　　　图5-18　1944年上海市土地价格图
以上两图来自：周振鹤，《上海历史地图集》，人民出版社。

侧区域的沿街商业基本上只集中于蓬莱路与阜民路（光启路南端）上。从整体上看，商业分布图与城市的物理空间结构已产生较大的差异，呈现明显的南疏北密的状态，与此时的上海市地价图更为吻合。1927年与1944年的上海市地价图都显示老城厢的地价已经融入整个城市的地价图形中，以外滩南京路为中心，地价成环状向外扩散，老城厢地区的地价被分为三层，由北向南越来越低（图5-17、图5-18）。城市整体地价图也可以解释为何南京路的"四大百货"级别的商场在老城厢并未出现，老城厢地区唯一稍有规模的商业建筑是豫园西侧由"小世界"游艺场改建而成的福佑联合商场，位于老城厢地价最高的北部区域，此区域的地价在1944年是80万元/亩，此时南京路的地价为500万元/亩以上。在土地地租的影响下，大型百货类商场全部集中在公共租界的核心区域，在整个城市土地价值体系中的老城厢逐渐被边缘化为城市居住功能。

4. 地块的居住化倾向

在1947年的地图中，城市功能呈现出明显的居住化倾向。城北中心区只留存城隍庙与豫园，原县署区域的所有地块均被居住与商业等生活性功能所占据，曾经的政治文化中心已经毫无踪影，例如1927年地图上的小东门区域的"上海县里第一高等小学—节孝祠—求志书院—陆军监狱—监狱"的组合在1947年已经全部消失，取而代之的是大片的住宅、煤炭栈房与部分被日军炸毁残留的空地。通过对地籍图与城市功能图的比较，发现城市内大量的住宅并不是仅仅由地产商或者私人开发，各个宗教或社会机构也参与进来，它们有的通过购买旁边用地开发，有的直接切分原有大面积的地块，部分进行住宅开发，无论哪种形式，都直接导致城市功能住宅化与用地碎片化的趋势。

1）寺庙地产的住宅化

寺庙进行住宅开发似乎成为普遍现象，前文中已经多次论述大量的寺庙主动或被动改建为学堂的事件，寺庙早已经向世俗化转变。对寺庙的祭拜似乎已经越来越远离人们的生活，那么承载这个功能的建筑也就不需要那么大的规模，所以进行住宅开发成为顺理成章的生财之道。

根据《上海市土地局沪南区地籍册》的记载，大境庙拥有的地块共四处，除了2号地块仍然为大境关帝庙之外，其余的三处都已经开发为住宅。尤其是1号地块，因为面积较大，开发为两处里弄住宅：恒裕里与建余坊。1号与3号地块中间的部分，据推测应该曾经也属于大境庙，大境庙的面积应该是1号、2号、3号与中间部分的总和，为较大一整片地块，由于小北门的开辟与九亩地地区开发而修筑的道路而被分割为小块（图5-19）。

止方僧的地产同样有此特点，1947年的青莲精舍根据名称与位置可以推断是露香园所遗留下来的建筑，地产归于止方僧名下。同样属于止方僧的还有南侧的元兴里与宝源里（图5-20）。

2）教堂地产的住宅化与商业化

天主堂自从通过政治手段从上海道台手中争夺回土地之后，就一直在进行地产的投资，在1933年的地籍图上，属于天主堂的地块遍布整个老城厢区域。其中属于教堂的还是1860年代的几处，其余的地块都作为住宅与商业。

在梧桐街的老天主堂的周围，开发成大片的安仁里里弄住宅，这片住宅的名称甚至在《1913年实测上海城厢租界全图》中就已经出现。除了住宅，此地块还有勤德小学与惠民小学，都是教会创办的学堂（图5-21）。在小北门内的地块中，教堂进行的商业投资则更加明显。障川路与障川老街是障川门内的核心商业区，紧邻法租界，两条道路中间的狭长商业更是占据两面街道，是不折不扣的黄金商铺区，这一长条核心商业的地产都属于天主堂（图5-22）。

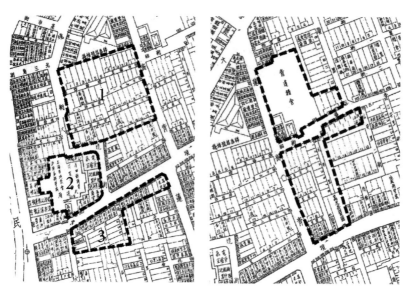

图5-19　大境庙地产　　　　　　　　　　图5-20　止方僧地产

说明：以《1947年城厢百业图》为底图，地块轮廓线以《上海市土地局沪南区地籍
图》为依据，地块产权人信息以《上海市土地局沪南区地籍册》为依据。

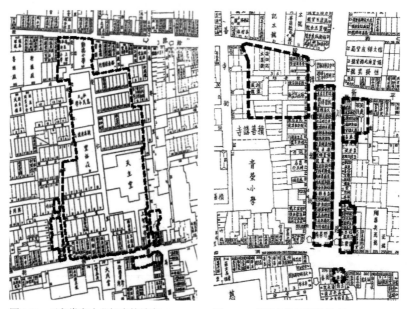

图5-21　天主堂在小北门内的地产　　　　图5-22　老天主堂周围的地产

说明：以《1947年城厢百业图》为底图，地块轮廓线以《上海市土地局沪南区地籍
图》为依据，地块产权人信息以《上海市土地局沪南区地籍册》为依据。

3）同乡团体的地产投资

四明公所作为土地产权人在城内有多处地块，与城墙外的公所相比，城内地块的面积很小，且全部用作商业店面。从分布规律上看，几乎全部集中在商业最繁华的地段，分布在主干道的两旁，许多还分布在主要道路的交叉口，例如肇嘉浜路与三牌楼路、光启路的交叉口，方浜路与四牌楼路的交叉口等，都是填浜筑路时所形成的宽阔道路，体现出明显的商业投资倾向（图5-23）。

城外占地面积较大的会所，也因为营运规模的缩小而将地块切分进行开发，京江公所的变化就十分典型。北城外被辟为租界后，上海的祭厉活动改到西门外的同仁辅元堂义冢进行。后来京江会所买下同仁辅元堂义冢，以后的祭厉活动则是在京江会所内举行。在行业逐渐没落，而地价持续上涨的情况下，土地成为会所最大的财产资本。京江会所就将部分土地开发成"敦润里"里弄住宅，敦润这个名字来源于京江会所的堂名"敦润堂"。如图所示，京江会所仅保留一小块部分作为会所之用，其余的区域均开发成住宅（图5-24）。

图5-23　四明公所土地的分布　　　　图5-24　京江公所地产的使用情况
说明：以《1947年城厢百业图》为底图，地块轮廓线以《上海市土地局沪南区地籍图》为依据，地块产权人信息以《上海市土地局沪南区地籍册》为依据。

二、多类型开发的里弄住宅

在老城厢地区地块不断居住化的情况下，居住建筑占据较大的比例，于是对住宅的研究成为解读老城厢城市空间的关键途径，结合《1947年城厢百业图》进行的现场调研为这一途径打开大门。

1. 老城厢的房地产市场

1）传统的土地交易情况

开埠以前，虽然允许田地房产的买卖转让，但只是以使用为目的而相互让渡私人财产，一般有余财的人才购置土地房产，并且往往世守其业以传子孙，不到万不得已不会出售。据方志记载，清代上海县的土地房屋在转让时要交纳契税，康熙二十一年上海县仅收契税银600两，嘉庆十六年收契税银1354两，按当时通行的3%税率算，交易额分别为20 000两与45 133两，同进入近代以后的土地房产交易规模根本无法相比。并且这数万两资金的流通所引起的地权转移和房产易主，并不表现为社会再生产中资本存量的增加，而用于购置田地房产的那部分已经积累起来的资金却转到急需资金的卖主手中，大部分变成社会消费基金。所以，以资本增值为目的、为卖而买的房地产交易尚未出现，建造房屋作为商品出售或出租取利的专门行业也未形成，城市土地还不具备近代经济功能，不可能成为增加社会资本存量的手段，所以土地房屋尚未作为生产要素进入市场。[1]

根据《清代上海房地产契档案汇编》上记载的交易记录，清代房产交易具备三个特点：①交易频次低，留存的记录较少，如果以《清代上海房地产契档案汇编》为大部分交易的话，那么一年只有三五次交易；②交易规模小，都是户与户之间的交易；③程序繁琐耗时长，分数次添补交易金额。（表5-1）

需要说明的是，开埠之前没有房地产业并不意味着没有利用房产来营利的行为，许多公共机构例如善堂、文庙等，会收到民众的捐田或者捐房，将收到的土

---

1. 张仲礼主编，《近代上海城市研究：1840—1949 年》，上海人民出版社，2014 年，第 321 页。

地或房屋都用来出租，以赚取租金作为机构日常的营运费用。并且，也存在市面兴盛导致地价上涨的概念，在修筑外马路的时候，官员的禀文就已经提到修建道路之后市面兴盛，会很大程度推动土地价格的提升，这充分说明人们是有催推地价这个概念的。

表5-1 同治四年—光绪三年房地产交易记录

时间	卖家	买家	房产土地规模
同治四年	王炳荣	王氏	坐东平房3间，天井1方，随屋基地1分6厘
同治四年	蒋士珍	王氏	坐东平房3间，天井1方，随屋基地8厘
同治五年	元丰庄	布业公所	坐西墙门1间，内厅楼房14间，平房2间，披屋1间
同治七年	朱子田	协和局	基地3分3厘8毫
同治七年	张炳铨	协和局	楼房屋2进，共上下14间，4披
同治七年	李兰墅	程氏	坐北共上下8间，平屋1间，披坑1架，地1分7厘5毫
同治七年	李兰墅	陆氏	坐北楼房3上3下，平屋2间，披坑1架，地2分6厘4毫
同治七年	陆秀甫	程氏	坐北楼房3上3下，平屋2间，披坑1架，地2分6厘4毫
同治十年	高少卿	漆业公所	坐南平房3间，厕厢1间，基地1分2厘5毫
同治十一年	朱砚孙	顾氏	基地1方，田1分4厘
同治十三年	顾沈氏	朱氏	坐北楼房上下4间，披屋1间，地3分7厘4毫
光绪二年	顾秋泉	朱氏	基地1方，田1分4厘
光绪三年	杨顺德	高氏	坐北楼平房1所，共28间，天井11方，随屋基地1亩1分

资料来源：《清代上海房地产契档案汇编》。

2）里弄住宅在老城厢的建设

里弄住宅在华洋杂居过程中形成原型，随着社会条件的改变而进行几次调整后，成为房地产商迅速推广的开发手段。最早的弄堂住宅大多分布在公共租界，如建于1872年的兴仁里（位于北京东路之南，宁波路之北，河南路之东）。虽然有城墙的相隔与政策的限制，老城厢还是在居住方式上受到租界的影响，在县城内部也零星出现一些早期石库门里弄，只是不成规模。

19世纪末20世纪初，上海老城厢内外华界内，也开始建造起里弄住宅，《南市区志》记载："最早的老式里弄为清宣统二年（1910年）建造在大马路新大

马头街（今中山南路）482弄的棉阳里、496弄的吉祥里、六大马头（今豆市街）
119弄的敦仁里。"这三者是相连在一起的里弄住宅，位于十六铺地区豆市街与
新码头衖交汇处。基地形状十分特殊，为东西向的长条形，这个用地形状与其所
在的码头区性质有紧密关联，具有明显的向港性。

　　这三组里弄虽然都是狭长的地形条件，但因地块的宽度不同，出现不同的排
布方式，敦仁里是并列式，入户门都朝向主弄；棉阳里是鱼骨式，入户门都朝向支
弄。在棉阳里，出现主入户门相对的排列方式，也许这是早期住宅开发进行的尝
试性布置，这种方式在其他里弄住宅中基本见不到。吉祥弄的内部排列方式综合
了敦仁里与棉阳里的类型，北侧里弄并列式，南侧里弄鱼骨式。从单元的类型来
看，敦仁里与吉祥里呈现明显的标准化开发模式，所有的里弄都是三开间单元。
棉阳里做出少许的改变，通过两开间单元类型，化解地块宽度逐渐变化的问题。
吉祥弄是宁波镇海人李也亭所建，李氏为沙船业主，通过加入郁家、慈溪董家的
北号船队发展起来，在十六铺买下一块滩地辟为久大码头。后辈李咏裳以码头为
基业，组织镇康新记公司，在油车码头附近的祖地上建造吉祥弄。这里曾经是金
融机构的聚集地，曾经聚集过九家钱庄。在宣统三年十月初一，为筹集军饷，沪军
都督府自行组建的中华银行总行就设于弄口。虽然选择相同的里弄单元，但是建
筑的体量有大有小，北侧大型的院落显然就是当初为了整个家族的居住和服务于
公司运转的方便，体现出在房产开发中所采用的差异化策略[1]（图5-25）。

　　1910年代，上海的石库门弄堂有了一些变化，弄堂的规模比以前扩大，平
面、结构、形式和装饰都和原有的石库门弄堂有所不同。单元占地面积变小，平
面更紧凑，三开间、五开间等传统的平面形式已经极少被采用，而代之以大量单
开间、双开间的平面。建筑结构也多以砖墙承重代替老式石库门住宅中常用的传
统立贴式，墙面多为清水的青砖或红砖，而很少像过去那样用石灰粉刷。石库门
本身的装饰性更强，但中国传统的装饰题材逐渐减少，受西式建筑影响的装饰题
材越来越多。这种弄堂被称为"新式石库门里弄"或"后期石库门里弄"[1]。

1. 寿幼森 编著，《上海老弄堂寻踪》，同济大学出版社，第13页。

2. 罗小未，伍江主编，《上海弄堂》，龚建华，朱泓摄影，上海人民美术出版社，1997年，第10页。

图5-25 敦仁里、棉阳里与吉祥弄里弄单元类型分布图

来源：作者自绘。

说明：关于里弄单元类型的分类与图例，见第五章。底图截自《1947年城厢百业图》。

　　里弄住宅在老城厢地区的发展缓慢，主要有两个原因：一是城市建设已经相当稠密，缺乏大片的地块进行地产开发。里弄是资本开发在住宅形式方面的反映，是联排复制型居民区，与老城厢错综复杂的肌理不符，必然受到弯曲道路的制约。第二个原因是资本并不看好老城厢。外人通过"永租"的形式取得上海土地的实际所有权，从而为他们按资本主义方式经营土地创造了条件，也为上海近代房地产业的兴起铺平了道路[1]。近代房地产业吸收了大量资金，其实质是实现社会再生产中的积累，撇除投机因素，房地产业的增值实际上是劳动的积累。商品交易从本质上来 讲就是劳动的交换过程，房地产业对资本的吸引力就是促使人们用财富（积蓄或贷款）去换取建造房屋的劳动，从而物化为更加壮观的城市面貌，并再次循环下去。租界地区在这样的良性循环下吸引

---

1. 张仲礼主编，《近代上海城市研究：1840—1949年》，上海人民出版社，2014年，第322页。

到大量的地产投资，公共租界和法租界建筑投资额在1925年已有3105万元，1930年达8388万元。这笔庞大的投资形成上海众多的高楼大厦，也转化为上海密集的里弄住宅[1]。但是老城厢面临着另外的情况。一是对城市建设缺乏信心。老城厢长期缺乏市政管理机构的介入，极其稠密的人口积聚大量的城市问题。所以地方自治团体强调要先将市面建好，使大家对市政有信心，才愿意将自己的财富拿出来去换取别人建设城市的劳动。二是资金的投入过少。小户人家的财富积累无法形成足够的投资力量，而没有这种体量，就无法指挥劳动力去快速地完成建设行为，同时因为缺少规模效应的加成，过长的时间会导致单位成本的增加。因此老城厢的建设必须依靠民族工商业带来的大量资本才得以实现。

虽然因大上海计划的实施，老城厢地区的城市建设受到冷落，但是第一次世界大战以来蓬勃发展的民族工业已经成熟，具备一定的规模。政治方面的剧变并没有波及到经济领域，足以扭转城市发展态势的经济政策并没有出行，这源于民国政府对上海民族工业资金的依赖，大多数政府高级官员与民间资本具有千丝万缕的联系。但是新政府与老城厢预想中的发展蓝图被日本人发动的战争强行打断，1932年"一·二八"事变与1937年的全面侵华战争都对上海造成巨大的破坏。这段时间上海的城市发展是极其扭曲的，这源于几个自相矛盾却又真实发生的现象，并反映在上海房地产交易额的巨大波动上（表5-2）。

表5-2 1930—1943年上海房地产交易额 单位：万元

年份	1930	1931	1932	1933	1934	1935	1936
交易额	8400	18300	2517.5	4313	1299	1446	1420
年份	1937	1938	1939	1940	1941	1942	1943
交易额	627	1400	5565	10120	8399.6	10000	50000

资料来源：王季深，《上海之房地产业》，经济研究所，1944年，第7页。

---

1. 张仲礼主编，《近代上海城市研究：1840—1949年》，上海人民出版社，2014年，第332页。

　　从整个上海区域的范围看，上海房地产在1931年达到巅峰，1919—1931年中公共租界新建房屋八万多幢，平均每年六千余幢；法租界1915—1930年新建中西房屋三万多幢，1931年上海的房地产交易额达到18 300万元，是前一年的2倍还多。然后因为"一·二八"事变日军对上海的轰炸导致社会安定感破碎，交易额巨跌至2517.5万元，仅为前一年的七分之一，之后一直在低位徘徊。1937年太平洋战争爆发后，房地产业再遭重创，年交易额降至627万元，从1938年开始又出现畸形繁荣，交易额一路高升至1943年的50 000万元。造成这种畸形经济局面的主要原因是上海租界的"孤岛效应"，日军全面侵华造成国内大量的难民涌向上海，国际纳粹在世界范围的恶行导致这次的难民潮中还有大量的国际难民，人口的大量增加无疑又刺激房地产业交易额的增长。此时租界内房地产业的格局也在悄然发生变化，由于日军对英法两国居民的敌对，大量西人地产商抛售在沪产业逃离，华人地产商趁机接盘租界内的优质房产进行开发，成为市场上的中坚力量。虽然华界与租界之间存在种种的隔离措施，但是经济的渗透是无孔不入的。租界内部发生的房地产波动必然对华界产生影响。

　　房地产业的兴盛最主要的原因来自于老城厢人口的增加。自清帝退位之后，中国的局势一直处于军阀混战的状态，在全国范围产生大量因战乱而导致的难民，同几十年前的太平军东进一样，上海在战乱年代又发挥难民收容所的作用，老城厢的人口在这段时间也在快速增长。

　　常规的上海市人口统计，一般按照公共租界、法租界与华界分类，华界并不进行细分，这为老城厢的人口统计带来困难，在《旧上海的人口变迁的研究》附表中，《1930—1936年华界人口统计表》汇总了各个警察局的人口数据，位于老城厢区域内的警察局有西门分局、老北门警察所、文庙路警察所、十六铺分局、董家渡警察所、邑庙警察所、巡道街警察所，笔者将这几处警察局的人口数据重新整理得到老城厢区域的人口（表5-3），可见从1930年的540 933，逐渐增多，并在1936年达到691 310，七年时间增加接近百分之三十。人口的大量增加给本就密集的城市空间增添巨大的压力，也为房地产开发提供广阔的消费市场。

　　主流的房地产开发商还是更多选择在租界内进行住宅地产开发，《上海房地产志》中记录著名中外地产商的业务，均未染指老城厢内的里弄住宅开发。

表5-3　老城厢人口统计数据1930—1936年

局，所	面积 (km²)	人口						
		1930	1931	1932	1933	1934	1935	1936
西门分局	10.98	156 297	159 949	160 628	170 249	174 678	175 595	245 172
老北门警察所	0.65	71 937	77 224	74 927	78 614	79 242	82 095	86 313
文庙路警察所	0.83	62 347	66 957	67 336	68 819	71 888	71 213	77 676
十六铺分局	0.76	46 016	48 180	50 491	44 231	47 042	47 805	48 207
董家渡警察所	1.23	68 917	77 285	79 285	72 271	79 121	84 006	74 905
邑庙警察所	0.6	71 815	75 464	73 334	78 131	84 888	83 377	86 506
巡道街警察所	0.76	63 604	69 808	68 675	71 627	71 500	71 123	72 531
合计	15.81	540 933	574 867	574 676	583 942	608 359	615 214	691 310

资料来源：《旧上海人口变迁的研究》。

例如外国地产商沙逊洋行[1]，民国二十四年在土地面积、房屋面积和高层建筑幢数方面均已居上海房地产商的首位。其所占有的房地产达50多处，集中在四个地段：①南京路、福州路一带，有沙逊大厦、汉弥尔登大厦、都城饭店等大楼和庆顺里、和乐坊、长鑫里等10多条里弄；②淮海中路、茂名南路一带，有茂名公寓、锦江饭店、茂名花园公寓、凡尔登花园培福里、纪家花园等；③苏州河北岸有河滨大厦、瑞泰大楼、瑞泰里、乍浦里、德安里等多处；④四川北路长春路一带，有长春公寓、北端公寓、狄思威公寓、余庆坊、启秀坊等[2]，并没有老城厢区域的产业。华商开设的地产公司也将业务范围选定在租界内。例如房地产商周浩泉，在民国十八年租到现重庆南路太仓路口一块2亩多的土地，由于他是做建筑技术出身，在施工的成本控制上操作优良，在赚取不菲财富后，又在长乐路茂名路、永年路顺昌路建造了两批房屋[2]，这三次的地产开发行为都在租界内。

进行住宅开发，本质上是赚取两部分的财富：一是土地升值；二是房产本身的售价或租金。从这两点来看，租界相对于华界来讲无疑更有吸引力，良好的市

---

1. 英商新沙逊洋行 (E.D.Sassoon&Co.) 是英籍犹太人 Elias David Sassoon 于清同治十一年创立。
2. 《上海房地产志》，上海社会科学院出版社出版发行，1999 年，第 92 页。

政建设和城市快速的蔓延，加上持续涌入的中国各地而来的劳工与难民，都促使租界内的房地产在"一·二八"事变之前保持高昂的上升势头。老城厢内进行地产开发的弊端比较明显，最核心的问题在于城市发展的速度太慢，土地升值空间不大，同时由于城市发展相对落后，房屋的租金也较低，导致从事房地产经营活动的利润也较低。另外一个不便之处在于老城厢内的土地产权关系比较复杂，土地规模较小，形状又很不规则，导致开发的难度加大。

《上海住宅建设志》的附录记载了南市区多达236条的里弄住宅名称、里弄类别、建造时间、单元数量等信息，无奈笔者在整理时发现其中记载：集贤村的建造年代是1912年，龙门邨的建造年代也是1912年。但是现场调研发现这两处居住区在入口处的门楼上明确标有1935年的字样（图5-26、图5-27），据记载龙门邨于1934年在上海中学迁走的旧址上建造，在《1933袖珍上海分图》上，此处明确标出"上海中学"（图5-28），这说明直到1933年，龙门邨还未建造，1912年建造的记录是错误的。这些错误致使本表格在记录里弄建造时间的准确性上遭到质疑，无法直接使用。

《申报》在1935年发表的《上海住

图5-26　为集贤村入口雕刻的"1935"
来源：作者自摄。

图5-27　龙门邨南入口门头上雕刻的"1935"
来源：作者自摄

图5-28　1933年龙门邨的位置为上海中学

宅趋势之研究》明确记录：上海人口增长十分剧烈，故虽然经济不景气，但是住宅的建设蒸蒸日上，并且吸取欧美的物质文明，一日千里。而南市的住宅建筑"年来本无大发展，且不拥挤，自市政府迁移后，更显停滞之现象矣"。并且随着城市环境的变化，建筑的类型也出现调整："数十年前，上海住宅多为二幢或三幢二层楼房，后来各户各地来沪谋生营商者日多，且欧风东渐，小家庭制度之盛行，故住宅多改为单幢，大型三幢与二幢者减少。"[1] 原本的两层楼的房子也因为地皮太贵，都改为钢筋混凝土的三层楼。平面布局变化，原来设在厨房与楼梯间之间的天井，现在改在厨房或楼梯旁边，曾经的后楼改成浴室，楼梯也做成三折到四折，房间内无丝毫浪费。

　　虽然有这些困难之处，1910年以来老城厢还是完成大规模的里弄住宅建设（图5-29），下文即对老城厢地区的里弄住宅以类型学的方式进行研究。

图5-29　老城厢里弄民居分布图
说明：底图截取自《上海市里弄民居分布》，地图来源沈华，《里弄民居》，第6页。图中圆点表示石库门里弄民居、新里里弄民居。

1.《申报》，民国二十四年六月四日，第9页。

2. 多类型的组合

1）住宅类型

面对新的居住生活要求，社会、经济、文化和技术条件通常会根据特定的建筑类型来适应，在受到特定建造条件和雇主要求调节时，在此类型的基础上会产生"变体"[1]。

里弄住宅是上海在人口爆发式增长的阶段诞生出来的居住类型。里弄联排式的出现是否由英国的联排式住宅学来，学者观点各异[2]。笔者认为，无论里弄联排式的设计灵感来自何处，对较大的地块进行高效与低成本的开发，行列式的联排建筑布局本身就是一种常规的选择。单元式住宅的重复性对设计的要求较低，也降低施工的难度，无论是物料的采集统计，还是施工现场的管理，行列式、重复单元式的排布方式都是最经济高效的开发模式。它是租界因为小刀会起义而人口剧增所催生的建筑类型，如同纽约纯粹的方格网道路系统一样，都是资本选择的结果。

里弄的居住类型无疑脱胎于中国传统民居，如果脱离使用者对居住文化的认可，它不会在由全国各地民众组成的上海长久留存。可以说，里弄的居住类型是对中国人居住文化的高度凝练：内+外。除去居住条件实在太有限的广式里弄，所有的里弄类型都是室内居住空间与室外活动空间的组合。在这种基本的类型下，根据时代条件的不同，在具体的开间、层数与形态上都产生变体。根据现场调研与《1947年城厢百业图》，老城厢地区的里弄主要有以下六个类型（图5-30）：

    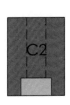 

图5-30　里弄住宅单元类型

---

1. 沈克宁，《建筑类型学与城市形态学》，中国建筑工业出版社，2010 年，第 60 页。
2. 许多论著认为里弄是学习英国联排式住宅，部分学者认为中国某些地区的民居同样有联排式特点。

类型A：单开间，一般沿街的商铺都为单开间，前方直接临街开门。在里弄内部，类型A虽然有许多只画了一个长条矩形，但是据现场考察，单元A的前方均有较浅的庭院；

类型B1：两开间单元的第一种，前立面为单一平面，两个开间均后退，前方形成庭院。

类型B2：两开间单元的第二种，是经常出现的类型。室内部分呈L形，入口处为一较小庭院，庭院比B1类型更小，可得到更多的室内使用面积。

类型C1：三开间单元的第一种，前立面为单一平面，三个开间均后退，前方形成庭院。

类型C2：三开间单元的第二种。室内部分呈C形，入口处为一较小庭院，庭院比C1类型小，两方是与院墙平齐的两侧翼。C2单元在里弄中出现的比C1要多一些，但是较类型A与类型B2要少得多。房屋建筑面积比较大，有一定财力的人才有能力居住。部分C2单元类型的门头较高，气势威严，门楣上雕刻有"某庐"字样，具有大宅的风范。

类型D：大部分为独立式住宅，前方有较大的庭院，庭院一般以围墙相隔，很少出现建筑包围庭院的情况。建筑部分大多独立，即使与其他建筑相邻，共用墙面也较短。建筑面积与用地面积都较大，住户皆为殷实之家。

需要说明的是，里弄住宅的演变并不是以从A到D的顺序出现，A到D并不是生长的关系，只是纯粹的按照大小归类。在里弄住宅演变的过程中，最初的老式石库门里弄是最大的，有的甚至能达到五开间，后期因为用地的紧张导致地价攀升，里弄单元的开间逐渐减小。因此不同开间里弄居住类型的发展是随时代而产生，多种变体同时存在于同一时期，以满足在不同时代背景下不同阶层的居住需求。

2）集贤村

集贤村由原道署改建而成，在1933年《上海市土地局沪南区地籍图册》记录所有权为"市公地"，面积为12.951亩。内部建筑排列呈现"丰"字形结构，9排建筑共有44个门牌号，主弄宽约4米。场地西南角为淞沪警察厅，在迁建之前整个集贤村都属于警厅用地。场地东北角为空地，推测为日军轰炸遗留的废墟，如今建为四层公寓楼，前后两排紧贴，与里弄建筑完全不是一个类型。居住区入口大门门头上雕刻着"1935"的建成时间，共5排建筑，从南向北依次按照顺序编号，在照片下方有相应的名称。

将整排居住区的单元类型标出之后，总图呈现出一片缤纷的拼贴图样。首先，几乎囊括所有的单元类型：A型、A+型、B1型、B2型、C2型、D型；其次是完全不同的单元组合方式，没有一排建筑与其他相同，每排都具有特殊的组合方式（图5-31）。

建筑排内部也出现强烈的多样化倾向，只有南四东排与南四西排由单一类型排列而成，其余的建筑排都是由不同的单元类型拼合而成，并且完全没有规律可循。不同的单元组合形成不同的形态，如照片南四东排为整齐的后退，整条建筑的立面为单一平面，屋顶也是整齐的水平线；南五西排的立面有强烈的凹凸变

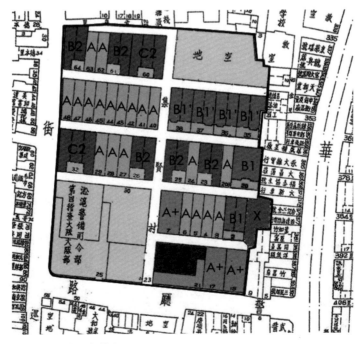

图5-31　集贤村里弄住宅单元类型图

来源：作者自绘。

说明：底图截取自《1947年城厢百业图》，单元类型根据现场调研与《1947年城厢百业图》的住宅平面综合判断，按照前文图例。

化，屋顶轮廓线也变化多端，尖顶与水平线相互交替。在单体建筑设计上所采用的不同设计风格更强化了由类型不同带来的拼贴性。南四东排的建筑为新式里弄的院墙设计，是弄内唯一的一排三层建筑，外悬式小型阳台，建筑风格较为简洁利落，仅在三层的阳台处有一圈几何化的图案；南五西排的C2单元，立面上使用五块红砖拼成十字花图案作为点缀（图5-32）。

3）龙门邨

龙门邨所在地块的历史演变比较复杂，最初这块基地是清代的吾园，同治四年道台丁日昌购买已经荒废的吾园，将蕊珠书院湛华堂内的龙门书院迁到此处。同治六年道台应宝时拨银1万两，在吾园建设讲堂、楼廊及学舍41间。光绪三十一年，清朝废除科举制度后，书院改为苏松太道立龙门师范学堂，增建了楼房31幢。1912年改名为江苏省立第二师范学校，1927年与江苏省立商业学校合并成为江苏省立上海中学。1933年上海中学在吴家巷的新校舍落成，随即迁址。内地地产股份有限公司购买基地，并将基地规划成53块土地出售，由各业主各自建房，共分三批次进行，于1935年全部完工，总占地23.14亩。[1]

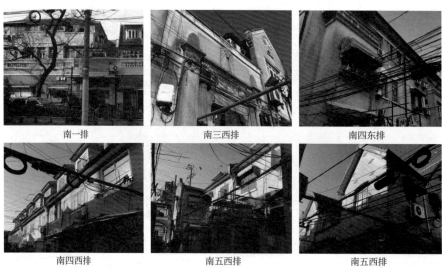

南一排　　　　　　　　南三西排　　　　　　　　南四东排

南四西排　　　　　　　南五西排　　　　　　　　南五西排

图5-32　集贤村现场照片
来源：作者自摄。

1. 寿幼森 编著，《上海老弄堂寻踪》，同济大学出版社，第2页。

　　与集贤村一样，龙门邨的总图也表现出强烈的拼贴性，甚至要更为多样（图5-33）。龙门邨从南至北共九排建筑，编号方式与集贤村相同。从南一排至南五排的东侧，在单元类型上是十分规律的，全部是C2型，但现场调研发现在建筑风格上却大相径庭。如照片所示，南四东排的建筑为三层楼，主体在三层设计了凹阳台，侧翼对庭院不开窗；南五东排的建筑为二层楼，侧翼对庭院开窗，且住宅的门头精美，很多关于龙门邨的照片上都会特写"厚德载物"的门楣石雕，即出自这组住宅。这两排建筑同是C2单元的组合，建筑造型的强烈差异证明它们并不是统一标准化开发的产物。从南四西排直到南九排，在单元组合上就显示出强烈的拼贴性，虽然龙门邨的规模比较大，完全可以进行租界建业里那样的标准化开发，但没有采取这种方法。龙门邨里囊括前面所总结的所有里弄单元类型，在组合上也是完全随机的，呈现出来的里弄内部面貌极为丰富，如南七西排在立面上的凹凸与南九西排整齐划一的屋顶轮廓线有强烈反差（图5-34）。

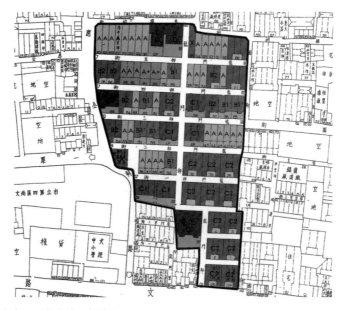

图5-33　龙门邨里弄住宅单元类型图

来源：作者自绘。

说明：底图截取自《1947年城厢百业图》，单元类型根据现场调研与《1947年城厢百业图》的住宅平面综合判断，按照前文图例。

图5-34　龙门邨现场照片
来源：作者自摄。

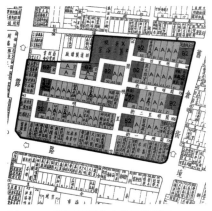 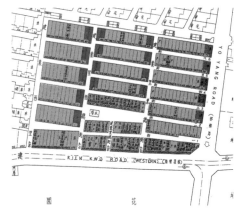

图5-35 开明里里弄住宅单元类型图　图5-36 建业里里弄住宅单元类型图

来源：作者自绘。

说明：上两图的底图截取自《1947年城厢百业图》，单元类型根据现场调研与《1947年城厢百业图》的住宅平面综合判断，按照前文图例。

与典型的里弄住宅进行比较，集贤村与龙门邨的拼贴感更加明显，开明里是九亩地地区进行整体开发时所建的里弄住宅，由开明公司建设，整个居住区只有A单元与B2单元，且部分建筑排在类型组合上是重复的。位于法租界的建业里在重复程度上更强，基本上同一列的建筑排都是一个组合类型（图5-35、图5-36）。集贤村与龙门邨整体上属于新式里弄，住宅单元类型的拼贴源于特殊的开发模式，即开发商将整个地块规划之后，将土地切分成小块零售，在小地块的规定边界范围中由业主自行建造房屋，对具体的建筑样式并没有统一的要求，这样便形成多种单元类型与建筑风格混杂的特殊面貌。

对龙门邨还有一种说法，整个里弄居住区都是荣氏家族购买的地产，在保留入口处的地块建造仁庐作为自用后，其余的小地块都是作为股份奖励低价出售给公司的内部人员，这个说法并没有具体的史料可以证明，在讲述荣氏家族的传记中并没有提到过对于龙门邨的开发。但是公司购买整块地产，然后建房分给内部高层管理人员作为福利，这样的作法并不少见，法租界的许多花园式里弄都这样操作。

多样化单元的拼贴与单体建筑风格的差异，这两者共同作用为龙门邨带来极为丰富的建筑面貌，仅对每排建筑的描述性内容就可以扩展到相当多的内容。本文对这种丰富性不再作过多描述，重点讨论在集贤村和龙门邨里较为特殊的三个单元类型，这三个单元类型揭示了老城厢里弄住宅开发的特殊之处。

3. 住宅类型的变体

1）B1'单元——小土地产权的二次开发

B1'单元是B单元的变体，房屋内部为两开间。首先看一下常见的B1与B2单元的出现逻辑：B1单元一般单独出现，与整排的A单元进行组合，由于A与B1类型具有相同的立面后退距离，可以形成具有连续界面的整体体量。B2单元是里弄住宅中大出现频率极高的类型，它的出现有3种方式，①单独出现，在大规模的里弄住宅中较为少见，在老城厢面积较小且不规则的里弄中会有使用。②与A单元组合，作为整排A单元组合两端的体量。B2单元的L形体量后退的开间与旁边的A单元的立面保持在同一水平面上，突出的开间作为连续立面的终结点，从整排建筑的角度来看，此组合的庭院部分具有更明显的聚合性，以营造更为安静私密的生活空间。③成对出现，两个B2单元以镜像关系拼合成一个4开间的C形体量，犹如放大的C2型单元。这种组合的优点是每两个B2单元形成一处私密性较强的围合庭院，保证两个单元的通风与采光，又最大化场地上的室内使用面积。大规模的里弄一般以2个B1'单元作为一个单元进行拼合（图5-37）。

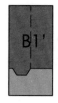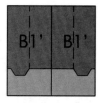

图5-37　B1'单元类型及组合模式

B1'单元类型基本都出现在老城厢而极少在租界地区，随机抽取30个租界地区的里弄，未发现一个B1'单元，即便在老城厢里，较大规模的、标准化程度很高的里弄里面也同样未发现。这种分布规律直接指向一个结论：B1'单元并不是进行高效房地产开发的选择。B1'为B1单元的变体，平面上两者十分接近，不同之处在于B1'单元都是对称成组出现，平面上单一开间的突起形状显示其为实现对称的整体造型所做的努力。这带来研究上的困惑：既然不是房地产开发的选择，那么应该相对独立的出现，为何特意一直对称成组出现？为什么不选择常见的B2单元对称成组出现？

龙门邨与集贤村都是将整块里弄地区的土地分块销售，地块上的住宅并没有严格的建筑外观控制，因此选择何种类型的单元都是根据业主自身的情况决定。成组出现的B1′单元说明这样一个事实：这两户的产权所有人具有密切的关系。同济大学的李颖春老师是从小生活在老城厢蓬莱路区域的上海人，通过与之探讨，得知成组出现的B1′单元在土地产权上同属一人，地块上的房屋一组用于自住，另一组用于出租。这样，B1′单元的由来与出现就有了推论：它是里弄住宅区进行分售土地行为的产物，开发者只赚取地价上涨带来的增值，或者说开发者只扮演批发者的角色，将规模化导致的较低土地成本，以分售方式加价卖出，赚取差价。当买家具有完全自主性的情况下，小业主本身也开始进行土地运营，兼顾购买者和经营者两类角色。部分业主购买四开间的土地，将其分为两个双开间的居住单元，因为并不排除在儿女长大之后会将用于出租的房屋交由他们，从而形成一个相邻而居的大家庭。为了表示其共同的产权，也是为了整体建筑的美观考虑，因此在设计中力求整体的完整性，而没有直接使用B2单元进行对称配合，据推测应该与建造成本与建筑风格有关。B1′没有突出的造型，会少一部分的建造费用，并且在1935年新式里弄早已风行租界，几何化明显的装饰线条与矮围墙大庭院所营造的轻松生活方式更被人们所追捧，因此庭院面积更大的B1′类型被人们所接受。

2）D单元——分散而隐匿的布局

D单元的平面布局并不是以"间"来分，一般表现为独立式住宅，比较接近花园里弄的一个单元。租界提供的安全政治环境与良好的市容市貌吸引绝大多数的富商购地置业，尤其是因为战乱逃难到上海的富贵阶级。老城厢内所居住的富人大多因为有祖产或生意而留下，以"某庐"命名的房屋，一般为中上阶层居住，规模较大，并且建筑风格以简洁的几何化线条为主，具有强烈花园式里弄住宅的痕迹。

龙门邨中的D单元有4处，最明显的是从南门进入西侧即能看到的仁庐。仁庐建筑体量规模较大，为三层平顶建筑，由高大的石库门进入庭院。建筑南立面中间为深凹阳台，两侧为突出的体量，平面轮廓与上文讨论的B1′组合类似[1]。仁

---

1. 现在由于荣家后人将一半的建筑出售，留一半建筑居住，在庭院中间加一道围墙以作分界。新的使用状况与B1′双拼的单元更加相像。

门头   朝南墙体   朝东墙体

图5-38 仁庐现场照片

来源：作者自摄。

庐的东立面为自由开窗，窗户的大小与位置直接与内部功能对应，建筑整体的设计具有明显的现代主义建筑造型手法特征（图5-38）。另外在北门处有2个D单元，相较仁庐在外观上更加传统一些，立面也采用的红砖。

集贤村中的D单元位于南一排，在《1947年城厢百业图》中标为张景骞医寓，建筑的入口对着警厅路。1933年的地籍图显示此房屋与后面的里弄住宅为同一产权人。建筑体量较大，为三层坡顶建筑，从侧门进入后可以看到精美的地砖和递进的门厅，室内有大型的木结构楼梯盘旋而上。

嵌入里弄中的D单元代表老城厢中上层阶级对居住空间的生活要求与城市文化所衍生的空间等级，从空间分布与操作策略来看，老城厢中的D单元具备两个特点：分散化与隐匿性。

首先是分散化的布局特点。龙门邨建立的1935年，人口的增加与新时代生活的需求导致各类里弄住宅不断涌现，其中花园式里弄民居在20世纪初出现，1907年建造的北京西路707弄和1914年建造的溧阳路1156弄都是典型的花园里弄民居[1]，在法租界西扩的地区也有大片的花园里弄，但是这种新型的居住区并没有在老城厢中出现。

---

1. 沈华主编，《上海里弄民居》，中国建筑工业出版社，1993年，第42页。

　　宅邸大院的嵌入是老城厢长期存在的现象，前文在探讨城市空间的演变过程中，对于府邸园林的定位显示城市中并没有形成所谓的高档居住区。这与城市较弱的政治性有关，在府城中，通常会在行政中心附近出现达官贵人集中居住区。上海县较低的政治地位与较小的人口规模对政府官员的数量所需有限，城中的府邸园林大多为从中央或其他府城退任的官员所建设。在宅邸的建设中，其位置与城市政治空间的结构无关，更多的是对面积与风景的要求，这也是拥挤的城内最稀缺的条件。适宜条件的出现是无法预测的，这导致宅院的位置选择基本呈现随机的状态。

　　缺少城市阶层分区导致专属的高档居住区天然就缺乏社会基础，随着城市的发展，较大的地块不断被拆分，地块的平均面积越来越小，而资金与财富大量涌向租界导致老城厢内细碎的土地地块缺乏强有力的资金将其整合。本就紧张的城市用地要求进行的房地产化过程要符合社会的基本需求，在极差地租的作用下，高档的商业娱乐功能分布在公共租界中区，高效的工业生产功能分布在虹口杨浦的滨江一带，高档的生活居住功能分布在法租界西扩的地区，老城厢的角色已经转移到为城市提供基本生活配套的功能作用，其中难得出现的稍具规模的地块都被开发成旧式石库门里弄与新式石库门里弄，局部还有广式石库门里弄，以最大限度解决平民阶层的需求。

　　当然我们不能忽视开发模式所带来的资本导向，刘易斯·芒福德曾经说过，资本家早就深知这个道理，“一等舱的客人并没有提供多少价值，能带来滚滚财源的是那些在四、五等舱挤成沙丁鱼罐头的穷人”。在没有充足的中产阶级消费者的情况下，显然新式石库门里弄住宅的开发比花园里弄住宅要划算得多。这直接导致老城厢中D单元并不像租界——尤其是法新租界那样成片地出现在花园式里弄中，而是分散在小型的里弄住宅里，或者直接单独镶嵌在街道两侧较深的街巷中（图5-39）。

　　另一个特点是隐匿性。D单元一般位于里弄的内部，在龙门邨中，仁庐位于南入口的第三排，其余三处D单元大宅虽然从位置上看有临街的，但是入户门都设在住宅区内部。这样的大宅在老城厢中许多小型居住区中都存在，在随机选取的里弄住宅中，D单元都位于居住区的内部，或者经过深长的街巷才能到达。

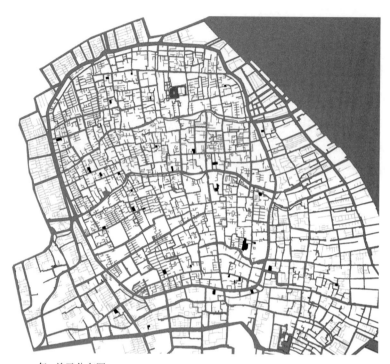

图5-39　1947年D单元分布图

来源：作者自绘。

说明：D单元类型的定位，根据现场调研与《1947年城厢百业图》的住宅平面综合判断。

　　"燦庐"位于孔家弄45号，从孔家弄进入。在孔家弄的沿街面上，是与周围普通里弄住宅一样的过街楼做法，门洞的上方匾额上雕刻有"文孝坊"字样，在进入门洞之后才会发现里面是一条弯折窄巷，其中一间就是燦庐。燦庐只是庭院的大门开在窄巷上，建筑坐落在庭院之内，虽然被市政管理粗暴地刷成黄色，但其建筑转角的弧形线条明显透露出现代的设计风格（图5-40）。

　　沿街立面与旁边建筑通常并无较大差别，进入大门后通过窄巷或庭院到达独栋房屋，这是D单元直接嵌入城市街巷中的普遍做法，乔家路上的梓园也是这样的空间逻辑。梓园是王一亭从郁家后代手中买入的园林与别墅，正对乔家路的沿街建筑虽然比旁边的房屋在层高和装饰上要气派一些，但是整体的体量是与旁边的建筑匹配的，与其他里弄住宅的沿街建筑一起形成"街墙"。从下方的拱形入口穿行通过过街楼，才能到达位于欧式别墅的庭院（图5-41）。

沿街照片　　　　　　　　门头　　　　　　　　建筑主体

图5-40　燦庐照片及平面位
置示意图
来源：照片为作者自摄。
说明：燦庐入口开向位于
弯折窄巷。

沿街入户　　　　　　　过街楼下方　　　　　　建筑主体

图5-41　梓园照片及平面
位置示意图
来源：照片为作者自摄。
说明：梓园通过过街楼才
与乔家路相连。

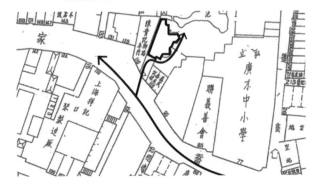

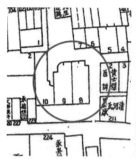

图5-42　未名宅邸照片及平面位置示意图

来源：照片为作者自摄。

说明：此宅邸地址为复善堂街（今东江阴街）211弄。

    D单元还会散落在曲折的街巷之中。在调研时，一栋灰白色的精美大宅赫然而立，与旁边破旧的房屋形成鲜明对比。建筑外观呈现强烈的现代主义设计手法，并且在细部处理上也十分细腻，墙体上有规则地采用横向线条来丰富视觉效果，两旁的风火墙顶采用凹凸的横向线条形成丰富的光影效果（图5-42）。这座大宅在《1947年城厢百业图》上并没有标出名称，只是标注了复善堂街8号与9号，从造型手法来说，这两栋建筑从外观上看是一座建筑，也许和B1′单元类型一样，也是建设成自住与出租共存的手段。

    像这样的大宅一定还有许多在地图上没有标出，它们散落在老城厢中，在能取得的较大地块上建设出来，并与街道保持一定的距离。如果用地已经延伸到街道，那么就会专门建设与周围建筑风格类似的沿街房屋，以让自住的别墅被隐藏在深深的庭院中。这流露出标准的中国经世哲学意味，在自古讲求低调谦和的社会氛围中，低调保平安的处世态度直接反映在D单元的空间处理上。

    3）X单元

    X单元出现的逻辑就比较简单，它是为了调和不规则的地籍范围与规整的里弄内部街巷的产物。在老城厢中大量出现X单元，直接反映出城市地籍形状的复杂，这是河流纵横的原始地景与长期的地籍买卖形成的现象（图5-43）。

    B1′单元类型、D单元类型、X单元类型是老城厢里弄住宅中极为特殊的三种，它们在租界中极少存在，是老城厢城市空间的独特产物。老城厢不仅在里弄

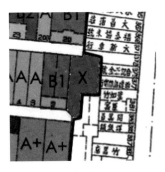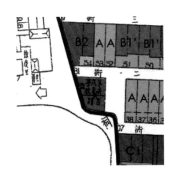

图5-43　X单元的个别形态图

说明：左图截取自集贤村里弄住宅单元类型图，右图截取自龙门邨里弄住宅单元类型图。

住宅区内部出现拼贴化现象，由于土地面积狭小，类似于租界那样成片开发的地块很少，大部分地块都是私人拥有的小地块，并且在长期的历史演变中，这些地块在面积与形状上也不尽相同，甚至相邻的建筑用地之间的差异也都一直存在。在这种情况下，沿街建筑也呈现出由于自主开发与建设而导致的类型拼贴现象（图5-44），并且类型的多样性直接导致城市空间在天际线上的无规则形态（图5-45）。

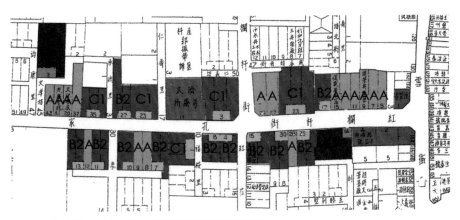

图5-44　孔家衖——红栏杆街，街道两侧建筑单元类型图

来源：作者自绘。

说明：底图截取自《1947年城厢百业图》，单元类型根据现场调研与《1947年城厢百业图》的住宅平面综合判断，按照前文图例。

图5-45　孔家衖——红栏杆街，建筑屋顶轮廓线

说明：底图照片为作者自摄，建筑屋顶轮廓线在绘制时忽略了后期简陋加建。

三、城市空间的半完成态

　　老城厢的城市空间与租界相比差异极大，最直观表现在街道的空间形态。在街道空间演变中，局部道路的宽度与形态也进行调整，如前文所论述，填埋乔家浜的过程中，为了保证汽车的行驶安全而局部拓宽。但这只是少数，在老城厢的街道空间形态中，还出现大量宽窄急剧变化的情况，形成类似于口袋的空间（图5-46）。这类不寻常的空间很容易湮没在本就不规则的街道形态之中。

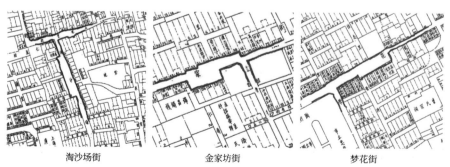

| 淘沙场街 | 金家坊街 | 梦花街 |

图5-46　街道局部放大空间形态

说明：底图为《1947年城厢百业图》。

　　根据前文阐述的老城厢城市空间变化的规律和趋势，这类空间并没有存在的理由。人口长期处于增长状态导致城内建设用地一直很紧张，对生存空间的激烈争夺会杜绝一切空间的浪费，突然变宽的街道确实能够成为公共活动的小型场所，但是街道上的公共空间从来都不属于中国传统城市需要考虑的问题，有限的开阔场地往往有目的地出现在重要建筑物前方，普通街道都是不规则但是宽度皆为渐变式，蜿蜒的河道也绝不会忽宽忽窄。当形成老城厢独特肌理的几个重要因素都无法解释这类空间现象时，1933年的《上海市土地局沪南区地籍图》揭示了答案。

1. 规划路线形成的影响

　　老城厢从1895年成立第一个市政机构开始，在所收集到的资料中，有两次对城市的状况进行大规模的调查：一次是民国九年（1920年）所开展的县署道路调查，将当时南市地区所有的道路信息都进行整理。《沪南工巡捐局档案》中提到这次调查还绘制了地图，但是这份地图并没有查到；另一次就是1933年上海市土地局组织的沪南区地籍的调查，最终形成规模极其浩大的地籍图与地籍册，详细记录沪南区的土地权属与每块地籍土地的范围。

　　1）街道空间的整体调整

　　1933年的地籍图上不仅绘制每块土地的轮廓，还用虚线绘制了另一套道路体系，这套道路体系明显具有现代道路形态的特点：具有相当的宽度，并且都是规则的形态，即便有弯曲，也是较为舒缓等宽的曲线，道路的转弯处具有较大的转弯半径，明显是根据汽车的通行条件考虑的。这套道路体系与老城厢原有的城市肌理形成极大的反差，大部分路线是根据已有的街巷形状来拓宽，也有少量的道路与现有城市空间完全无关，在建成环境中呈斜线弯折而过。

　　老城厢的城市空间一直都没有呈现出现代交通体系的特点，在1947年的地图上较宽的路线仍然是填浜筑路形成的东西向道路，所以地籍图上绘制的道路规划线很容易被忽略。但是将整套地籍图与《1947年城厢百业图》做详细的对比，发现这套规划线路是具有严格的法律效力的，在众多局部空间中都可以见到后期城市遵循线路的情况，这完全说明最迟在1933年，老城厢地区开始以现代道路系统规划图为参考依据的城市空间整改行动，正是这次行动在老城厢中形成众多令人迷惑的空间形态，即上文所说宽窄不一的空间现象。

　　将1933年的地籍图与1947年的地图综合比较，两次地图中街道形态的差异就显现出来（图5-47）。图中黑色块为两次地图在街道空间的差异，3处圆圈处为1947年减少的街道空间，其余均为增加的街道空间，说明新的道路空间以拓宽为主，只有在局部宽敞处才允许增建建筑。

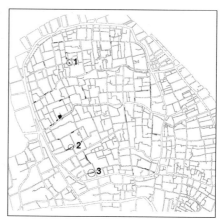

图5-47　1933年与1947年街道空间的差异图
说明：街道空间差异根据《上海市土地局沪南区地籍图》与《1947年城厢百业图》的比较。

　2）规划路线制定的时间

　　关于地籍图上的现代道路系统规划，《上海市土地局沪南区地籍图》上并没有图例。书籍前面的文字部分主要叙述地籍图调查与整理的重要性，丝毫未提规划道路的相关信息。从这种较为漠视的态度，可以推断道路规划线并不是与地籍图同时产生的，它应该是更早出台的城市管理依据。

　　地图上的某些图形形状也能证明这一点。在图5-48中，1933年的城市现状轮廓与1933年的规划道路路线出现一段重合。这个现象并不是巧合，道路两侧的建筑形成的街道空间应该在一定规则形状内波动，不应出现如此大幅度的宽窄变化。并且从路线形状来说，沿街空间的凹凸都是以各户为单位发生的错位，这样的弧线完全不利于建筑空间的使用，而旁边的建筑似乎也没有在平面设计上对此作出反映，这些都说明此弧线是后续人工规划的结果。因此在1933年的地籍图上已经出现建筑轮廓线依据规划线路而进行调整的情况，那么一定是已经执行过一段时期。

　　对于城市道路进行整体拓宽的计划，最早见于《沪南工巡捐局档案》，在九亩地大火之后，救火联合会曾经建议城市进行街巷的拓宽计划，以铲除阻碍救火车辆的隐患，此项请求当时得到地方当局的认可。在民国九年推行的《测绘南市

图5-48　广福寺街道空间局部放大形态图

说明：底图为《1947年城厢百业图》，规划道路路线根据《上海市土地局沪南区地籍图》绘制。

图例：━ ━ ━1933年规划道路路线，━ ━ ━1933年城市街道轮廓图。

路线章程》中，第八条规定："繁盛之处原路狭窄，或能繁盛而有交通关系，应行放宽者，分别干路支路规定，测狭丈尺，标于图内"。[1] 规定所提的放宽，是针对较为狭窄的路面，并且"标于图内"，说明是在原路上进行标注，并没有要形成完整的新道路系统。但是这次大范围的道路考察直接促进新型城市管理手段的施行，当局开始利用详细的现状城市图纸进行空间的控制，1933地籍图上的道路规划是这次拓宽计划的升级做法，那么它的制定时间就是在1920年至1933年之间。

2. 整齐界面的实现

整体规划的目的是为了形成整齐宽阔的城市道路，在1947年的地图上，确实在城市的部分区域实现了这个设想。1935年建设的集贤村和龙门邨都严格执行道的规划控制线，因为它们在老城厢内都属于较大规模的土地开发，最终形成整齐的沿街界面。规划路线并不是控制每条街巷，而是形成一个主要干道交通网

---

1. 《沪南工巡捐局测绘南市路线章程卷》，卷宗号：Q205-1-198，上海档案馆藏。

图5-49　龙门邨西侧街道空间变化图

说明：底图为《1947年城厢百业图》，规划道路路线根据《上海市土地局沪南区地籍图》绘制。

图例：▪ ▪ ▪1933年城市街道轮廓图，‑ ‑ ‑1933年规划道路路线，▬▬1947年城市街道轮廓图。

络，只对交通网络处的城市空间进行调整。对于龙门邨，所控制的路线是西侧与南侧边界，通过两张历史地图的比较，可以看到1947年时，龙门邨东部边界的北半部分按照规划线路的轮廓进行调整，而南侧区域因为道路对面的市立第四国民学校的边界并未改动，若按照规划线路两个区域会有重叠，因此南侧的轮廓还维持1933年的范围（图5-49）。

集贤村轮廓的变化更为彻底。规划控制的是里弄住宅的西侧与南侧边界，在1933年还是参差不齐的西侧界面，在1947年地图上已经与规划路线完全重合，形成整齐的界面。在南侧也按照规划路线进行控制，在1947年地图上东侧的小块凸起是旁边地块并未退让的结果（图5-50）。

集贤村与龙门邨都是在1935年建成的，边界根据规划路线的更改又一次证明这个建造时间，在1933年还是凌乱的边界在进行土地开发时受到控制，从而形成较长的整齐界面。这两处住宅区界面与对面街道则形成鲜明对比，在1947年并未进行翻造，因此一直保持着较为凌乱的界面。

除了大面积的土地开发，在老城厢东侧区域也出现较长的齐整界面。在东门附近的东街与学院路上，1933年的街道轮廓凹凸不平，但是1947年时，整条南北向的东街界面完全按照规划路线调整平齐（图5-51）。通过分析，按照规划线路

图5-50　集贤村西侧街道空间变化图

说明：底图为《1947城厢百业图》，规划道路路线根据《上海市土地局沪南区地籍图》绘制。

图例：▬ ▬ ▬1933年城市街道轮廓图，- - -1933年规划道路路线，▬▬▬1947年城市街道轮廓图。

图5-51　东街、学院街街道空间变化图

说明：底图为《1947年城厢百业图》，规划道路路线根据《上海市土地局沪南区地籍图》绘制。

图例：▬ ▬ ▬1933年城市街道轮廓图，- - -1933年规划道路路线，▬▬▬1947年城市街道轮廓图。

调整的地带是在日军轰炸中变成废墟之处，在1947年地图上全部标注为空地，或者是毫无规律的小方块进行排列与堆砌的图案，是典型的轰炸后的地图表现。

因此1933年地籍图上的规划路线并不是单纯对城市未来的美好期盼，而是需要并且被严格执行的城市控制准则，在战争废墟与大面积地产开发的地块周边能够清晰地看到执行后的效果。但是即便一处地块边界按照规划调整平齐，但是对面地块往往面貌依旧，整条道路空间形态还是凌乱的。而这种凹凸的效果，只有在小地块进行重新调整的部分才显得格外突出。

3. 局部地块的调整

对于失去政治地位与资本投资的老城厢，大面积土地开发极为少见，开发行为大多发生在小规模的房地产交易中。这是从开埠之前就保持下来的管理与交易习惯，中国并没有将土地用于房地产开发的概念，所有的房产交易都是出于使用目的。无论是官方的制度还是民间的态度，都导致老城厢的地块开发以小规模为主。

《上海通史》里概括了开埠以前上海县城厢的房地产经济活动的特点：①房、地契早已普遍地作为有效的法律凭证，所谓"契买""契当"，都是以契证的变更，为房屋，土地买卖、典押成交的标志；②租赁房屋或分租房屋，大多限于同乡、同业之内，房屋租金，大半用于同乡、同业的祭祀，扶助济贫及房屋修缮等本乡本业的公共事务；③清朝地方政府对房产，土地买卖等活动的控制。一般而言，凡房产、土地买卖或契当双方，必额将契证呈送到县，由上海县政府"照单校明""造册""用印"。会馆、公所等商民团体契买或契当房产时须由中保或县衙出面勒石立碑，以保其"恪守"产业；④士绅、地保、图董等地方势力对房地产经济活动的控制权。地方士绅对房地产经营活动有干预的权力，尽管他们未必是房地买卖或典押的当事人，却往往出面中保，甚至在商帮团体购置产业时充当"董事"。这些烦琐的手续和特殊的情况与房产开发需要的快速流程完全相悖，极大抑制老城厢的土地在市场上的流通，地产的小型化保持相当长的时间。

对于规划路线来说，小型地块的翻造调整与大型地块所形成的效果完全不同。本文选取两处最为典型的街道，分别是方浜路西段与肇嘉浜路西段。

　　方浜路西段为填浜筑路而来，相对于1933年地图，1947年时，方浜路西端与大方街的交叉口，还有方浜路与青莲路的交叉口处，建筑都根据规划路线进行退让。与原来方浜路的宽度大致相同，变化是平缓的，但是在进行这两处退让之后，明显形成放大的场地，道路的宽度变化更为明显（图5-52）。

　　肇嘉浜路的变化要更加明显。对比1933年与1947年的街道轮廓线，在截取的部分共有五处进行退让。分别是肇嘉浜路与大方街交叉口，肇嘉浜路与翁家衖交叉口两侧，肇嘉浜路与南孔家弄交叉口与关帝庙的前方。这几处退让形成凹凸不平的城市空间，仅从形态上考虑，1933年的肇嘉浜西段的空间要更加完整，街道虽然也有凹凸，但整体上宽度基本一致，远没有达到1947年那么剧烈的程度（图5-53）。

图5-52　方浜路西段街道空间变化图

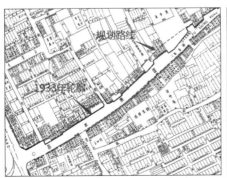
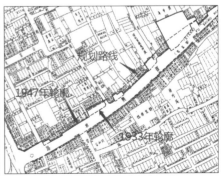

图5-53　肇嘉浜路西段街道空间变化图

说明：底图为《1947年城厢百业图》，规划道路路线根据《上海市土地局沪南区地籍图》绘制。

图例：▄ ▄ ▄1933年城市街道轮廓图，━ ━ ━1933年规划道路路线，▬▬▬1947年城市街道轮廓图。

　　由此可见，在老城厢中大量存在的小地块调整，反而形成更为不规则的街道界面，这是具体执行方法的必经过程，也是市政当局没有预想到的长期结果，因为根据规划路线进行调整的速度，远没有他们想象中快。

　　从1933年到1947年，十四年间老城厢的城市空间改变很少。大量的调整都是局部地块的退让，居民持续进行房屋翻造而退让的情况并没有出现。政治中心机构的转移带走老城厢的资源，资本与劳动力都向新的城市建设区转移，这直接导致人们对住宅需求的下降。

　　《申报》上刊登了《市政府奖励市民筑屋》一文，根据文中所记录的信息，从7月20日至11月19日，南北两市共发营造执照279间，拆屋执照117件，虽然营造的数目更多，但是根据目前市内建筑的危险状况，与市面的凋敝容貌[1]，这种新建建筑的涨幅是远远不够的，恐怕会供不应求，引发房荒。"为了使居民得享居住之安宁，如何使房租低廉，交通便利，而适合卫生，俾寄居租界之市民，能一变其向日之观念，景然从凤，相率来居，此皆本市政府所应行筹划者也。为市民幸福计，并为异日收回租界计，实有明定奖励筑屋政策之必要"。[1]文章还提到民众进行翻造房屋所遇到的问题，沿马路建筑新屋或翻造旧屋，按照规定应该按规划的路线后退，市民考虑到这样会损失土地，往往将本来需要拆除的房屋继续勉强使用，延长数年至数十年，即使颓废了也不加以翻造。并且政府部门在市民申请建造、翻造房屋时，不仅征收照费，还收取人行道侧石贴费，在房屋竣工完成后由政府派人去修筑，名目繁多的不合理收费，造成本就无心修屋的人更加抵触。

　　在这些原因下，老城厢居民翻造房屋的动力是极其有限的，只有迫不得已才去领照按照规划路线修建房屋，导致城市发展的停滞。在仅有少量房屋进行翻造调整的情况下，规划路线只能长期保持在未完成的状态。因为规划路线与原有道路界面相差很大，局部建筑进行退让就导致街道界面变得更加不规则。

　　于是在1947年详尽的测绘图纸上，老城厢表现出资本的第二级循环——流入到固定资产和消费基金中。善堂逐渐被新兴的医院替代，不断建设的学校用以满

1.《申报》，民国十六年11月29日，第十页。

足社会对知识与技能的渴望，在日趋繁盛的消费主义影响下，戏院与影院在拆城修筑的环路附近开设，豫园城隍庙地区商户合并成福佑联合商场。即便文庙改成的民众公共场所，也以展示动植物为主，来迎合人们满怀惊奇的欣喜。

政治机构的外撤、文化建筑的世俗化，老城厢向纯粹生活型功能的转变，并呈现出从内至外的碎片化状态。作为上海几百年的核心地带，现在这里没有政治中心，没有文化中心，没有宗教中心，甚至都缺乏商业中心，城市由无数细小的生活化功能拼贴起来，构成一幅万花筒中的场景，令人着魔与困惑。

结　语

　　无论租界的建设成就多么辉煌，无论华人对富强的渴望多么强烈，作为一片发展了几百年的土地，老城厢地区的城市空间，在中国传统城市内在动力与租界城市管理经验的双重影响下，在强烈的自身发展逻辑与长期稳定的硬件设施的基础上，在城市现代化过程中形成独特的整体演变过程。

一、城市功能的置换形成混沌的布局

　　上海县城的发展一直在相对固定的范围内，嘉靖年间修筑的城墙形成明确的物理边界，城市功能的变化表现为城墙内的空间置换，而不是向外扩张，城市新功能的出现很可能意味着旧功能的转移或消失，很难形成明确区分的新老区域。以城内西南区域一块长条形的街区为代表，其表现出的城市功能演变过程，可以直接读取出老城厢变迁的整段历史（见下表）。

1553—1947年西南条状地块建筑用地变迁图

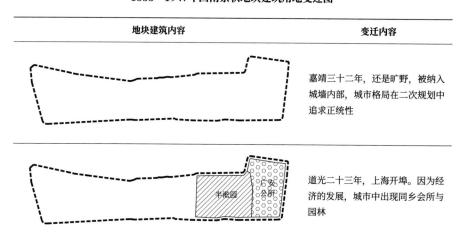

地块建筑内容	变迁内容
	嘉靖三十二年，还是旷野，被纳入城墙内部，城市格局在二次规划中追求正统性
半淞园　仁安会所	道光二十三年，上海开埠。因为经济的发展，城市中出现同乡会所与园林

续表

地块建筑内容	变迁内容
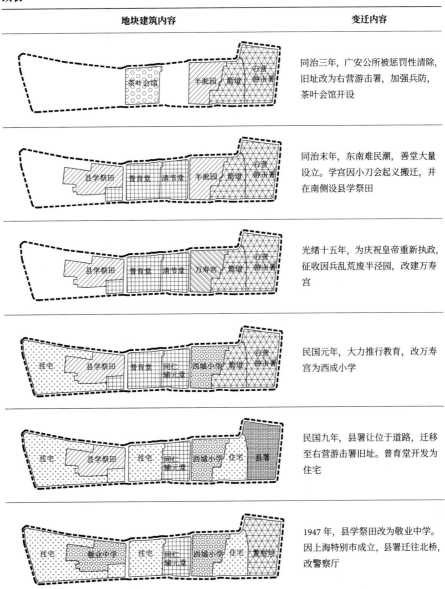	同治三年，广安公所被惩罚性清除，旧址改为右营游击署，加强兵防，茶叶会馆开设
	同治末年，东南难民潮，善堂大量设立。学宫因小刀会起义搬迁，并在南侧设县学祭田
	光绪十五年，为庆祝皇帝重新执政，征收因兵乱荒废半泾园，改建万寿宫
	民国元年，大力推行教育，改万寿宫为西成小学
	民国九年，县署让位于道路，迁移至右营游击署旧址。普育堂开发为住宅
	1947年，县学祭田改为敬业中学。因上海特别市成立，县署迁往北桥，改警察厅

说明：地块建筑用地分界线根据《上海市土地局沪南区地籍图》绘制，每段时期的建筑内容参照《同治上海县志》《上海县续志》《民国上海县志》《1884年上海城厢租界全图》《1913年实测上海城厢租界全图》《1947年城厢百业图》整理。

二、针对既有环境采取的特定手段

老城厢地区并非任凭涂画的一张白纸，长期形成的复杂而稳定的传统城市空间形态，与现代城市空间原则产生剧烈的矛盾。这促使地方当局采用特殊的行政技巧来推进城市现代化。

在填浜筑路工程中，原有河浜的宽度较为狭窄，两侧住户与河浜的关系也十分复杂，无法照搬租界惯用的直接填埋筑路的手段。为获得足够的道路宽度，市政部门采用较为复杂的"填浜移屋"策略，通过复杂的操作，将河浜空间与附近的街巷空间合并，获取最大的道路宽度。此方法引起大量的土地产权纠纷，夹杂属于公产的桥梁与街巷空间，在进行地理信息转译的过程中，形成复杂的空间形态。

在规划线路的执行过程，为避免大范围实施带来的资金与社会稳定问题，地方当局先规划完成道路形态，在居民因翻造房屋去领照时，按照规划路线来规定新建房屋的用地范围，从而逐步地完成规划道路的塑造。

三、土地产权的小型化与不规则形态

在长期历史中进行的大量土地产权买卖，加之河浜蜿蜒形成的曲折用地界线，导致老城厢的土地产权形成极不规则的拼合。持续增加的人口，与大户人家在继承土地时持续的分割，导致城市中的地块都呈现小型化的特点。

小型化与不规则形态，资本在进行土地开发时避而远之，因此老城厢在相当部分的区域都进行个人建设。在城市街道两侧，充满小型私人产权建筑，在缺乏强力的街道风貌控制法规的情况下，形成混乱、不规则的街道面貌。

虽然在住宅类型中引入里弄单元，但是因为土地产权的特点，适合进行大规模开发的用地很少，即便大面积地块的边界也并不规则。除了在1910年代进行开发的少量里弄住宅外，其他无论在大型还是小型地块上进行开发的里弄住宅，都呈现出灵活的形态。在龙门邨与集贤村中，排列成整齐的行列式住宅的，是风格各异、规模不同的私人建设；在许多小型里弄住宅中，根据实际需求与不规则的用地边界形成多样的住宅类型组合，整个城市从街道两侧到街区内部，全部呈现出不规则的拼贴状态。

　　城市功能的置换、针对既有环境采取的特定手段、土地产权的小型化与不规则形态，这些都是老城厢在自身条件下衍生出来的城市空间演变特点，结合从租界习得的现代城市管理制度与操作手段，塑造出老城厢城市空间极富特点的布局与形态。

　　在如火如荼的现代化运动过程中，有个小故事散发出强烈的历史宿命论的味道。据拆城派的代表人物李平书在其《七十自叙》中讲到拆城之议的缘起："……昔年在遂溪，曾见法人所绘地图，谓拟请政府将上海县治移设闵行镇，原有城垣拆毁，其地并入法界；填沟渠以消疫疠，修道路以利交通。虽其说未必能行，然与其为他人口实，不如先自拆之"。在历史的机缘巧合下，最终老城厢"县治移设""城垣拆毁""填沟渠""修道路"，原本上海士绅极力阻止的租界对老城厢的改造，在他们自己的手中逐一变成现实。而纵观老城厢自开埠以来的演变过程，又何尝不是逐渐剥离明清时期所形成的传统内核，变回几百年前设县时以商市为唯一目的的、生活化的、服务型的最初模样。

　　城市是由万千人生汇集起来的极度精密的物体，无论老城厢具体的城市化过程如何，城市空间演变的动力与方向本质上都来源于人们对于美好生活的期盼。从最初全城合力修筑城墙，到不懈地疏浚河流以稳固航运地位，再到激进地推行城市现代化以振兴商市，在这些或诚恳、或自私、或算计、或大义的举动中，一直深深地烙印着老城厢居民努力生存的印记。

　　在这里，能够发现最真实的上海。

附录：城市功能变迁的整体图示

　　阿尔多·罗西认为城市具有某种在历史变化中仍然持续的特质，持续发生的复杂或简单功能变化正是其结构现实性自身的瞬间表现。而不同时期历史地图之间的关联性，正是探寻这条持续特质的有力工具。老城厢地区并不像租界那样持续地扩张，城市空间的演变基本都发生在固定的范围内，绝大多数变化都是城市功能在内部的转换。由于老城厢大比例地图的稀少并且中国记录城市建筑信息的习惯又比较简略，而复原工作需要大量的历史资料与地图作为基础，所以笔者通过一定技巧来推演不同时期建成物的布局，从而形成老城厢城市功能变迁的整体图示。

一、历史资料来源

1. 地方志与专项志

　　上海县志是了解古代上海重要的参考资料。有《弘治上海县志》《嘉靖上海县志》《康熙上海县志》《嘉庆上海县志》《同治上海县志》《上海县续志》《民国上海县志》，本文重点在于讨论老城厢在开埠后的变迁，因此主要参考《同治上海县志》《上海县续志》《民国上海县志》三本。其实从这三本县志的目录就能明显看出城市的变迁，《同治上海县志》的目录为卷一疆域、卷二建置、卷三四水道、卷五六七田赋、卷八物产、卷九学校、卷十祠祀、卷十一兵防、卷十二~十三职官、卷十四名宦、卷十五~十七选举表、卷十八~二十一人物、卷二十二艺术、卷二十三游寓、卷二十四~二十六列女、卷二十八~二十九名迹、卷三十~三十二杂记。《上海县续志》在目录上没有什么变化，《民国上海县志》在目录中加入商务、慈善、外交、工程等专项内容，从中可以明显看出城市内容发生的变化。

对于县志中河浜与道路的信息需要辩证使用，因为县志在编撰中只是选取主要的河浜与道路进行记录。例如《同治上海县志》里对于城内水道只记录了五条：方浜、肇嘉浜、薛家浜、中心河与陆家浜。而在《1884年上海县城厢租界全图》上所描绘的水道要远远超过这个数目。

专项志的参考主要集中在以下几本：《南市区地名志》《上海住房建设志》《上海港志》《上海房地产志》。在地方志与专项志的记录中，会有少许的内容错误，有的只是对于单个建筑用地的描述有问题，有的则会影响到整体资料的可信度。

2. 官方档案

《清代上海房地契档案汇编》由上海市档案馆收藏，内容是上海地区一些同业公会以及它们的前身会馆公所中保存的269份房地产交易契约，时间跨越从乾隆四十三年到清末民初的130余年。它将上海市档案馆收藏的各同业公会档案中所有房地产交易契约，甚至包括交换产权的契约，都公之于众，系统地反映卖、加、绝、叹式[1]房地产交易的演化情况。

《上海市自治志》虽然经过一定的编撰，但其中收录大量官方发布的公牍。整体按照不同的行政机构阶段分为城厢内外总工程局、城自治公所、市政厅三个部分，分别对应公牍甲编、公牍乙编与公牍丙编。

《沪南工巡捐局档案》是上海市档案馆馆藏资料，收录了工巡捐局时期大量的官方之间、官民之间的来往信件，这些信件被分为260项主题，每项主题的信件从10封到60封不等，共5000多封，内容涉及市政的各个方面。档案馆的资料为原版书信的扫描版，字体多样并由毛笔书写而成，大部分信件使用行草体，较难辨认。但是因为并未进行任何的加工，信件中表现的都是官民对事物的真实看法与诉求，保存了珍贵的民间意见，这在其他时期以官方口径为主的档案中是不多

---

1. 按照清朝的惯例，一宗房地产交易会经历数轮过程，最初订立的为卖契；之后卖主可以提出加价的要求形成加契；之后卖主保证不再回赎，订立绝契；在绝卖之后仍可订立：叹契。这几次立契卖方均可得到相应的出价，每次都会订立相应的契约，整个交易过程可能累月经年。——笔者注

见的。这些信件对于理解市政工程中政府的具体操作与民间在地权问题上的态度
有极大的参考价值。

《县署调查马路图表》是《沪南工巡捐局档案》中的一份记录，是工巡捐
局在民国九年（1920年）为整治城市面貌而组织的一次专项调查。调查的内容十
分详尽，对于道路信息分为：马路名称、马路地点、筑成年月、长度、宽度、材
料、人行道、桥梁名称及宽度、树株。由于具有明确的调查时间，又是官方组
织，因此内容具有相当的可信度，是老城厢道路演变过程中的重要资料。

《上海市土地局沪南区地籍图册》分为上下两份，共四本，1933年由上海
市土地局组织测绘而成。本书研究的区域在地图上分别覆盖一图、二图、三图、
四图、五图。在配套的《上海市土地局沪南区地籍册》中记载了地块的所有者、
面积与地价，建筑用地的精细定位与不同机构对土地的占有与开发情况是重要参
考。因涉及地籍，只能通过局部的描绘来对特定的问题进行论证。

3. 报纸报道

报纸信息是历史资料的重要补充，上海县志止于1927年的《民国上海县
志》，后续的官方地方志为《南市区志》，因其范围已经扩大到整个南市区，加
之记述能力有限，对老城厢地区的记录十分简略，因此对于1927年之后的研究，
报纸的记载尤为重要。

《申报》原名《申江新报》，1872年4月30日在上海创刊，1949年5月27日停
刊。是近代中国发行时间最久、具有广泛社会影响的报纸。上海图书馆的近代文
献研究室中保存所有发行的报纸，在每日的报导中，对全国与上海发生的重要事
件都有详细记录。笔者重点参考其1927年至1947年的内容，从中摘取所有关于老
城厢市政工程的记录报导，还有数篇文章是对特定话题的评论，其中一些观点可
以作为理解当时社会思潮的途径。

《上海研究资料》同样是上海图书馆近代文献研究室的馆藏，内容是以《大
晚报》《上海通周刊》及各报等陆续发表之各种文字为基础，加以取舍、修订、
合印而成，所载内容十分丰富，共分为十六门，依次是：写真、事物原始、气象
概要、政治、地政、租界、学艺、宗教、金融、工商业、交通、建筑、新闻事

业、体育娱乐、风土人物及其他。虽然其内容是从1934年起，但是其中有大量针对特定主题的长篇专业评论，例如针对上海县衙，就有《上海县署的三迁》，将元代以来历次的迁移情况都进行阐述，具有很强的参考价值。

二、历史地图梳理

老城厢的历史地图远不如租界地图丰富与详细，这与长久以来的地图绘制习惯有关。在《1875年上海县城厢租界全图》之前，老城厢的地图内容描述的皆为大致方位。1875年之后效仿租界采用新的测绘方法，得到较为精确的地图，但是1913年之后，城市地图又变为以指示与导览为主，虽然整体轮廓与主要道路的方位是相对准确的，但是道路形态极为简化，甚至许多小巷都未画出，对本书并无利用价值。

1. 老城厢历史地图谱系

笔者收集的历史地图主要分为3个来源：一是地方志的篇首附图，以各版上海县志的附图为主；二是http://www.virtualshanghai.net，此网站专门收集关于上海的文献资料，有大量历史地图与历史照片资料，这些资料通过各种途径得来，有的来自世界各地图书馆的珍藏，这些难得的资料为研究的开展提供巨大的帮助；三是周振鹤主编的《上海历史地图集》。

老城厢的历史地图有一个弊端，就是地理信息过于简略。前期的县志附图没有用到科学的测绘方法，与山水画一样重视写意，以描绘地形、地貌信息的意象为主，道路河流的形状只是描绘大体的形态，建筑物的位置也只是标记大体的方位；后期的地图比较规范，河流道路的形状已经比较真实，但是对街块内部的建筑物几乎没有描绘。

钟翀对收集的110份近代上海地图进行整理，将从《1814年清嘉庆县城图》刊行到《1918年袖珍上海新地图》出版之前的这段时期内的历史地图分为4类[1]，分别

---

1. 钟翀，《近代上海早期城市地图谱系研究》，《史林》，2013 年 1 期，第 8 页。

是《1814年嘉庆县城图》系、"上海城郊全图（原英文图名为City and Environs of
Shanghai, 1862）"系、"上海县城厢租界全图（1875）"系、"实测上海城厢租界图
（1910）"系。这四种谱系的分类方法为笔者梳理老城厢历史地图提供了借鉴。

由于中国早期并无精确测绘地图的概念，而开埠初期由于政治关系，西人在
绘制精确地图时又无法介入到老城厢内，这造成老城厢地区缺少开埠早期的精确
地图。在1920年之后的上海地图中，整体的测绘方式更加科学，已经类似于今日
所用的上海地图，但是弊端十分明显，那就是地图信息的极度简略。因此对于老
城厢城市空间的研究而言，具有最大借鉴意义的地图仍然是钟翀进行分类的"从
《1814年嘉庆县城图》刊行到《1918年袖珍上海新地图》出版之前"的历史地
图。下面就将笔者进行地图复原工作主要参考的历史地图的信息与特点做一下详
细的介绍，分类按照钟翀的四类谱系。

1）"上海县志附图"系

此类地图出现于明代上海县和松江府的方志中，从最早的明弘治十七年
（1504年）《上海志》卷首所载的《上海县地理图》，到《上海县续志》，基本
所有的县志都有此类附图。地图的特点是绘制粗率稚拙，地物标注疏阔、比例失
调，图中突出表现了位于城市中心的县衙、税课局、察院等政府管理机构。

明《嘉靖上海县志》附图（图A-1）绘制于上海县修筑城墙之前，地图上河
流与道路的描绘较为细致，尤其是对主干道与支路都做了详细记录。从历史地
图学角度来看，该图最大的特点是采用平面图的绘制方式，如街巷用双线、河
流用双线填充波浪纹加以表现，在跨过河道时还将进行弯曲的画法以示桥梁，这
些地理信息对于复原历史图纸是极其重要的。地图上各种地物的尺度以及相对位
置关系也较为准确，图上文字标注的地物共39处，有县治、巡抚行台、察院、税
课局、养济院、水次仓、济农仓、儒学、社学、社稷坛、邑厉坛、城隍庙、水仙
宫、积善寺、广福寺、顺济庙、义冢等官署祠庙以及南、北两处马头等，它们与
县志上的记录是吻合的，因此具有很高的真实性。

此系列第二份重要地图为《1814年嘉庆县城图》（图A-2），钟翀将《嘉庆
上海县志》的附图作为这一系列地图的起点，原因是此图"实现由单纯关注官府
县衙、壕郭等政府职能或防卫功能，到导入水系街路等新要素、注重城市地图交

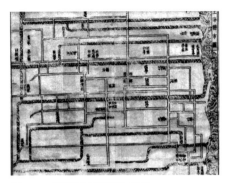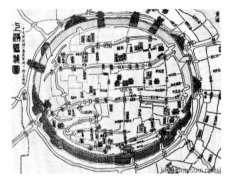

图A-1　《嘉靖上海县志》附图　　　　　　图A-2　《嘉庆上海县志》附图

通导览功能的转变"[1]。该图不仅表现县署、文庙等行政机构或由政府设定的衙署祠庙，还十分重视对方浜、侯家浜、肇家浜、环城外壕以及沟通黄浦江水道系统的表现，尤其突出了对河道上众多桥梁、城内外街路的详细标识。此图对城墙形态、城门位置与城墙上的楼阁也有较为具体的描绘，从立体角度展现了整个城市的空间结构。

　　第三份较为重要的地图是《同治上海县志》的附图，共两张（图A-3），较为详细地绘制出城内与城外的主要道路，虽然这些道路在方向与位置上与真实情况还有较大差异，但这是第一次在地图上具体表现主路与支路，尤其第二张图还详细绘制了东门外地区，是历史地图中第一次细致描绘城墙之外的道路情况。在历代的县志中，县志的附图的道路要比文字记载多许多，说明文字上习惯选择记录较为重要的道路，而较细窄的无名街巷容易被忽略，城墙外的道路记载更是如此。这两张地图对于复原同治年间的道路具有极为重要的参考价值。

　　这四张图是"上海县志附图"系主要的参考图纸，它们的共同特点是绘制得较为简略，虽然道路河流都有所表示，但没有标识出准确的地理信息，只能通过道路形态与道路之间的相对位置关系来与后期的地图作对应；重要建筑的大致地理方位有所绘制，有助于对建筑物的定位。

---

1. 钟翀，《近代上海早期城市地图谱系研究》，《史林》，2013年1期，第8页。

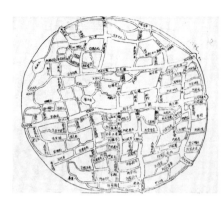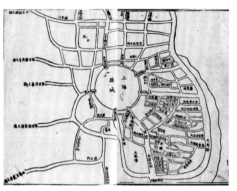

图A-3　上海县城内外街巷图

说明：此两张地图是《同治上海县志》卷首的附图，是历代县志中对街巷描绘较为详细的，尤其是对于城外十六铺区域也详细记录。在县志的开篇，记录下了绘制地图的目的："旧志坊巷见建置。而坊统四乡巷止载城厢之有名者，卷首向无图说，夫表厥，宅里殊厥，并疆古之善政，无论已即周制，列树以表道，使南辕北辙，不至歧中有歧，亦城图外不可少者也。因补二图以清眉目。然亦就大路正路列之，若小东门北起老北门，西南止外商租地，里巷、桥梁成毁无定名目猥多，概不附书"。可见所针对的情况是很多记载了城厢有名坊巷的历史记录，在文字的开篇一般都没有配地图，容易导致阅读者对于道路和方向的理解产生错误，故特意附图两幅。

图片来源：《同治上海县志》，卷首《图说》，第15~17页。

2）"上海城郊全图"系

由于开埠初期的华洋分居，早期的历史地图在绘制上都局限在各自的部分，在小刀会起义造成华洋杂居之后，绘制范围才扩展到整个上海市域。1862年制作的《上海城郊全图》（图A-4）是较早将华界租界汇于一体、具有代表性的上海地图，此图作者系当时The Hydrographic Office（水文局）的E.J.Powell，根据该图所附说明："1860至1861年英国工程师的测绘图，城区部分利用1861年法国人绘制的平面图，河流部分利用1858年司令部的测绘图"。此图采用较为先进的测绘技术，对于道路河流等形状的绘制较为准确，但是细致程度不如《同治上海县志》的附图，同系列的其他地图也有此类问题。但是此地图的特别之处在于用灰块将建成区标识出来，绝大多数老城厢历史地图都侧重于记录线条与名称，很难直观地表现城市建筑物的情况，而此图有助于分析当时城市建成区的范围。

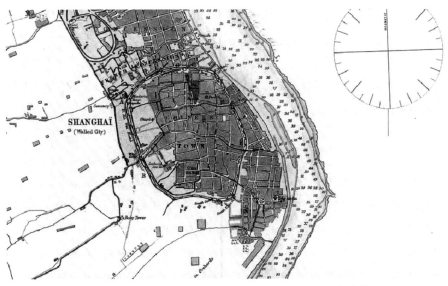

图A-4 《1862 City and Environs of Shanghai》局部，图片来源：大英图书馆馆藏。

3）"上海县城厢租界全图"系

此系列在老城厢地图中具有重大意义。最早的一幅是1875年由冯卓儒主持、许雨苍绘制的"上海县城厢租界全图"（图A-5）。这是一幅大尺寸(140厘米×80厘米)、大比例尺(1:5400)的测绘地图，图上有题识：

地图之用，由来久矣。近世郡县志乘私家图记类皆依样葫芦。山川道里之数，开卷茫然，故凡发号施令，行军设防，以及商贾行旅之往来者，欲考其地形之动要，水道之源委，村落之聚散，道涂之通塞，必先周测而详绘之。然后按其分率，循其方位，悉有成数可遵，而不致怅乎无之也。上海为通

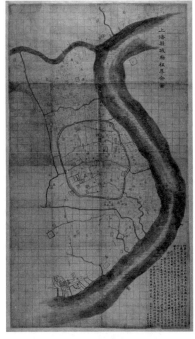

图A-5 1875年上海县城厢租界全图

商要口，中外集处，毂击肩摩，公私尤聚，尤以地图为要。观察冯卓儒先生励精图治，恒以防务、捕务为主。曾饬邱君玉符测绘城图，未及刊刻。许君雨苍延友复测城厢，并补测租界及负郭之地，以成全璧。每格四十五丈，每四格为一里。图既成而官商士庶索观者众。因谋付剞劂，以公因收，并嘱予记其颠末，予惟许君曾襄办江苏图务，今又襄办沪局图务，与予同好，深得指臂之助，因乐赘述语以志其成。

　　光绪纪元 季秋 李凤苞識

　　地图上题识的流行，也是该时期上海乃至我国近代城市地图的显著特征。这一类地图的题识，通常是在地图的某一边角用文字说明该图的制作原委，一般包括都市简史、对此前同类流行地图的评价、制作该图的必要性与过程、制作人、印刷机构、该图的优越性、作题识的时间等要素。题识原是我国山水画的传统，近代以前的方志类绘图或西洋图大多无此类题识，而此后的中国城市图则往往以"索引"和"图例"取而代之。因此通常也可以"题识"的有无来简单判断某一近代都市图是否形成于近代早期[1]。

　　依照题识内容，此地图的诞生是因为意识到精确地图的重要性，无论军事布署还是商业往来，都需要了解地形地势。于是冯卓儒组织此次绘制工作，后来在许雨苍的努力下，不只重新测绘出城内的地图，还在复测过程中将租界与城郭地区也测绘出来。此图对老城厢绘制得十分精细，虽然毛笔线条带来自由飘逸的感觉，但整幅地图是在较为严格的测绘方式下进行的，对道路、河流、建筑等元素都做了细致的描绘，几乎每条道路的名称都有标注。地图对建筑的描绘也是划时代的，图上几乎将所有重要的建筑物悉数标明，并且将大致的范围轮廓标出，还记录了大量县志中未出现的城市建筑元素，例如各个耶稣堂。

　　《1884年上海县城厢租界全图》（图A-6）与1874年版的地图在地理信息方面基本是一致的，只是按照租界和华界区域分为四种颜色。1884年的地图题识上书：

---

1. 钟翀，《近代上海早期城市地图谱系研究》，《史林》，2013 年 1 期，第 8 页。

上海一邑为通商要口，中外交涉，公私尤聚，毂击肩摩，轴轳相接，洵称繁盛之区第，地形之劲要，水道之源委，尤必详绘以图。庶商贾往来，潜心地势者，有所率循，而不致怅焉无之也。岁在乙亥，许君雨苍绘有是图，久经问世，惟租界道里每易其名，致原图间有不符之处。兹特描摹更正，缩印而成，以公诸世，然挂一漏万之识在所难免，阅者谅之。

　　光绪十年 甲申 季夏上海点石斋识

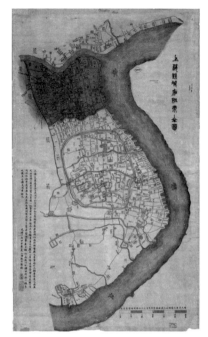

图A-6　1884年上海县城厢租界全图

里面提到此版地图的绘制目的，是因为前一版许雨苍绘制的地图，即1875年版本的地图"久经问世，惟租界道里每易其名"，经过对比发现，两版地图里面只有租界的道路名称进行调整，老城厢内的道路名称与道路河流等图形均未发生变化。

此系列地图虽然作图时间较早，其传达的信息量却是1947年之前所有历史地图里面最多的，对诸多支路岔路的描绘也说明此地图经过规范而细致的工作，是地图复原工作的可靠资料。

4）"实测上海城厢租界图"系

本系列地图由商务印书馆编译所舆图部制作，从"上海县城厢租界全图"系列的纵轴式布局，改变为横向布局的面貌（廓内图102厘米×136厘米），是老城厢地区第一次以现代意义上的城市地图呈现。最重要的两幅图是《1910年实测上海城厢租界全图》与《1913年实测上海城厢租界全图》（图A-7）。图上地理信息十分准确，较上一系列的图纸，在道路河流等图形的绘制上更为严谨科学，长度、宽度与形态都符合真实的比例。地图上历史信息记载量巨大，并且第一次将所绘的城市道路缩小到里弄的程度，大部分标识出来的弄堂都清楚地标明了入

图A-7　老城厢地区地图

说明：上图截取自《1910年实测上海城厢租界全图》，下图截取自《1913年实测上海城厢租界全图》。

口，甚至有的地方还画出支弄，对于分析城市空间在微观层面的具体操作提供了研究依据。

更有意义的是，1910年版与1913年版的地图分别绘制于拆除城墙前后。1913年地图上城墙已经消失，城壕变为道路，城市空间的剧变在地图上直观地显现出来。无论从绘制城市平面图的地图学立场，还是从地图所反映地物变化的都市景观学角度而言，都具有重要意义。略有遗憾的是，城墙在1914年才全部拆除完毕，因此1913年地图无法严格按照城墙拆除后的地理信息进行绘制，只是将1910年地图上的城壕与城墙抹去，并不能完全反映城市空间的具体变化。在地图的名称变化上也能反映历史变迁，钟翀认为图名上对"城厢"一词的保留，隐约可见近代前期的个性化要素。随着城墙的拆除，"城厢"一词也从之后的历史地图中消失。

本系列地图还有一个颇耐人寻味的现象，作为详细记载地名路名的图纸，对居住区有细致的记录，出现大量里弄的名称，但是对重要的公共建筑物的记载却并不全面，许多重要的寺观名称都未出现，只有根据《1947年城厢百业图》的对比才发现这些建筑其实一直留存下来。此时正是清末民初，时代交替，新思潮涌动，轻传统建筑而重居住建筑的做法也许和当时整个社会崇尚实用主义有关。

以上历史图纸就是按照四谱系的顺序所做的简要说明，老城厢历史地图的复原工作的地图部分就以这些地图作为基础，由于历史地图上绘制的地理信息远比县志或地方志等要丰富且形象得多，对于特定时期城市道路、河流、建筑物等信息以历史地图为基准。

2. 上海市土地局沪南区地籍图册

1933年上海市土地局对沪南区的地籍情况进行测绘，编制出详细的《上海市土地局沪南区地籍图册》，共分上、下两册，详细记录了当时沪南区的地籍情况。地图上分别覆盖一图~五图。在配套的《上海市土地局沪南区地籍册》中记载了地块的所有者、面积与地价，是进行土地产权研究的重要资料。

从复原历史地图的角度来说，此地籍图的重要作用在于明确建筑用地的具体范围，尤其是对于部分地块进行开发的建筑用地，因为地块仍然属于原有产权者，通过核对产权者的名称，可以确定最初的用地范围。

可惜的是，因地籍图属于保密材料，只能进行现场查阅，无法复印与扫描，故不能将地籍图全部整理出来，只能在局部地块进行确认工作时在其他历史地图上分析抄绘。

3. 地图的拼合——《老上海百业图》

本书使用的资料是由《老上海百业指南——道路、机构、厂商、住宅分布图（增订版）》[1]扫描而得，在此需要特别说明一下其与《上海市行号路图录》的关系。

《老上海百业指南》是上海社会科学院出版社将《上海市行号路图录》进行重新编排出版的地图集。《上海市行号路图录》由上海福利营业股份有限公司编印，此书一改以往有字无图的样式，以道路、门牌、地图相结合的体例，编制业务分类和地址电话索引，使图录更具明晰直观的实用性。所有资料，均通过实地调查测绘获得，因而翔实可信。整个地图绘制工作肇始于一九三七年，历时一年半，将公共租界和法租界的道路及机构、住宅等一一制图标明，抗战胜利后，为适应恢复工作的迫切需要，又以原书为基础，扩大区域范围，重新编制，一九四七年十月出版了上册。以后，社会动荡，物价飞涨，给图录的编制出版带来了很大压力，于一九四九年四月出版了下册。

以《老上海百业指南》中的地图为资料进行拼合，笔者得到具备极其详尽历史信息的城市图纸（图A-8），从道路的宽窄形态到沿街建筑的内部功能，整个上海呈现出一种极有逻辑性的扩散型状态：由东到西，城市的密度不断下降，街块的面积逐渐扩大，街道的界面也从密实的沿街商业转变为花园洋房的竹笆。对于拼合的地图，重点使用的是老城厢的部分，由于本书中有大量老城厢区域历史地图之间的比较研究。

老城厢的部分位于此书的下册，为1945年之后绘制，大约于1947年绘制完成。图中的信息极为详尽，在此不做赘述。本图最关键的是对于老城厢建筑轮廓的准确描绘，这种准确的建筑轮廓图之前只存在于租界地图中。在租界设立早期，西人就在地图上将街道与建筑的轮廓都科学地测绘出来，并不断再版测绘，这些详尽的历史地图是租界城市研究工作有力的基石。面对租界这些详尽的地图，笔者作为老城厢地区的研究者羡慕不已。反观老城厢的历史地图，虽然也逐

---

1. 后文简称为《老上海百业指南》。

图A-8　老上海百业拼合图

说明：笔者根据《老上海百业指南——道路、机构、厂商、住宅分布图（增订版）》所录历史地图拼合而成，此拼合图是书中收录的所有地图的拼合。

渐引进西方的测绘方法，地图的测绘精度不断提升，但始终没有一版地图将建筑的轮廓线准确绘制出来。《1947年城厢百业图》是唯一一份具有建筑轮廓线的老城厢地图，是本书研究极为重要的资料（图A-9）。

　　需要特别说明的是，地图中有许多毫无规律的部分，由大片空地与方形格子组成（图A-10），通过与日本轰炸上海之后的卫星照片对位分析，这些区域为

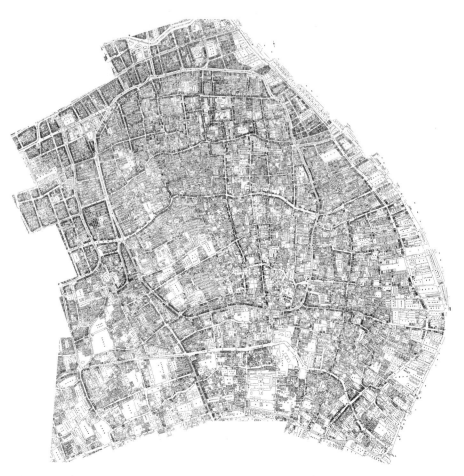

图A-9 1947年城厢百业图
说明：截取自笔者根据《老上海百业指南——道路、机构、厂商、住宅分布图（增订版）》拼合
而成的地图，此范围是本文研究的物理范围，具体的范围的道路名称在绪论中有介绍。

1937年日军轰炸造成的废墟（图A-11）。对于此类区域，在历史地图的复原过程
中需要综合多份历史地图来推测日本侵华战争前道路的大致形状。

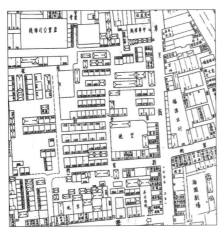

图A-10 地图上凌乱的肌理。
说明：截自《1947年城厢百业图》，图上具有大片的空地的标识，还有十分简单的方块排列，与老城厢原有建筑肌理相差甚远。

图A-11 老城厢地区被日军炸毁后的鸟瞰照片。
说明：截自1945 Shanghai area aerial photograph，图中被炸毁的区域呈现灰白色。

三、对历史街巷与河浜的复原

1. 复原河浜

老城厢内部弯曲狭窄的街巷形态具有较深的地景渊源，从更广的范围上看，上海县位于太湖流域，吴俊范基于历史上太湖流域农田水利的开发史与水环境的演变史，通过总结江南水乡的地景特点与传统农业的劳作规律，提出"塘路系统"这一概念。它"专指太湖地区由各级水道与陆上通道、堤岸等共同构成的地理系统，既代表该区特有的土地利用特征，也是该区自然环境演变的主要表现因子"[1]，认为老城厢交通网络形成是建立在"塘路系统"上的：循古今遗迹，或五里、七里而为一纵浦，又七里或十里而为一横塘，以横塘和纵浦形成一套网格系统，以走水流，在水流两侧，挖河道而得的泥土堆垒起来形成圩，这套网格系统是上海原始农田地貌的大结构。只是上海县城内面积并不大，容纳不了几条塘浦，对于理解城内的水道网格作用有限。

---

1. 吴俊范，《从水乡到都市——近代上海城市道路系统演变与环境（1843—1949）》，复旦大学博士论文，2008年，第24页。

大部分文献对于微观层面上的自然地景描述都是城外的区域，对于城内的记述较少，可以从3个角度推断城内的原始地貌：①根据《嘉靖上海县志》卷首的地图得知，在嘉靖年修筑城墙之前，城内外并没有明显的分隔，是连为一体的自然景观，而对于城外景色的描述，1842年英国人看到。"原先靠近县城的旧址，是典型的长江三角洲的农村景象：水稻田和干旱的棉花地，更兼河浜、运河纵横交错，偶尔还穿插着一簇簇的农村田舍"[1]。②县志中没有关于城内景观细致的描述，但是详细地记录了城内桥梁名称，《康熙上海县志》记载了56座桥，其中有跨肇嘉浜的关桥、龙德桥、郎家桥、蔓笠桥、阜民桥、虹桥、斜桥等，跨方浜的十六铺桥、学士桥、益庆桥、长生桥、馆驿桥等，跨薛家浜的青龙金带桥、小普陀桥、小闸桥等，跨陆家浜的万宁桥、海潮寺桥、平道桥等，跨侯家浜的福佑桥、安仁桥、香花桥等，跨中心河的中心河桥、西仓桥等[2]，数量如此繁多的桥梁从侧面反映出河网的密集。③历史地图，较早时期的历史地图上描绘的较为简略，对城内河道描绘较为细致的最早的地图为《1884年上海县城厢租界全图》，在城内西南区域可以看到水道纵横交错，结合《1947年城厢百业图》上其他建成区的弯折街巷的形态，可以推测整个县城内部在最初都是一片"泽国"。

老城厢最原始的水道情况很难进行复原。虽然历代的县志都记载了水道与桥梁，但是这些文字记录具有明显的局限性：第一，记录的水道不全面，只记录主要河道，《同治上海县志》里对于城内水道只记录：方浜、肇嘉浜、薛家浜、中心河与陆家浜5条，而在《1884年上海县城厢租界全图》上所描绘的水道要远远超过这个数目；第二，记录的数据不全面，只是记录河道大致的方向和转折处，对于长度、宽度等形态数据皆不表，例如对中心河的记录"即穿心河，城内薛肇方三浜之纬也，一支从亭桥西分，流经南杨家桥新右营署，西至普育堂西城根止"[3]。而所配的历史地图，基本和文字记述一样粗略。因此要复原水道从明朝开始逐渐的演变过程难度极大。

---

1. [美]罗兹·墨菲著，上海社会科学院历史研究所编译，《上海——现代中国的钥匙》，上海人民出版社，1986年，第36-37页。

2. 上海地方志办公室，《南区市志》，第三编老城厢。

3. 《同治上海县志》，卷三《水道上》，第20页。

　　最早详细记录水道的是《1884年上海县城厢租界全图》，描绘了许多水道的位置形状，但是在宽度形态上较为粗略；《1910年实测上海县城厢租界全图》对水道形态的记录要精准得多，但是由于记录时间较晚，许多水道已经湮没。笔者以《1947年城厢百业图》为底，首先将较为准确的《1910年实测上海县城厢租界全图》的水道根据相对位置描绘出来，对于已经湮没的河流，根据前期地图上水道的大致形态、与道路建筑的位置关系还有地块分界线特殊形态这三者的关系出发，将历史地图上记载的水道按照不同时期推测描绘。

　　难点有三处：①未建成区"例如九亩地地区"的水道没有道路建筑物等做定位参照物；②城内填浜筑路的特殊做法导致河道形态无法被准确复原；③前期历史地图中的水道描绘得过于笼统，无法推断小河浜的时期和形状。对于前期历史地图的水道推测，遵循这样的基础：水道越早越多，县志中几乎没有记载开凿小水道的工程。因此在不同的历史时期，只关注前期的历史地图是否有不一样的水道出现，而在后期地图中的小水道在前期应该也是存在的，只有学宫和豫园这样的大型园林需要注意，地块范围内的水道很可能是在造景时特意开挖的。

　　通过上述方法，在城市功能布局变迁图上将相应历史时期的水道加入，虽然并不精准，但还是能看出水道与路网在演变过程中的关联。

2. 复原街巷

　　街巷的历史信息情况与河浜相似，县志的文字记载只选取主要道路，缺乏对旁支小巷的记载。虽然后期县志所记载的街巷明显增多，但是将同时期文字记载的建筑在地图上复位后，发现这些街巷是不全面的，许多建筑旁边的街巷并没有记载。面对这样的情况，似乎参考县志的附图是更好的选择。例如《同治上海县志》的卷首附图将城内道路、河流还有重要建筑物都清楚地标示出来，所绘画的内容数量远远超过文字记载。《1874年上海县城厢租界全图》对街巷的描绘已经相当细致，通过对比《1947年城厢百业图》，这时的街巷大部分都已经形成，而《1910年实测上海县城厢租界全图》对街巷形态与宽度的描绘则更加准确。

　　街巷的复原过程其实与河浜的复原过程是同步的，因为《1947年城厢百业图》已经绘制出极为详细的街巷，在复原早期的历史地图时，只是根据河浜的情

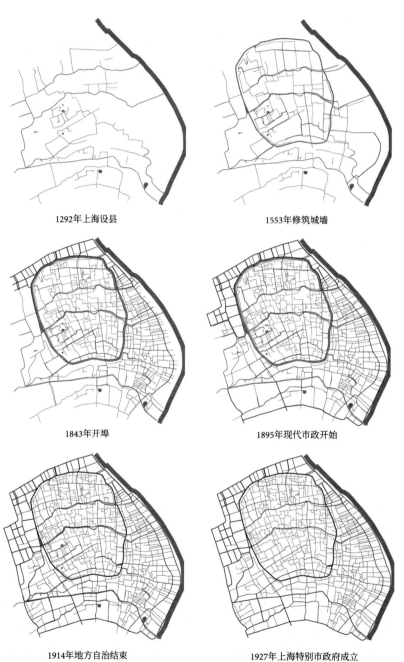

1292年上海设县

1553年修筑城墙

1843年开埠

1895年现代市政开始

1914年地方自治结束

1927年上海特别市政府成立

图A-12　上海河浜街巷演变图1292年—1947年

况做减法的过程。另外，通过地图与历史信件的对比研究，可以分析出具体形态的变化过程，但这样详尽的资料毕竟是少数。对于河浜与街巷的还原图，笔者直接在绘制的城市平面格局图中根据相应的历史时期叠加上去，例如在1914年的城市平面格局图中，所绘制的河流与街巷的形态即是1914年的形状。根据现有的资料，上海县内的河浜与道路发生较大变化的时期总共分为六个节点，在图A-12中笔者详细地绘制出来。

四、对建筑的具体定位

老城厢内的建筑变迁过程，在每版的县志中都有详细记载。根据县志记载的习惯，在后版的记录中，如果对象没有变动或者仅有少量的改变，会标注"见前志"，这在《上海县续志》与《民国上海县志》中普遍出现。《同治上海县志》中极少出现"见前志"的情况，即便出现，对建筑内容或其他事务的记载也较为详细，并附有重要事件的《碑记》及在重要建筑物落成后由文人编写的文章，这些文章详细记述建筑物的建造缘由、变迁过程与详细的建筑形制。在进行资料整理过程中，大部分资料来源于《同治上海县志》《上海县续志》与《民国上海县志》。

县志与地方志中对于建筑的描述较为简略，除了少数重要的建筑与园林的记录十分充分，其余建筑物一般只描述粗略的方位与建造时间，例如"同善堂，在虹桥南，乾隆十年，知县王廷同绅商公建基一亩有奇，好善者又助田一百五十四亩有奇，并市房一所"[1]。相较于对建筑方位的笼统记录，与只对建筑做意象描绘的历史图纸，《1947年城厢百业图》就成为整个复原工作的基础。难题是这份地图的年代出于民国末期，在经过清末民初社会巨大的变动之后，许多建筑的位置与规模都已经发生了变化，甚至有些建筑改迁过三四次之多，因此梳理建筑的变迁过程就成为整个空间研究工作的关键。

建筑物在历史时空中的表现各不相同，有的建筑位置从清末一直保持到民国结束，也有的经历过数次面积与位置的变迁。由于中国古代地图的绘制习惯，地

---

1. 《同治上海县志》，卷二《建置》，第 22 页。

图上的信息记录是偏意象而非准确性，而精确的建筑轮廓变迁才能深刻地反映城市空间的变迁过程，因此复原工作需要借助辅助手段与数据来推进。下文选取局部区域的复原过程来说明所采用的几个方法。

1. 关联性的历史信息汇总

长期存在的城墙为县城设置了明确的物理界限，对于重要建筑物而言，这条边界在心理上的限定是难以突破的，尤其是在早期，重要建筑物的变迁大多发生在城内。而城市长期的发展与近代上海持续快速增长的人口将城内填满后，同一地块频繁发生的功能置换成为常态，这种变迁并没有在历史资料中进行系统的记录，每一项功能的记录都是相对独立的。因此，要复原地块内部功能的变迁过程，首先需要梳理出变迁的内容，其次对每一项内容的资料进行分析，来确定其在变迁过程中位置与面积的变化。

1) 宜园—乔光烈宅—郁宅—借园—梓园

城内的东南区域城市空间的变迁以乔家浜附近建筑为中心，在乔家浜北侧有几座宅院的变迁引人注意。

这几座宅院的位置有一个共同的地理参考物：化龙桥。化龙桥在城内几十座桥梁中并不突出，跨越的河流只是细小的支流，甚至在《1884年上海县城厢租界全图》中都没有支流与桥梁的记录。根据《嘉庆上海县志》附图与《1913年实测上海县城厢租界全图》的描绘，化龙桥的位置大约在后来梓园与勤慎坊之间，是一座东西向的小桥，位于乔家浜的北侧，横跨在乔家浜的一小段支流上（图A-13）。

根据《同治上海县志》的记载，此处最早存在的是周氏的产业（图A-14）。在关于宜园的记载中："宜园，在化龙桥东，本周然别墅。"[1]可推测框3与框4在康熙年间为周氏的宜园。此园在乾隆年间被乔光烈购买作为住宅的一部分，而根据县志的记载："乔光烈宅在化龙桥西，中为最乐堂"[2]。根据这两份记载，

---

1. 《同治上海县志》，卷二十八《名迹上》，第 22 页。
2. 《同治上海县志》，卷二十八《名迹上》，第 28 页。

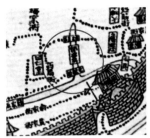  

图A-13　宜园部分在历史地图的变迁

说明：以上三图从左到右依次截取自：《嘉庆上海县志》附图、《1884年上海县城厢租界全图》《1913年实测上海城厢租界全图》。

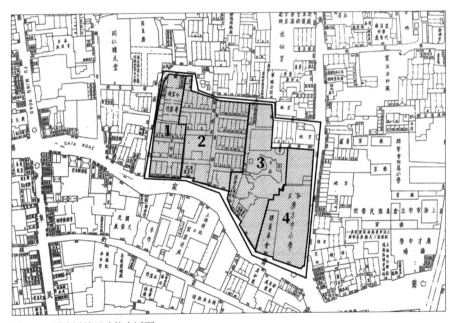

图A-14　乔家浜地区功能变迁图

来源：作者自绘。

说明：底图为《1947年城厢百业图》。

可以推断在乾隆年间乔光烈的宅邸是以化龙桥两侧的乔光烈住宅与宜园共同构成，即图中框1+框2+框3+框4的位置。

化龙桥东的宜园部分在同治八年被郁氏家族买去作为宅院，改名借园。因此在同治八年后，框3+框4就成为郁氏的借园，而框1+框2仍旧是乔氏家族的住宅。

清末郁氏家族也逐渐没落，家族后代子孙将借园分成几块地产，其中一块土地由王一亭高价购买。王氏与郁家相交甚笃，此番高价购买也有几分资助之意。王一亭购买的地块就是后来极为著名的梓园，因园内一株巨大的梓树而得名，爱因斯坦来沪时曾在此居住。经过此番变动，此地块形成后来的格局：框1+框2，乔氏后人；框3，梓园；框4，郁氏后人。只有梓园一直保持到1947年，其余的后来转变为里弄住宅与学校。

此处的变迁考察涉及"宜园""化龙桥""乔一琦""乔光烈宅""借园""郁松年""梓园"，均是通过各版县志与地方志中摘取的地理信息综合分析进行定位。

2）吾园——先棉祠——龙门书院——龙门邨

此区域位于城内西南方向（图A-15），最初的变迁是从吾园的创建开始。"吾园在城西，本为邢氏桃圃，后为李筠嘉别业，有锄山馆、红雨楼、潇洒临溪屋、清气轩，绿波池上鹤巢诸胜。"[1]

在《1884年上海县城厢租界全图》上标有"古黄婆庵"，黄道婆祠，也被称作先棉祠，最初由赵如圭在乌泥泾建，历经多次毁坏与重建，"国朝道光六年，李林松等禀请知县许乃大，详请建祠于县志西南半段泾李氏园之右，官为致祀。"[2]这里所说的"李氏园"，即是被李筠嘉购得的吾园。这说明先棉祠是利用吾园西侧的一部分设立的，大约在框2部分。需要特别说的是，在吾园的东侧有一处较小的地块，《1947年城厢百业图》上标注为"黄婆禅寺"，图上框3的位置。许多文章中认为这是吾园里的先棉祠被拆毁后移建的，但是根据《同治上海县志》的记载"别祠在县署西南梅溪衖"[3]，指出此地为"别祠"，并不是指拆后迁建的。

吾园因为小刀会起义而荒废，"咸丰三年，兵毁。同治四年，后裔将园卖出"，被改建为龙门书院。据《同治上海县志》的词条"龙门书院"记载："同治四年巡道丁日昌修葺南园，就湛华堂为院，继得园西李氏吾园废基，筹建讲堂、楼廊、舍宇如千间。其西南沟通薛家浜来源，带水回环，中央宛在麋

---

1. 《同治上海县志》，卷二十八，《名迹上》，第23页。

2. 《同治上海县志》，卷十，《祠祀》，第8页。

3. 《同治上海县志》，卷十，《祠祀》，第9页。

士二十余人，旁舍俱满。复增后廊及亭馆。其西为黄婆宫祠，并加葺治焉，余详书院"[1]。在改建书院的过程中，先棉祠被毁，"黄道婆祠祠左李氏园改建书院后，祠由书院管理。光绪三十年，书院改建学校，祠之头门、戏楼及东西看楼均被毁，前缭以垣，题曰先棉祠。"[2]

龙门书院虽然开设了一些新式教育课程，但其体制还是传统书院制，《上海县续志》在全国改革浪潮中于"光绪三十年，改书院为师范学校"，《1913年实测上海县城厢租界全图》上这里标注为"龙门师范学校"。民国之后，学校大多经过数次名称与地址的变动，龙门师范学校也先后改名为"第二师范""上海中学"，在《1929法租界及城内图》与《1933袖珍上海分图》上均有标注（图1-15）。

此地块最终被荣氏家族买下做住宅开发，《1947年城厢百业图》上，这里已经是龙门邨。这一系列的历史变迁可以根据龙门邨的范围来进行反向推理。在《嘉庆上海县志》附图中，这里只是简单的标出吾园的名称。此后《1884年上海

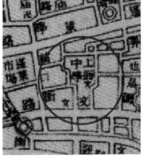

图A-15 龙门邨地区在历史地图的变迁

说明：所用的底图从左至右底图依次为：《嘉庆上海县志》附图、《1884年上海县城厢租界全图》《1913年实测上海县城厢租界全图》《1929法租界及城内图》《1933袖珍上海分图》。

1. 《同治上海县志》，卷首《图说》，第37页。
2. 吴馨等修，姚文枬等纂，《上海县续志》，1918年刊本，卷十二《祠祀》，第4页。

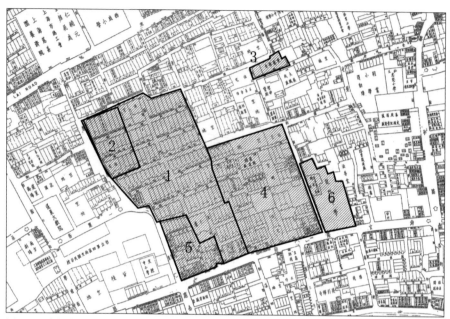

图A-16　龙门邨地区功能变迁图　　　来源：作者自绘。

说明：底图为《1947年城厢百业图》。

县城厢租界全图》《1913实测上海县城厢租界全图》上，都将文字重点标在了地
块的北侧。而后期历史地图"第二师范""上海中学"的范围基本与后来的龙门
邨范围是吻合的，这一系列的地图对位关系说明龙门邨的范围就是这一系列功能
变迁的地块，也就是图上框1的位置。至于框4的"龙门里"与框5的"鸿运里"
等，虽然位于同一街块，并且名字也十分接近，但是它们并不是吾园的一部分。
至于框6的"龙门中学"，与龙门书院也只是名称上的借用，经历史资料记载的
位置分析，此地原址很有可能是右营守备署（图A-16）。

　　此处的变迁考察涉及"吾园""先棉祠""龙门书院""龙门师范学校"
等，均是通过各版县志与地方志中摘取的地理信息进行定位。

　　3）铎庵—德润中小学

　　铎庵位于县城西门内明海防同知署东（今文庙路小学址），原为邑人张在
简私家花园。因正厅悬董其昌书"蔽竹山房"匾，又称"蔽竹山房"。清康熙年
间，曹垂璨购之为家庵，据曹垂璨记述："铎庵本城西荒园，因江右犀照和尚

图A-17 铎庵部分在历史地图的变迁
说明：以上三图从左到右依次截取自：《同治上海县志》附图、《1884年上海县城厢租界全图》《1913年实测上海县城厢租界全图》。

驻，锡余舆、张子越、九俞子，秋来编篱插槿，种竹栽蔬"[1]。关于铎庵名字的由来，犀照和尚曰："昔普化和尚得法后，不欲匡坐，手持一铎，逢人向耳边振之，故以铎庵名"[1]。康熙十九年知县任辰旦又于庵内建大悲阁，并在庵边聚石凿池、构亭植树。犀照工书法，继之者纯天、慧远、普泽、上晏、漏云诸高僧亦精通文学，故铎庵一时成为沪上文人吟诗挥毫之地而声名大振。康熙四十年邑绅曹炯重修，嘉庆、同治年间又多次修葺。光绪年间，由于住持乏人，庵趋衰落。

《同治上海县志》附图清楚地标记了铎庵的名称，其位置大致在新学宫的东侧，西仓桥的西侧。但是在《1875年上海县城厢租界全图》与《1913年实测上海县城厢租界全图》中铎庵的名称却消失了，说明此时寺庙的衰落（图A-17）。在《1947年城厢百业图》上，铎庵的名称又重新标记出来。据记载铎庵因为寺庙衰落而售卖一部分土地开发成民居，还让出一部分供学校使用。通过对1933年地籍图的描绘，铎庵的土地产权在1947年已经分为三部分，①铎庵（框1）；②德润中小学（框2）；③部分住宅（框3），符合历史记载铎庵的缩小情况。因此可以推断在之前铎庵的面积即为图中范围（图A-18）。

2. 历史数据推测范围

在传统地方志对建筑物粗略的记载中，对于面积的记录是较为精确的，可以在矢量图上根据记载数据来确定范围的大小，从而分析出建筑用地轮廓在历史中

---

1. 《同治上海县志》，卷三十一《杂记二》，第7页。

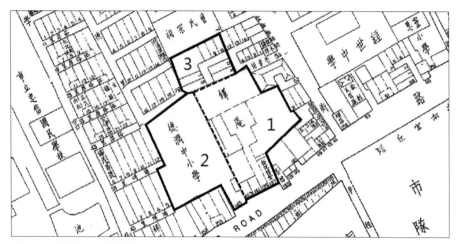

图A-18　铎庵地区功能变迁图

说明：底图为《1947年城厢百业图》，作者自绘。

的变动情况。

1）露香园——九亩地

老城厢西北区域的城市空间变迁是以九亩地为核心的，九亩地并不是一个确切的地名，而是指露香园被火药炸毁后形成的一片区域。由于露香园在明代已经被废弃，并没有在历史地图上留下记录，在《嘉庆上海县志》附图上已经没有露香园的名字，只有青莲庵与小校场。对其位置的确定只有从九亩地进行回溯。

首先是对其地名的分析。这片区域由于露香园的重大影响，在民国时期所建的道路采用的名称都与露香园有直接的联系。这片区域的主要道路为万竹路、怀真路、青莲路、露香园路、阜春弄等，对应着露香园内的著名景致。露香园的名称是园主在建设"万竹山居"时所得，园内有"阜春山馆"，在沿溪弯曲处设有"青莲座"等，都是路名与景致的对应。通过路名确定露香园大致的范围后，通过点面结合的方式来确定范围。据记载露香园面积为40余亩，《1947年城厢百业图》上标有青莲精舍，此寺观是由露香园内的青莲座而来，可以作为园内的一个定位点，由于万竹小学也是一个重要地点，因此面积为40亩的框2经推测为明代露香园的地点。露香园在清代初期由于园主家道中落，仅存青莲禅院与少许水池。1836年，上海知县黄冕通过集资重建露香园，在其中设立义仓，在鸦片战争备战中义仓内火药发生爆炸，将此处夷为平地，以后就一直作为荒地与小操练场，即被大家称作"九亩地"的地区。

从地图的比例来看，此次的范围在绘制中被缩小了很多，说明此地在大众意识中是偏僻之处。九亩地的面积很大，并不是"九"亩，根据清末地方自治所提议的增辟城门工程，为了修筑通往城门的道路，将已经成为公地的九亩地变售，通过当时丈放局的统计，九亩地一共65亩9分8厘。32号5分6厘+33号6亩1分9厘用作公立小学，83号2亩用作小菜场，剩下进行出售的土地共57亩2厘4毫[1]。用6亩土地建成的小学即为后来的万竹小学，在《1947年城厢百业图》上可以清楚地看到。

对于九亩地的定位，历史地图提供了较为模糊的记录。在历次的历史地图中九亩地的位置并不固定，在《嘉庆上海县志》附图与《同治上海县志》附图中，小校场或者九亩地都是在青莲寺的南侧，然而1913年的历史地图上，九亩地被清楚地标在青莲寺的东侧地块（图A-19）。然而这个定位是值得商榷的，因为标在这里的九亩地，即框2的范围，与青莲禅院与万竹小学都距离较远，若要与万竹小学划归到同一地块，那地块的面积远远超过65亩。而框1与框3、框4合计面积为65亩，符合记录的面积，因此可以推断九亩地公地的范围为这三框相加之处（图A-20）。1910年地图、1913年地图都将框1标为九亩地，有可能是此片区域多荒凉之地，以致被统一称为九亩地区域，所以地图上的区域名称并未严格按照

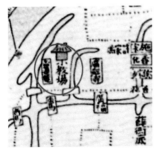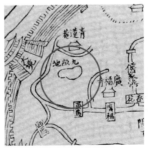

图A-19　九亩地地区在历史地图的变迁
说明：以上三图从左到右依次截取自：《嘉庆上海县志》附图、《1884年上海县城厢租界全图》《1913年实测上海县城厢租界全图》。

---

1. 杨逸等撰，《上海市自治志 · 大事记乙编》，民国四年刊本，第10页。

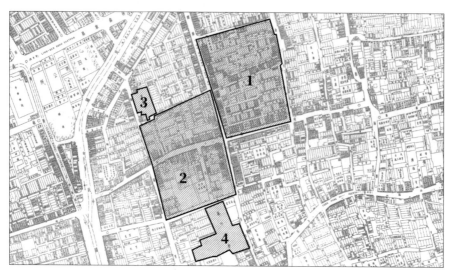

图A-20 九亩地地区功能变迁图   来源：作者自绘。
说明：底图为《1947年城厢百业图》。

地籍位置标出。

2）豫园—西园—小世界

豫园地区是老城厢长久以来的核心区域，在历版的上海地图中均有详细标明。难点在于豫园命运多舛，进行过多次的变迁，历经多次范围的调整，而历史地图上并没有解读出这些变化（图A-21），如何对这几次范围进行定位，就需要历史记载中的面积数据。

图A-21 豫园部分在历史地图的变迁
说明：以上三图从左到右依次截取自：《1884年上海县城厢租界全图》《1913年实测上海县城厢租界全图》《1933年袖珍上海分图》。

最主要的变迁有三次，第一次是潘允端建设豫园，于嘉靖三十八年(1559年)开始修建，园中修筑亭台楼阁，堆叠假山，酱筑水池，广植花术．形成了典型的江南园林景观，占地面积约40亩。框1内的建筑布局较为稀疏，建筑面积较大，内部功能以行会学校等为主，与西侧稠密、小单元划分的商铺建筑有明显区分。将这一形态特征的部分进行框选，得到框1的轮廓，经测算为41亩，与记载的数据吻合。同时，这个范围内有水池与假山等，分布其中的建筑物与历史记载中豫园内的建筑物名称吻合，例如得意楼等。通过以上条件推断，框1内即是潘允端所建造的园林部分。

框3夹在城隍庙与豫园之间，《1947年城厢百业图》上标有"内园"字样，那么这里无疑是同业公会首先购买土地而设置的东园。

第二次变迁发生在乾隆年间。潘家家道在明末开始没落，导致豫园逐渐荒芜、无人打理，因此沪上商绅在乾隆年间开始将园内各个建筑盘下作为同业公所，并在乾隆二十五年将豫园进行扩建，《同治上海县志》记载"邑人购其地仍筑为园，先庙寝之左为东园，故以西名之，址约七十余亩，南至庙寝，西北两面绕以垣，东为通衢。"[1]西侧建筑并没有明确的建筑形态可以区分，图中按照道路勾出框2，经测算，框1+框2+框3=71亩，与记载相符。可以推测框2为乾隆年间士绅的加建范围。

豫园在小刀会起义时遭到严重破坏，发生第三次变迁。同业公会组织将会馆所在地进行购置，其余地块则逐渐被小商贩占领，框1与框2在空间上的差异逐渐形成。因此框1的范围是后期豫园又收缩而成的。框4上的标识为福佑联合商场，前身为"小世界"。在1916年，振豫公司以建造劝业所为名进行开发。1917年开业，生意火爆，后来改名"小世界"（图A-22）。

3. 利用道路命名体系

老城厢的道路名称有极其强烈的指示色彩，往往根据道路附近的重要建筑、商业业态、著名家族等进行命名，这与租界大多利用做出卓越贡献的人名不同。

---

1. 《同治上海县志》，卷十《祠祀》，第20页。

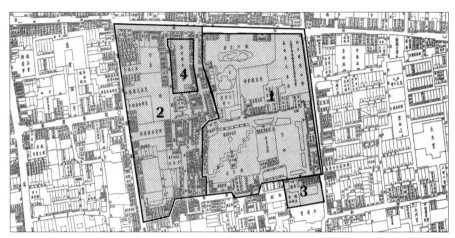

图A-22   豫园地区功能变迁图   来源：作者自绘。
说明：底图为《1947年城厢百业图》。

因为道路及其名称与建筑相比要流传得更长久，因此可以利用老城厢特殊的路名
系统来定位附近早已无迹可寻的历史功能。

1）小天竺 禅寺

小天竺禅寺在所有的历史地图中都不见踪迹（图A-23），历史资料的记载十
分模糊，只有将所有的资料整理出来才得到一丝线索：

①《同治上海县志》："小天竺在县署西，本张颙翼居旧址。乾隆五十七年
改庵；嘉庆五年增建，并建大悲阁；道光五十九年，增两厢楼。"[1]

②《上海县续志》："小天竺，光绪二十七年冬，设中西启蒙学堂。二十八
年秋，改名养正。迁佛像于浦东各寺，寺宇悉归学堂。"[2]

③《上海市自治志》："养正小学校在中区，县西张家弄，原系小竺寺产，
前清光绪二十八年知县汪懋琨拨充校舍。"[3]（图A-23）

可见只有在民国时期的学校记录中才出现寺庙的大致地址，并且都简称为
"小竺寺"。这两所小学都记述小天竺禅寺位于张家衖，通过在《1947年城厢百
业图》中搜索张家衖地区，发现"市立养正国民学校"的字样，同样的名称与位

---

1. 《同治上海县志》，卷三十一《杂记二》，第9页。

2. 吴馨等修，姚文枏等纂，《上海县续志》，1918年刊本，卷二十九《杂记二》，第4页。

3. 杨逸等撰，《上海市自治志·公牍甲编》，民国四年刊本，第4页。

图A-23　小天竺禅寺在历史地图的变迁

说明：以上二图从左到右依次截取自：《1884年上海县城厢租界全图》《1913年实测上海县城厢租界全图》。

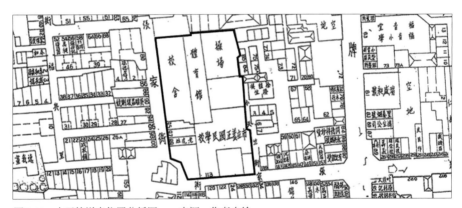

图A-24　小天竺禅寺位置分析图　　　来源：作者自绘。

说明：底图为《1947年城厢百业图》。

置说明它是养正小学改名而成。令人惊喜的是，学校东侧的一行小字透露了重要的信息，在学校与住宅之间有一条南北向的细长窄衖，上面标为"小天竺衖"，说明这即是小天竺寺改建而成的养正小学（图A-24）。

2）南水次仓—大校场

在《嘉靖上海县志》附图中，县城的东南方向有座仓库，叫作南水次仓，小南门外有条道路为南仓街，与南水次仓应该有所关联。因为古时粮仓都由水道进行运输，因此猜测地图上水次仓的东边道路即为南仓街，粮仓利用南侧的陆家浜进行运输。

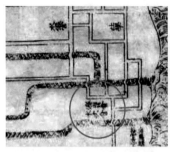

图A-25 大校场在历史地图的变迁

说明：以上三图从左到右依次截取自：《嘉靖上海县志》附图、《1884年上海县城厢租界全图》《1913年实测上海县城厢租界全图》。

在《1884年上海县城厢租界全图》上标有"大校场"，在南仓街与陆家浜交汇处。大校场原名大演武场，"旧在县西北积善寺，前明正德九年，知县黄希英辟。嘉靖四十二年，迁北门外。国朝顺治十五年，总兵马逢知迁东门外。康熙五十九年，以南门外旧仓基重辟。今仍之俗称校场。"[1]《1884年上海县城厢租界全图》上在大校场的西北角标有"复善堂"，说明南门外的校场指的就是这里。

在《1913年实测上海县城厢租界全图》上，这个地块的东侧为南仓大街，北侧为校场街，内部还有仓基弄，这些都表明此地块与粮仓、校场有紧密的联系，可以推断此地块的变迁过程是南水次仓改为大校场，大校场废弃之后又变为南市大戏院、留云禅寺、仓基弄等（图A-25、图A-26）。

4. 历史信件附图

地图上信息的不准确很大程度是因为图幅有限，只有《1947年城厢百业图》那样分页绘制的地图才会囊括详尽的信息。对于1947年前早已湮灭的建筑物来说，对其精确定位就较为困难。《沪南工巡捐局档案》的一些图纸成为重要的线索，在许多涉及土地产权争执信件中，为清楚地证明观点，会使用手绘地图作为佐证。这些地图虽然在线条比例上不那么精准，但是由于只涉及局部地块而往往绘制得较为细致，是进行建筑定位工作的重要参考依据。下面以县署区域的手绘地图为例，进行地块的复原。

1.《同治上海县志》，卷二《建置》，第22页。

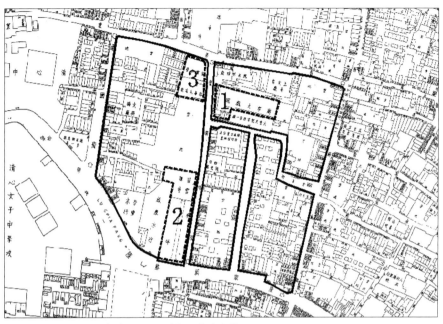

图A-26　大校场地区功能变迁图　　来源：作者自绘。
说明：底图为《1947年城厢百业图》。

县署的复原工作是一项看起来比较简单，但实际上较为复杂的工作，其根本原因在于它对于老城厢实在是太重要，于是在历史地图中往往被夸大。

在早期历史图纸上，县署都占据城市最中心的区域。绝大多数的资料上记载，县署的东西两侧分别是三牌楼街与四牌楼街。但是在《1884年上海县城厢租界全图》中，县署的东西两侧并没有紧邻街道，而是隔着其他内容。在《1913年实测上海县城厢租界全图》中更是如此，县衙的东侧有德馨里、关家街，西侧有仁寿坊、善富里等住宅建筑，县衙并没有完全占据一个由规整道路围合出来的街块。县署周围密集的住宅建筑说明最初的历史地图对县署的描述并不准确，只是将县衙的位置标记出来，并没有标明占地范围（图A-27）。

《沪南工巡捐局档案》中在关于县署基地修筑道路的卷宗里，附有手绘路线的地图，上面标出了县署现有的范围。因为档案馆的资料为黑底细线，比较模糊，故本书将其描绘出来（图A-28）。实线是县署地区现有的街区轮廓，虚线是拟筑的道路。此地图说明县署的东西两侧并未紧挨三牌楼街与四牌楼街，与其他

图A-27　县衙历史地图的变迁
说明：以上三图从左到右依次截取自：《嘉庆上海县志》附图、《1884年上海县城厢租界全图》
《1913年实测上海县城厢租界全图》。

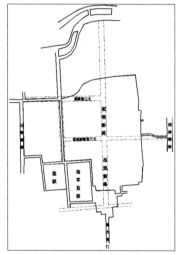

图A-28　县署基地拟筑道路图。
说明：以《沪南工巡捐局档案》附图
为底绘制，虚线是准备修筑的道路规
划路线。

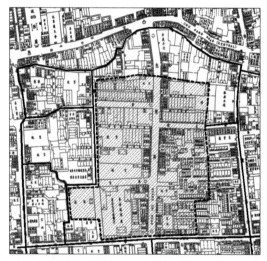

图A-29　县署范围分析图　　来源：作者自绘。
说明：底图为《1947年城厢百业图》。

的历史地图相符。在县署东侧，与四牌楼街之间由一条弯曲的小巷连通；在县署
西侧，以后来拓宽为傅家街的小巷为界。县衙的北侧以县后街为界，南侧较为清
楚，为县东街与县西街。

　　县署范围大致清楚后，根据档案馆地图中呈现出来的形状关系，与《1947
年城厢百业图》土地划分的线条进行对位，推导出县署相对准确的范围（图

A-29）。县署公地后来也进行售卖，但是在各版县志与《上海自治志》中，均没有对县署公地的面积作说明，无法使用尺寸推测法来准确核实此范围。

5. 线索的意外获取

在进行历史复原的过程中，碰到意想不到的结果。一些在城市最早时期就存在的建筑物，因为信息的缺乏与位置的多次变动而无从参考，却在相当晚才出现的建筑物中找到线索。

上海县的城郊一直都设有祭坛，在城墙修筑之前就已经存在。祭坛在历史上进行过多次的变迁，尤其是租界设立之后，城郊北侧的祭坛全部移建，加之小刀会的破坏，有的祭坛还因此废弃。因为位于城郊，在地图上很少有道路的描绘，对祭坛而言就一直没有得到相对准确的定位。如在《同治上海县志》的附图上，已经是各个祭坛的名字都已经列出来的地图，但是由于地图重点在描绘城内的建筑，因此祭坛只是表示一个大概的方位。没有预料到的是，在对民国时期的学校进行定位时，意外地得到线索。

《上海市自治志》记载："农坛小学在南区沪军营东，系先农坛旧址，该处附近儿童亦多失学，由市政厅规定，于原址建筑校舍，设立小学，先赁民房招生开课"[1]。根据此线索，在《1947年城厢百业图》上，定位到了"市立第四区农坛国民学校"，由此推论此地系先农坛的地址。（图A-30）

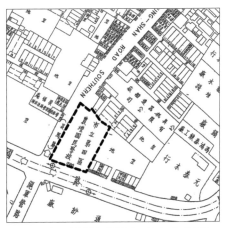

图A-30　农坛小学位置分析图　来源：作者自绘。
说明：底图为《1947年城厢百业图》。

通过这些资料与手段，老城厢的建筑在历史时空中的变迁过程逐渐清晰。再明确本文研究的物理范围：使

---

1. 杨逸等撰，《上海市自治志·大事记丙编》，民国四年刊本，第4页。

用1947年的道路名称来界定，北侧的边界为：东门路—民国路—方浜西路，即1914年之后华界与法租界的交界线；东侧的边界就是黄浦江；西侧的边界为：西藏南路—肇周路—制造局路，北半段是华界与法租界的交界线，南半段界定在制造局路，是因为制造局路以西的沪南地区一直没有得到发展，在1947年仍然以墓地与厂房为主；南侧的边界为：外马路—国货路—沪闵南拓路，其范围界定很大程度上受到地图资料的限制，《老上海百业指南——道路、机构、厂商、住宅分布图（增订版）》中最南侧即为国货路，大型的同乡团体与善堂都位于国货路的北侧，南侧区域只有南火车站与沿江工厂，地块上的建设已经相当稀疏。在不同的历史时期，此研究范围内的城市功能都进行详细的标识，并根据建筑功能的分类来进行颜色的区分，形成老城厢地区自1292年设县至1947年长达655年的整体城市功能变迁图示。

参考文献

一、历史档案

以下档案来自上海市档案馆，为文中所引用卷宗。

Q205-1-1沪南工巡捐局奉省令修筑陆家路卷

Q205-1-2沪南工巡捐局填筑方浜路卷

Q205-1-5沪南工巡捐局有关警厅函请修理大东门南首水关桥卷

Q205-1-6沪南工巡捐局修路竣沟案

Q205-1-7沪南工巡捐局修路竣沟案

Q205-1-8沪南工巡捐局修路竣沟案

Q205-1-9 10 11 12沪南工巡捐局修路浚沟案

Q205-1-13沪南工巡捐局关于小东门街第一段让屋筑路卷

Q205-1-14沪南工巡捐局关于小东门街第二段让屋筑路卷

Q205-1-15沪南工巡捐局关于小东门街第三段让屋筑路卷

Q205-1-16沪南工巡捐局关于小东门街第四段让屋筑路卷

Q205-1-17沪南工巡捐局关于顾式章于小东门街第五段让屋纠葛卷（附方浜路规定路线
卷）

Q205-1-19沪南工巡捐局谕催小东门街第二段至第七段止迁建浜卷

Q205-1-20沪南工巡捐局谕催小东门街让屋请求贴费卷

Q205-1-22沪南工巡捐局遵饬筹款建筑斜徐路等工程案

Q205-1-23、24、25、26沪南工巡捐局关于开筑斜徐等路拆迁庐墓交涉案

Q205-1-27，28沪南工巡捐局关于开筑斜徐等路圈用民地案（附地价及庐墓迁案）

Q205-1-29沪南工巡捐局关于开筑斜徐路收用潮惠会馆地产案

Q205-1-30沪南工巡捐局关于开筑斜徐路收用潮惠会馆地产案

Q205-1-31沪南工巡捐局关于绅民禀请更改斜徐等路线（附漕溪路案）卷

Q205-1-32沪南工巡捐局关于潮州会馆函改易南外路线卷

Q205-1-33沪南工巡捐局关于检察厅函请监犯拨冲工作卷

Q205-1-34沪南工巡捐局关于城壕丈放事宜卷

Q205-1-35沪南工巡捐局关为城壕事宜转函丈放局办理卷

Q205-1-36沪南工巡捐局开筑求新路卷

Q205-1-53 54沪南工巡捐局奉镇道署饬浚肇嘉浜案 工程类第二十六号

Q205-1-55沪南工巡捐局关于内地自来水公司翻动马路偿还修费案

Q205-1-56沪南工巡捐局填筑城内肇嘉浜河道卷 工程类第二十八号

Q205-1-58沪南工巡捐局关于上海县署基地开辟马路案 工程类第三十号

Q205-1-59沪南工巡捐局关于上海县署基地开辟马路案 工程类第三十号

Q205-1-65沪南工巡捐局关于协顺公司禀请承边瓦筒卷

Q205-1-66沪南工巡捐局关于南半城壕基丈放办法卷 工程类第三十六号

Q205-1-67沪南工巡捐局建造上海县公署卷工程类第三十六号

Q205-1-70沪南工巡捐局关于新普育堂函请筑路案工程类第四十号

Q205-1-72沪南工巡捐局关于郁懋培禀请填平嵩家浜案 工程类第四十二号

Q205-1-74沪南工巡捐局关于安老院请填庙桥港卷

Q205-1-78沪南工巡捐局函请大达公司请贴浚沟费案

Q205-1-80沪南工巡捐局建筑地方审检厅署卷

Q205-1-84沪南工巡捐局放宽大东门马路案 工程类第五十四号

Q205-1-85沪南工巡捐局放宽大东门马路案 工程类第五十四号

Q205-1-86 87沪南工巡捐局放宽大东门马路案 工程类第五十四号

Q205-1-88沪南工巡捐局函请制造局拨给铺路煤屑案 工程类第五十五号

Q205-1-97沪南工巡捐局关于乔家浜筑路案 工程类第四十二号

Q205-1-98沪南工巡捐局有关审检厅请筑马路案 工程类第六十四号

Q205-1-99沪南工巡捐局修筑斜桥至制造局西栅门马路案

Q205-1-115沪南工巡捐局有关规划县西路线让屋贴费卷

Q205-1-118沪南工巡捐局关于沪南慈善会请填薛家浜案

Q205-1-124 125沪南工巡捐局填筑薛家浜卷工程类第六十四号

Q205-1-128沪南工巡捐局请筑环租界马路案

Q205-1-139民国路路政章程卷 路政类第七号

Q205-1-145沪南工巡捐局关于上海监狱请阻断官路案 路政类第十三号

Q205-1-148沪南工巡捐局有关请领营造等项执照违章建筑的文件 路政类第十四号

Q205-1-150沪南工巡捐局发给傅姓让地名誉券卷 路政类第十五号

Q205-1-152沪南工巡捐局关于庆云银楼等禀请公地改作公弄严加封锁卷 路政类第十七号

Q205-1-160沪南工巡捐局关于救火联合会函请移建大境牌坊的文件 路政类第二十五号

Q205-1-162沪南工巡捐局函请法公董局转饬商另拆卸十六铺浜基越界建筑洋台案

Q205-1-163救火联合会条陈造屋顶防火灾办法案 路政类第二十八号

Q205-1-175沪南工巡捐局关于新辟马路应建楼房案 路政类第四十号

Q205-1-198沪南工巡捐局测绘南市路线章程卷 路政类第六十六号

Q205-1-203沪南工巡捐局改正肇家浜路划用王姓基地案

Q205-1-216沪南工巡捐局关于侵占公浜公路卷

Q205-1-218沪南工巡捐局建筑收让路线卷 路政类第八十六号

Q205-1-223沪南工巡捐局有关法人在中华路应让地路线案

Q205-1-229沪南工巡捐局关于黄季纯呈请方浜路口收让路线卷

Q205-1-233沪南工巡捐局关于丹凤楼街收让路线案

Q205-1-235沪南工巡捐局有关救火会与青莲庵租地交涉案

Q205-1-237沪南工巡捐局关于县署调查马路图表案 路政类第一百零六号

Q205-1-238 239沪南工巡捐局关于求新厂私填庙桥港案 路政类第一百零七号

Q205-1-244沪南工巡捐局关于江海关收让路线一案

Q205-1-247沪南工巡捐局关于金家牌楼收让路线卷

Q205-1-249沪南工巡捐局取缔年久失修房屋案

Q205-1-259沪南工巡捐局有关华商电车公司敷设肇浜路电轨的文件

Q205-1-260沪南工巡捐局有关市民请求取消肇浜路行驶电车案

上海图书馆藏，《上海市土地局沪南地籍图册》，1933年。

上海市档案馆，《清代上海房地产契档案汇编》，中国古籍出版社，1999年。

二、地方志

[1] 郑洛书修，高企纂，《嘉靖上海县志》，嘉靖三年（1524年）刊本。

[2] 王大同、陈文述、方佐等修，李林松纂，《嘉庆上海县志》，嘉庆十九年付梓。

[3] 应宝石修，俞樾、方宗成纂，《同治上海县志》，清同治十年刊本。

[4] 吴馨等修、姚文枬等纂，《上海县续志》，1918年刊本。

[5] 江家瑂等修，姚文枬等纂，《民国上海县志》，1936年排印本。

[6] 杨逸等撰，《上海市自治志》，民国四年刊本。

[7] 南市区志编纂委员会，《南市区志》，上海社会科学院出版社，1997。

[8] 上海市交通运输局交通史志编纂委员会，《上海公路运输志》，上海社会科学出版社，1997年。

[9] 上海市房产管理局编纂委员会，《上海房地产志》，上海社会科学出版社，1999年。

[10] 上海市档案馆编，《上海租界志》，上海社会科学出版社，2001年。

三、报纸

以下文章来源于《申报》，上海市图书馆近代文献阅览室藏。

[1] 《论上海北市生意》，同治癸酉正月十一日，2册，第109页。

[2] 《续量地址》，光绪 二十年四月初一日，47册，第032页。

[3] 《丈量绘图》，光绪 二十年四月初二日，47册，第038页。

[4] 《新印重修上海租界城厢内外全图》，光绪二十年四月十六日，47册，第135页。

[5] 《催租文牍》，光绪 二十年五月初三日，47册，第256页。

[6] 《另租公馆》，光绪 二十年五月十六日，47册，第354页。

[7] 《试演水龙》，光绪 二十年五月十八日，47册，第370页。

[8] 《限日拆屋》，光绪 二十年五月二十日，47册，第386页。

[9] 《会勘界址》，光绪 二十年五月二十六日，47册，第434页。

[10] 《筑路纪闻》，光绪 二十年七月十二日，47册，第742页。

[11] 《庙貌重新》，光绪 二十年七月十八日，47册，第784页。

[12] 《会同勘地》，光绪 二十年九月初五日，48册，第206页。

[13] 《南市火灾》，光绪 二十年十月初一日，48册，第368页。

[14] 《擅填官河》，光绪 二十一年闰五月初九日，50册，第400页。

[15] 《上海与青岛比较》，中华民国 八年七月二十三日，159册，第367页。

[16] 《南市修筑马路消息》，中华民国 九年三月二十五日，163册，第458页。

[17] 《沪西门内文庙前砌筑马路》，中华民国 九年八月二十日，165册，第737页。

[18] 《沪南市将填筑肇嘉浜河道》，中华民国 九年十月四日，166册，第229页。

[19] 《沪开浚陆家浜河道》，中华民国 九年十二月二十一日，167册，第883页。

[20] 《上海市调查户口之结束》，中华民国 九年三月十三日，163册，第240页。

[21]   《法租界调查中外户口之报告》，中华民国 九年十一月二十日，167册，第342页。

[22]   《上海租界华人数之调查》，中华民国 九年十二月九日，167册，第672页。

[23]   《南市垃圾码头竣工》，中华民国 十年十月九日，171册，第377页。

[24]   《集资造屋之宏愿》，中华民国 十年十月十七日，174册，第586页。

[25]   《上海地价之日昂》，中华民国 十年十月二十九日，174册，第630页。

[26]   《南市之道路（常评）》，中华民国 十一年二月十日，177册，第614页。

[27]   《修建南北两市计划》，民国十六年11月10日，《上海特别市市政周刊》，第2页。

[28]   《筹划进行中之两大工程》，民国十六年11月10日，《上海特别市市政周刊》，第2页。

[29]   《市政府奖励市民筑屋》，民国十六年11月29日，第10页。

[30]   《计划拓宽方浜路》，民国十七年8月16日，第1页。

[31]   《华租交界区建筑办法》，民国十八年11月8日，第15页。

[32]   《市政府撤销老西门三角地原案》，民国二十一年9月7日，第15页。

[33]   《市立动物园近讯》，民国二十一年12月19日，第9页。

四、书籍

[1]   康泽恩. 城镇平面格局分析：诺森伯兰郡安尼克案例研究. 北京：中国建筑工业出版社，2011.

[2]   施坚雅. 中华帝国晚期的城市. 叶光庭等译. 北京：中华书局，2000.

[3]   罗兹·墨菲. 上海——现代中国的钥匙. 上海社会科学院历史研究所编译. 上海：上海人民出版社出版，1986.

[4]   白吉尔. 上海史：走向现代之路. 王菊，赵念国译. 上海：上海社会科学院出版社，2014.

[5]   顾德曼（Bryna Goodman）家乡、城市和国家——上海的地缘网络与认同，1853—1937. 宋钻友译，周育民校. 上海：上海古籍出版社. 2004.

[6]   梅朋，傅立德. 上海法租界史. 上海：上海译文出版社，1983.

[7]   林达·约翰逊. 帝国晚期的江南城市. 成一农译. 上海：上海人民出版社，2005.

[8]   阿尔弗雷迪·申茨. 幻方——中国古代的城市. 梅青译. 北京：中国建筑工业出版社，2009.

[9]   凯文·林奇. 城市形态. 林庆怡，陈朝晖，邓华译. 北京：华夏出版社，2001.

[10] 刘易斯·芒福德. 城市发展史：起源、演变和前景. 北京：中国建筑工业出版社，
      2005.

[11] 斯皮罗·科斯托夫. 城市的形成：历史进程中的城市模式和城市意义. 单晧译. 北
      京：中国建筑工业出版社，2005.

[12] 阿尔多·罗西. 城市建筑学. 黄士钧译. 北京：中国建筑工业出版社，2006.

[13] 周振鹤. 上海历史地图集. 上海：上海人民出版社，1999.

[14] 老上海百业指南——道路机构厂商住宅分布图. 上海：上海社会科学院出版社，
      2004.

[15] 张仲礼. 近代上海城市研究：1840—1949年. 上海：上海人民出版社，2014.

[16] 葛元煦. 沪游杂记. 上海：上海古籍出版社，1989.

[17] 伍江. 上海百年建筑史. 上海：同济大学出版社，2008.

[18] 熊月之. 上海通史·第1卷 导论. 上海：上海人民出版社，1999.

[19] 熊月之. 上海通史·第2卷 古代. 上海：上海人民出版社，1999.

[20] 熊月之. 上海通史·第3卷 晚清政治. 上海：上海人民出版社，1999.

[21] 熊月之. 上海通史·第4卷 晚清经济. 上海：上海人民出版社，1999.

[22] 熊月之. 上海通史·第5卷 晚清社会. 上海：上海人民出版社，1999.

[23] 熊月之. 上海通史·第6卷 晚清文化. 上海：上海人民出版社，1999.

[24] 熊月之. 上海通史·第7卷 民国政治. 上海：上海人民出版社，1999.

[25] 熊月之. 上海通史·第8卷 民国经济. 上海：上海人民出版社，1999.

[26] 熊月之. 上海通史·第9卷 民国社会. 上海：上海人民出版社，1999.

[27] 熊月之. 上海通史·第10卷 民国文化. 上海：上海人民出版社，1999.

[28] 上海通社. 上海研究资料. 上海：中华书局发行所，民国二十五年五月发行.

[29] 费成康. 中国租界史. 上海：上海社会科学院出版社，1991.

[30] 姚贤镐. 中国近代对外贸易史资料（第一册）. 北京：中华书局，1962.

[31] 贾彩彦. 近代上海城市土地管理思想（1843—1949）. 上海：复旦大学出版社，2007.

[32] 汤志钧. 近代上海大事记. 上海：上海辞书出版社，1989.

[33] 许国兴，祖建平. 老城厢——上海城市之根. 上海：同济大学出版社，2011.

[34] 熊月之，周武. 上海——座现代化都市的编年史. 上海：上海书店出版社，2009.

[35] 薛理勇. 老上海会馆公所. 上海：上海书店出版社，2014.

[36] 薛理勇. 老上海城厢掌故. 上海：上海书店出版社，2014.

[37] 薛理勇. 老上海邑庙城隍. 上海：上海书店出版社，2014.

[38] 薛理勇. 老上海浦塘泾浜. 上海：上海书店出版社，2014.

[39] 薛理勇. 老上海娱乐游艺. 上海：上海书店出版社，2014.

[40] 张鹏. 都市形态的历史根基——上海公共租界市政发展与都市变迁研究. 上海：同济大学出版社，2008.

[41] 唐旭昌. 大卫·哈维城市空间思想研究. 北京：人民出版社，2014.

[42] 王绍周，陈志敏. 里弄建筑. 上海：上海科技文献出版社，1987.

[43] 沈华，上海市房产管理局. 里弄民居. 北京：中国建筑工业出版社，1993.

[44] 罗小未，伍江. 上海弄堂. 上海：上海人民美术出版社，1997.

[45] 朱晓明，祝东海. 勃艮第之城——上海老弄堂生活空间的历史图景. 北京：中国建筑工业出版社，2012.

[46] 李彦伯. 上海里弄街区的价值. 上海：同济大学出版社，2014.

[47] 梁元生. 上海道台研究. 陈同译. 上海：上海古籍出版社，2004.

[48] 万勇. 近代上海都市之心. 上海：上海人民出版社，2014.

[49] 周松青. 整合主义的挑战：上海地方自治研究. 上海：上海交通大学出版社，2011.

[50] 乐正. 近代上海人社会心态. 上海：上海人民出版社，1991.

[51] 王敏，魏兵兵，江文君，邵建. 近代上海城市公共空间. 上海：上海辞书出版社，2011.

[52] 苏智良. 上海，城市变迁、文明演进与现代性. 上海：上海人民出版社，2011.

[53] 陈从周. 上海近代建筑史稿. 上海：上海三联书店，1988.

[54] 邹依仁. 旧上海人口变迁的研究. 上海：上海人民出版社，1980.

[55] 郭绪印. 老上海的同乡团体. 上海：文汇出版社，2003.

[56] 王韬. 瀛壖杂志. 上海：上海古籍出版社，1989.

五、学位论文

[1] 吴俊范. 从水乡到都市：近代上海城市道路系统演变与环境（1843—1949）. 上海：复旦大学，2008.

[2] 牟振宇. 近代上海法租界城市化空间过程研究（1849—1930）. 上海：复旦大学，2010.

[3] 刘刚. 上海前法新租界的城市形式. 上海：同济大学，2009.

[4] 侯斌超. 上海历史街道风貌研究1843—1945. 上海：同济大学，2011.

[5] 魏枢. 《大上海计划》启示录——近代上海华界都市中心空间形态的流变. 上海：同济大学，2007.

[6] 张笑川. 闸北城区史研究（1843—1937）. 上海：复旦大学，2008.

[7] 孙倩. 上海近代城市建设管理制度及其对公共空间的影响. 上海：同济大学. 2006.

[8] 何益忠. 从中心到边缘——上海老城厢研究（1843—1914）. 上海：复旦大学，2006.

[9] 张晓春. 文化适应与中心转移——上海近现代文化竞争与空间变迁的都市人类学分析. 南京：东南大学出版社，2006.

[10] 楼嘉军. 上海城市娱乐研究（1930—1939）. 上海：华东师范大学，2008.

[11] 武强. 现代化视野下的近代上海港城关系研究（1843—1937）. 上海：复旦大学，2016.

[12] 邓琳爽. 近代上海城市公共娱乐空间研究 1843—1949. 上海：同济大学，2017.

六、期刊论文

[1] 钟翀. 上海老城厢平面格局的中尺度长期变迁探析. 中国历史地理论丛，2015（3）：56.

[2] 杜正贞. 上海城墙的兴废：一个功能与象征的表达. 历史研究，2004（6）：92.

[3] 钟翀. 近代上海早期城市地图谱系研究. 史林，2013（1）：8.

[4] 叶凯蒂. 从十九世纪上海地图看对城市未来定义的争夺战. 中国学术，2000（3）：88.

[5] 松浦章. 清代后期沙船航运业的经营. 上海:海与城的交融国际学术研讨会论文集，2012：170.

[6] 廖大伟. 从华界垃圾治理看上海城市的近代化1927-1937. 史林，2010（2）：24.

[7] 钱宗灏. 古代上海市政述略. 同济大学学报（社会科学版），2011（5）：28.

[8] 王立民. 中国城市中的租界法与华界法—以近代上海为中心. 比较法研究，2011（3）：1.

后 记

　　研究上海老城厢是误打误撞的事情。

　　怀着对上海城市发展的浓厚兴趣，我自2012年起在同济大学伍江教授的门下攻读博士学位，传承师门传统，拜读了大量上海城市史的相关研究，结合自己在上海不同区域所见到的城市面貌差异，初定以公共租界、法租界与华界之间城市肌理的差异性为研究方向。因上海租界区域的相关研究已经颇为完善，于是选择以老城厢地区作为研究对象。哪知前期研究颇为坎坷，在蜿蜒逼仄的街巷中寻不到出路，在卷帙浩繁的图书档案馆找不到相关研究，甚至在网络上也寻不到相关类型的著作，一度迷茫到几乎放弃。

　　关于上海老城厢的研究著作数量不多，城市形态方面的更是凤毛麟角。通过长期搜寻，笔者所得到的历史地图与文献资料极少，于是用一年的时间，以有限的几份历史地图为蓝本，以各版上海县志的内容为基础，绘制出开埠前每50年、开埠后每10年的地图。整个研究在整理出历史地图和历史档案后得到突破，并且最终以上海老城厢的专题研究完成博士论文，本书亦是基于该论文而作。

　　做城市历史研究是困难的，也是幸福的。在上海档案馆与上海图书馆近代文献室长期翻阅历史文献时，经常会恍惚，仿佛置身于那个百年前的城市，历史记录变为正在发生的事件；透过谨慎工整或挥斥方遒的毛笔字，可以强烈地感受到执笔人那鲜活的生命。当根据大量繁杂的历史信息整理出一幅幅逐渐清晰的图面时，所获得的成就感无异于创造一个新世界。

　　自工业革命之后，西方在全球经济体系中猛然跃升至更高的地位，随着贸易市场的强行开辟，西方经济模式与生活方式在全球扩散，受波及的城市主动或被动地进行物理空间的重塑，上海县城（老城厢）就是其中一员。纵观开埠后老城厢城市肌理的变化，就是原有中国生活方式所塑造的空间，努力向满足新型社会要求的空间靠拢的过程。

时至今日，老城厢地区的空间特质与现代生活要求的差距并没有减小，反而处于更加尴尬的境地。它位于城市地理位置的核心，但是在城市经济地位上逐渐被边缘化；它具有远超过租界地区的历史，但是大众并不认为它的历史价值高到需要保护；它在以前只是道路宽度与形态不符合西方资本模式的需求，但是现在整体上已不适合民众当下的居住习惯与土地开发模式。在没有找到更完善的保护方案的情况下，老城厢地区成为城市士绅化过程的障碍，它的地理优势反而成为加速其消亡的因素。

我羡慕故宫博物院院长单霁翔豪迈地喊出"将故宫完好地交给下一个六百年"，具有同样历史长度的上海老城厢，我们甚至无法确定它能否在这一轮城市发展的汹涌浪潮[1]中幸存下来，只能祝它安好。

以下众多友人与学者在研究至出版的过程中，为我提供了各种形式的帮助，我希望在此向他们表示衷心的感谢。

首先是导师伍江教授，伍老师为上海城市历史研究与城市发展作出了卓越贡献，一直是我的楷模。他支持我研究相对冷门的老城厢区域，希望能为上海城市史研究添上老城厢这块版图，这种期冀是鞭策我完成研究的最大动力。

同济大学李颖春副教授是在老城厢长大的上海人，我有幸与她一起在老城厢中穿街走巷，讨论建筑与道路的故事，她后来在思南公馆中举办"寻厢"展览，我有幸受邀在闭幕展上分享关于老城厢的研究成果，并在此次学术活动中与钟翀教授就老城厢的一些问题展开详细探讨，收获颇多。

上海社科院研究员万勇老师邀请我参与其关于老城厢文化空间的研究课题，为我从路名、故事等非物质资料里理解老城厢的物理空间形态提供了灵感。

在研究过程中我一直从师门团队汲取力量，感谢刘刚、侯斌超、王衍、李彦伯、邓琳爽，他们帮助我不断修正研究的方向与技巧。

---

1. 在本书出版前夕，2020年1月5日，豫园地区出让面积达57 657平方米的商住性质土地，四至范围：东至河南南路、狮子街，南至大境路、方浜中路、昼锦路，西至露香园路，北至高墩街、福佑路。

　　感谢同济大学出版社的江岱老师，她将我的研究介绍给本套丛书的主编于海教授，在得到于老师的肯定与修改建议后启动编辑工作。感谢责编姜黎老师，好友白文婧、尤其是几次校审后我对书稿进行了大量核正精进，他们的不吝付出促成此书的出版。

　　最后，我要衷心感谢父亲黄振生、母亲郭同芬、姐姐黄军芳、姐夫宋硕、妻子王晶，他们是我学术研究道路上最稳固的依托。黄千赫在我写论文时还未出生，现在已经开始认识这个世界，希望他以后也能爱上这座城市。

黄中浩

2021年3月